高等职业教育"十二五"规划教材

计算机组装与维护教程

主　编　马　琰

副主编　李　垒　金天泽

主　审　王东升

机械工业出版社

本书以工作过程为导向,以任务驱动为方式,将"计算机组装与维护"课程在实际工作过程中应用的知识和技能整合为 7 个学习模块,按照"硬件选购—硬件安装—软件系统安装与调试—软件系统维护—硬件系统维护—笔记本电脑推广"序列化教学内容。

本书以实际操作为主,辅以相应的理论知识,内容新颖,图文并茂,层次清楚,使学生(读者)学习轻松有趣。

本书不仅适合高职院校计算机及相关专业的学生使用,也可作为企事业单位人员的培训用书以及自学人员的参考用书。

为方便教学,本书配备电子课件等教学资源。凡选用本书作为教材的教师均可登录机械工业出版社教材服务网 www.cmpedu.com 免费下载。如有问题请致信 cmpgaozhi@sina.com,或致电 010-88379375 联系营销人员。

图书在版编目(CIP)数据

计算机组装与维护教程/马琰主编. —北京:机械工业出版社,2013.8(2016.8重印)

高等职业教育"十二五"规划教材

ISBN 978 – 7 – 111 – 43564 – 8

Ⅰ.①计… Ⅱ.①马… Ⅲ.①电子计算机 – 组装 – 高等职业教育 – 教材②计算机维护 – 高等职业教育 – 教材 Ⅳ.①TP30

中国版本图书馆 CIP 数据核字(2013)第 204654 号

机械工业出版社(北京市百万庄大街 22 号 邮政编码 100037)
策划编辑:王玉鑫 责任编辑:王玉鑫 范成欣
封面设计:张 静 责任校对:杜雨霏
责任印制:常天培
北京京丰印刷厂印刷
2016 年 8 月第 1 版第 2 次印刷
184mm×260mm · 18.5 印张 · 454 千字
3 001—4 900 册
标准书号:ISBN 978 – 7 – 111 – 43564 – 8
定价:39.00 元

前　言

随着信息技术的发展，计算机已成为工作和生活不可缺少的工具，在计算机的使用过程中也出现越来越多的系统维护和管理问题，如计算机的采购与组装、软件系统安装、硬件故障处理、软件维护和笔记本电脑系统应用与故障处理等，如不能及时有效地处理好这些问题，将会给正常的生活、工作带来影响。为此，本书以企业实际工作过程中所需的知识和技能整合成为多个学习模块和项目任务，通过学习使读者以较低的成本换来较为稳定的系统性能，以最好的性价比保证计算机系统的正常使用。

本书编写的总体思路是以工作过程为导向，以任务驱动为方式，结合编者多年计算机维护工作的经验和教学实践，搜集目前较新的软、硬件技术，融合实践计算机企业工作过程所需的知识和技能，将全书结构划分为 7 个模块 27 个项目，真正体现基于能力培养的教学目标。

学习模块一：主要完成对计算机系统的认识工作任务。

学习模块二：主要完成对计算机硬件的认识与选购工作任务。

学习模块三：主要完成对计算机硬件系统的组装与调试工作任务。

学习模块四：主要完成对计算机软件系统安装与调试工作任务。

学习模块五：主要完成对计算机软件系统的日常维护与常用工具的使用工作任务。

学习模块六：主要完成对计算机硬件系统的日常维护与常见故障排查排除工作任务。

学习模块七：主要完成笔记本电脑的组成与常见故障维修方法工作任务。

本书理念先进、内容丰富、结构新颖、深入浅出、图文并茂、层次清晰，力求使学生（读者）学习起来轻松有趣。本书提供的项目任务有助于即将进入职场的学生提前进入工作状态。本书也适合希望提升自己的社会人员对计算机选购、安装、调试、维护、维修及笔记本电脑常见问题的排查与排除的学习。

本书由河南工业职业技术学院马琰任主编，李垒、金天泽任副主编。本书项目 1～2 由吕俊霞编写，项目 3～9 由李垒编写，项目 10～14 金天泽编写，项目 15～18 由杨俊成编写，项目 19～22 由马琰编写，项目 23～25 由鲁华栋编写，项目 26～27 及附录由闫兵编写。全书由王东升统审，教学课件由马琰、金天泽制作。

在编写过程中我们走访了大量的企业工程技术人员，和他们反复交流并从中获得许多宝贵意见，在此对他们深表谢意。本书在编排过程中参考了相关的书籍及文献，在此向这些书籍及文献的作者表示感谢。由于编者水平有限，书中难免有错误与不妥之处，恳请读者批评指正，读者可通过电子邮件 my@hnpi.edu.cn 与我们联系。

编　者

"计算机组装与维护" 课程指南

本课程以工作过程为导向，以项目任务驱动为方式，介绍计算机组装与维护在企业实际工作过程所需要的知识，从职业岗位分析入手，重构教学内容真正体现基于能力培养的教学目标。

本课程打破传统的科学知识体系，根据基于工作过程的课程开发思路，针对职业岗位实际工作中所用的知识点，以真实工作任务及其工作过程为依据，整合、序化到学习模块中，既涵盖了传统课体系的知识点，又使学生在实际"项目"下进行学习，以完成典型工作任务全过程为目标使学生掌握相关知识，将教、学、做相结合，理论与实践一体化，激发学生的兴趣和思维，培养学生的综合职业能力。

通过本门课程的学习，让学生掌握现代计算机组成结构的基本知识，能够独立拆卸、组装计算机，具备分析、排除计算机软硬件常见故障的能力，同时培养学生分析问题、解决问题的能力。让学生接触企业、接触实际工作，培养学生的责任感和团队合作精神。

本课程采用模块结构，将理论与实践的内容进行整合。在教学中采用理论与实践一体化的教学模式，注重教学的有效性。教学中要充分发挥学生的主体作用和教师的主导作用，从学生的实际和企业岗位的需求出发，遵照学生的学习特点和认识规律，突出培养学生解决实际问题的能力和应变能力，强化情感态度价值观的教育，注意计算机维修操作的规范性和安全性。

本课程共分为 7 大模块，27 子项目，推荐课时安排如下。

岗位模块	学习模块	工作项目	讲课学时	实验学时
	计算机系统概述	项目 1：认识计算机系统	2	2
硬件选购	计算机硬件知识及选购	项目 2：CPU	6	4
		项目 3：主板		
		项目 4：内存		
		项目 5：硬盘		
		项目 6：光驱		
		项目 7：显卡		
		项目 8：显示器		
		项目 9：声卡和音箱		
		项目 10：机箱和电源		
		项目 11：键盘和鼠标		
		项目 12：打印机和扫描仪等外部设备		
硬件安装	计算机硬件系统组装	项目 13：计算机拆装的基本流程	2	4
		项目 14：BIOS 设置		

（续）

岗 位 模 块	学 习 模 块	工 作 项 目	讲课学时	实验学时
软件系统维护	计算机软件系统安装与调试	项目15：硬盘分区和高级格式化	5	6
		项目16：操作系统及硬件驱动程序的安装		
		项目17：操作系统的备份和恢复		
		项目18：软件的安装和卸载		
	计算机软件系统维护	项目19：系统工具的使用	5	6
		项目20：常见工具软件的使用		
		项目21：硬盘数据恢复		
		项目22：计算机病毒和木马		
硬件系统维护	计算机硬件系统维护	项目23：计算机硬件的日常维护和保养	4	2
		项目24：计算机常见故障的排除		
		项目25：计算机外设维护及故障处理		
笔记本电脑推广	笔记本电脑的组成与常见维修维护方法	项目26：笔记本电脑的组成与选购	2	2
		项目27：笔记本电脑的常用维护维修方法		
合计	7个模块	27个项目	26	26

注：1. 授课学时仅供参考，授课教师可根据情况调整。

2. 硬件实验部分建议利用实际环境完成，软件实验部分建议利用虚拟实验平台完成。

目　录

学习模块七 笔记本电脑的组成与常见维修维护方法

学习模块一

计算机系统概述

项目1 认识计算机系统

 任务一：了解计算机的发展历程

☐ **知识目标**
  ○ 了解计算机的发展历程。
☐ **技能目标**
  ○ 能够初步了解计算机发展历程中各个阶段的特点。

任务描述

计算机已经完全进入人们的生活，首先认识一下计算机，然后了解计算机的发展历程。

相关知识

计算机发展到今天，已不再是一种应用工具，它已经成为一种文化和潮流，并给各行各业带来了巨大的冲击和变化。人们常说的计算机，一般是指电子数字式计算机，它是一种能够自动、高速、精确地完成各种信息的存储、处理和控制功能的电子设备。与人类发明的其他工具相比，计算机是为扩展、延续人类智力而发明的，可以模拟人脑的部分功能。它不仅可以处理各种信息，而且处理信息的过程与人脑的工作步骤相似，所以电子计算机俗称为电脑。电子计算机的诞生具有划时代的意义，它的出现是20世纪人类最伟大的成就之一，标志着信息时代的开始。半个多世纪以来，计算机技术一直处于发展和变革之中。计算机的发展至今已经历了以下5个重要阶段。

1. 大型机阶段

1946年美国宾夕法尼亚大学研制的第一台计算机 ENIAC 被认为是大型机的鼻祖。它采用电子管作为基本逻辑部件，体积大、耗电多、成本高等是其缺点。大型机的发展经历了以下几代。

第1代：采用电子管作为逻辑部件计算机。

第 2 代：采用晶体管作为逻辑部件的计算机。

第 3 代：采用中、小规模集成电路作为逻辑部件的计算机。

第 4 代：采用大规模、超大规模集成电路作为逻辑部件的计算机，如 IBM 360 等。

2．小型机阶段

小型机又称为小型计算机，通常用以满足部门的需要，被中小型企业广泛采用，如 DEC 公司的 VAX 系列等。

3．微型机阶段

微型机又称为个人计算机（Personal Computer，PC），它面向个人和家庭，价格便宜，应用相当普及，如 Apple II、IBM—PC 系列机等。

4．客户机/服务器阶段

早期的服务器主要是为客户机提供资源共享的磁盘服务器和文件服务器，现在的服务器主要是数据库服务器和应用服务器等。

客户机/服务器（Client/Server）模式是对大型机的一次挑战。由于客户机/服务器模式的结构灵活、适用面广、成本较低，所以得到了广泛的应用。如果服务器的处理能力强，客户机的处理能力弱，则称为瘦客户机/胖服务器；否则称为胖客户机/瘦服务器。

5．互联网阶段

自 1969 年美国国防部 ARPANet 运行以来，计算机广域网开始发展起来。1983 年，TCP/IP 正式成为 ARPANet 的标准协议，以它为主干发展起来的 Internet 得到了飞速发展。

 任务二：了解计算机系统的组成

> 📖　**知识目标**
> ○　理解计算机的系统构成。
> ○　熟悉计算机硬件系统组成。
> ○　了解计算机软件系统组成。
>
> ▢　**技能目标**
> ○　能够正确识别计算机各组成部件。
> ○　能够记住计算机各部件的标准名称。

任务描述

启动一台计算机，观察计算机的运行过程，分析计算机系统的构成；观察一台完整的计算机的主机和外部设备，了解计算机各部件的名称、作用、外观及特点。

相关知识

计算机系统分为硬件系统和软件系统两大部分。硬件系统是指构成计算机系统的物理实体，主要由各种电子部件和机电装置组成。软件系统是指为计算机运行提供服务的各种计算机程序和全部技术资料。计算机硬件是构成计算机系统的物质基础，而计算机软件是计算机系统的灵魂，二者相辅相成，缺一不可。

一、计算机系统概述

一个完整的计算机系统由硬件系统和软件系统两大部分组成，如图1-1所示。硬件系统是指组成计算机的电子元器件、电子线路及机械装置等实体，其基本功能是在计算机程序的控制下完成对数据的输入、存储、处理、输出等任务；软件系统是人们为使用和开发计算机而设计的各种程序以及程序设计语言和有关信息资料的总称，其基本功能是控制、管理、维护计算机系统运行，解决用户的各种实际问题。

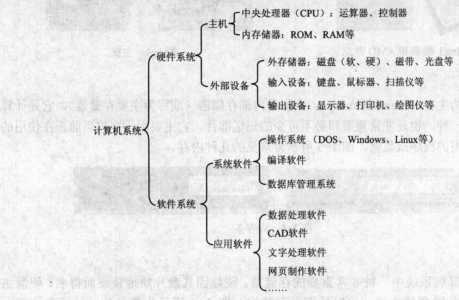

图1-1 计算机系统的组成

二、计算机硬件系统组成

从外观上看，一台完整的台式计算机由主机、显示器、键盘、鼠标、音箱等组成，如图1-2所示。

从结构上看，计算机的硬件系统主要由主板、CPU、内存、硬盘、显卡、声卡、光驱、电源、网卡等组成，这些都安装在一个主机箱内，机箱之外的硬件还有显示器、键盘、鼠标等设备。

图1-2 台式计算机

1. CPU

CPU的英文全称为Central Processing Unit，中文意思是中央处理器。CPU是计算机最核心的部件之一，它主要完成各类运算和控制协调工作。CPU档次的高低已成为衡量一台计算机档次高低的重要指标。通常，人们喜欢把CPU的型号作为计算机名称的代名词，如速龙、羿龙、赛扬、奔腾、酷睿等。其实此处的速龙、羿龙、赛扬、奔腾、酷睿都指的是CPU的型号。图 1-3 所示为常见的两款 CPU。

2．主板

主板又称为系统板（System Board）、主机板（Main Board）或母板（Mother Board）。它安装在主机箱内，为其他的硬件提供连接的接口。主板是一块长方形的多层印制电路板，一般提供有 CPU 插槽、内存插槽、各种扩展槽、各类外部设备接口（如硬盘、软驱、光驱、鼠标、键盘、打印机接口等）、各类控制芯片等。图 1-4 所示为常见的几种主板。

图 1-3　Intel 酷睿和 AMD 羿龙　　　　　　　　　　图 1-4　主板

3．内存

内存又称为主存（Main Memory），全称是内部存储器（或称为主要存储器），它是计算机存储器中的一种，也是非常重要和必不可少的记忆部件。它主要用于存放当前正在使用的或随时都要使用的程序或数据。图 1-5 所示为常见的几种内存。

图 1-5　内存条

4．硬盘

硬盘是计算机系统中一种非常重要的存储器。硬盘因其盘片质地较硬而得名。硬盘主要用来存储各种类型的文件，可以长期保存数据。图 1-6 所示为常见的一种硬盘的正面和反面。

5．光驱

光盘驱动器简称为光驱，是一种利用激光技术存储信息的装置。光驱是多媒体计算机系统中一种不可缺少的硬件设备，通常与光盘配合使用。光盘也是计算机系统中一种外部存储载体，具有存储容量大、存储时间长的优点。图 1-7 所示为常见的光驱和光盘刻录机。

图 1-6　硬盘的正面和反面　　　　　　　　图 1-7　光驱和光盘刻录机

6．显卡

显卡又称为显示卡或显示适配器，它是 CPU 与显示器之间的接口电路。显卡的主要作用是将 CPU 传送过来的数据转换成显示器所能显示的格式，然后送到显示屏上将其显示出来。因此，显卡的好坏直接影响着显示器的显示效果。

7. 声卡

声卡是计算机中专门用来采集和播放声音的部件。有了声卡，计算机系统才可以连接各种"声源"并播放出动听的音乐。

8. 网卡

计算机要接入网络，网卡就必不可少。网卡也称为网络适配器，通过它，计算机可以与其他计算机交换数据、共享资源。

图 1-8 所示为常见的显卡、声卡和网卡。

图 1-8 显卡、声卡和网卡

9. 显示器

显示器是微型计算机系统中不可缺少的输出设备。用户输入以及计算机处理的信息都要在它上面显示出来。图 1-9 所示为常见的两种显示器。

图 1-9 CRT 显示器和液晶显示器

10. 键盘和鼠标

键盘和鼠标是微型计算机系统中最主要的两种输入设备。键盘（Keyboard）是用户与计算机进行交互的主要媒介。通过键盘，用户可以向计算机输入各种命令，控制计算机运行。随着窗口式操作系统的广泛使用，单靠键盘操作计算机已变得越来越不方便。为弥补这种不足，人们在计算机系统中增加了名为鼠标（Mouse）的输入设备，作为键盘输入的补充。鼠标可以让用户极方便地在图形环境下进行各种操作。目前，鼠标已成为微型计算机系统的标准配备。图 1-10 所示为常见的键盘和鼠标。

图 1-10 键盘和鼠标

11. 机箱与电源

机箱是安装计算机主要配件的设备，主板、硬盘、光驱、软驱及各种扩展卡都要安装于机箱内。同时，它也是各个部件的保护壳。电源则是为计算机各个设备提供电力的部件。图 1-11 所示为常见的机箱和电源。

图 1-11　机箱和电源

12．打印机和扫描仪等外部设备

除了上述的几种硬件设备外，微型计算机系统还可以增加诸如音箱、耳机、打印机、扫描仪、摄像头等部件。这些可以根据用户的需要来选择。

三、计算机软件系统组成

计算机只有硬件、没有软件是没有用的，如果没有软件，不过是一堆废铜烂铁，只有配备相应的操作系统和相应的应用软件，才能让计算机出色地完成各项任务，这就是计算机与其他的家用电器最大的差别。计算机的软件通常可以分为两大类：系统软件和应用软件。

操作系统是所有软件系统的核心，它是一个庞大复杂的程序，控制和管理计算机的软件资源和硬件资源，可分为单机操作系统和网络操作系统，如 DOS、Windows、UNIX、Mac OS、Linux 等，它们是应用软件与计算机硬件之间的桥梁。

应用软件是用户利用计算机及操作系统软件为解决各类实际问题而编写的计算机软件。包括得很广，办公软件如 WPS、Office（Word、Excel、PowerPoint 等）；数据库系统（FoxPro、Access、Delphi 等）；软件开发工具；Internet 浏览器（IE 等）；网页开发软件（FrontPage、Flash 等）；图像处理软件（Photoshop、CorelDRAW、3D Studio Max 等）；数学软件包（Mathematica、Matlab、MathCAD 等）；计算机辅助设计软件（AutoCAD 等）；多媒体开发软件（Authorware、Director 等）；游戏软件等。

 任务三：了解计算机操作系统

📖　**知识目标**
- ○　熟悉常见的操作系统类型。
- ○　了解不同操作系统的特点。

▢　**技能目标**
- ○　能够正确识别和初步使用各种常见操作系统。

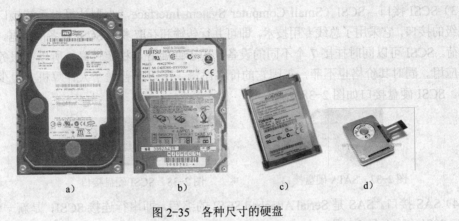

图 2-35　各种尺寸的硬盘

a）3.5in　b）2.5in　c）1.8in　d）1in

2. 按接口类型分类

硬盘按接口类型可分为 PATA（IDE）接口、SATA 接口、SCSI 接口、SAS 接口等。

1）PATA 接口。PATA 的全称是 Paralle ATA，即并行 ATA 硬盘接口规范。ATA 的英文全称为 "Advanced Technology Attachment"，中文名称为 "高级技术附加装置"。市场上较常见的是 ATA-7，也就是通常所说的 Ultra ATA/133，完全利用了 ATA 接口连接的 PCI 总线的数据传输率，使用 80 针数据电缆，数据传输速率可达到 133Mbit/s。

2）SATA 接口。SATA 的全称是 Serial ATA，即串行 ATA 硬盘接口规范。SATA 采用串行数据传输方式，每一个时钟周期只传输一位数据。由于串行传输方式不会遇到信号干扰问题，所以要提高传输速率只需要提高工作频率。目前，SATA 接口硬盘已成为市场主流。

2001 年，Serial ATA 委员会正式确立了 Serial ATA 1.0 规范。2002 年，Serial ATA 委员会又确立了 Serial ATA 2.0 规范。Serial ATA 1.0 与 Serial ATA 2.0 的主要区别在于外部传输率，Serial ATA 1.0 规范中，规定了数据传输速率为 150Mbit/s，Serial ATA 2.0 的数据传输速率可达到 300Mbit/s。

SATA3 正式名称为 "SATA Revision 3.0"，是由串行 ATA 国际组织在 2009 年 5 月份发布的规范，主要是传输速度翻番达到 6Gbit/s，同时向下兼容旧版规范 "SATA Revision 2.0"，接口、数据线都没有变动。现在的第三版规范仅用于内部 SATA 接口，而已在研发之中的版本 "SATA Revision 3.1" 会重点把 eSATA 外置接口的速度也提高到 6Gbit/s，并解决外置接口耐用性（插拔次数）、更长数据线下的稳定性和扩展性等问题。

SATA 数据线的身形已经非常小巧，新型的数据线看起来就像是两条尼龙绳，如图 2-36 所示。Serial ATA 串口减少了机箱内占用的空间，十分有利于计算机的散热，并且 Serial ATA 采用低电压设计，有效地降低了功耗。这种接口采用点对点传输协议，故没有主从之分，并且每个驱动器独享数据带宽，也不再受限于单通道只能连接两块硬盘。

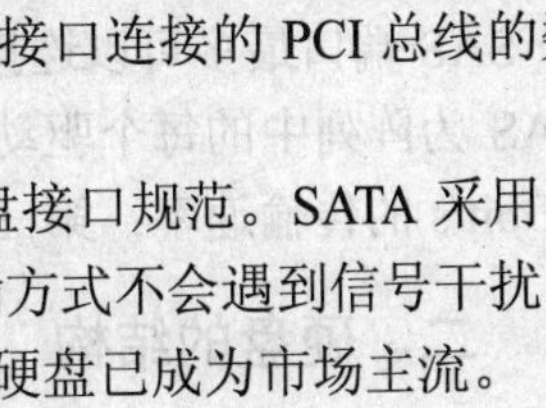

图 2-36　SATA 数据线

SATA 接口的硬盘支持热插拔，新型的 SATA 接口硬盘使用 SATA 专用的电源接头，已不再使用传统的 D 形电源接头，如图 2-37 所示。

3）SCSI 接口。SCSI（Small Computer System Interface，小型计算机系统接口）是一种系统级的接口，它采用了总线专用技术，即可并行传输和存取多个 SCSI 设备的数据，减少 CPU 的负荷。SCSI 可以同时挂接 7 个不同的设备，由于性能好、稳定性高，所以在服务器上得到广泛应用。同时其价格也不菲，正因它的价格昂贵，所以在普通个人计算机上很少见到它的踪迹。SCSI 硬盘接口如图 2-38 所示。

图 2-37　SATA 硬盘接口

图 2-38　SCSI 硬盘接口

4）SAS 接口。SAS 是 Serial Attached SCSI 的缩写，即串行连接 SCSI，是新一代的 SCSI 技术。2001 年 11 月 26 日，由 Compaq、IBM、LSI 逻辑、Maxtor 和 Seagate 联合宣布成立 SAS 工作组，其目标是定义一个新的串行点对点的企业级存储设备接口。和现在流行的 SATA 硬盘相同，SAS 接口都采用串行技术以获得更高的传输速度，并通过缩短连结线改善内部空间等。SAS 是并行 SCSI 接口之后开发出的全新接口。此接口的设计是为了改善存储系统的效能、可用性和扩充性，并且提供与 SATA 硬盘的兼容性。

SAS 技术的优点是降低了磁盘阵列的成本、提高了传输性能、提供了更好的扩展性能（每个 SAS 端口最多可以连接 16256 个外部设备）、安装更简单、具有更好的兼容性等。第一代 SAS 为阵列中的每个驱动提供 1.5Gbit/s 的传输速率；第二代 SAS 为阵列中的每个驱动提供 3Gbit/s 的传输速率；第三代 SAS 为阵列中的每个驱动提供 6Gbit/s 的传输速率。

二、硬盘的结构

硬盘作为微型计算机主要的外部存储设备，随着设计技术不断更新和广泛应用，不断朝着容量更大、体积更小、速度更快、性能更可靠、价格更便宜的方向发展。

硬盘的零部件不多，机械部分有盘片、磁头（臂）、电动机、基座和外壳；电路部分由主控芯片、缓存芯片和电动机控制芯片等组成。

1. 硬盘的外部结构

目前，市场上主要硬盘产品的内部盘片直径有 3.5in、2.5in、1.8in 和 1in（后三种常用于笔记本电脑及部分袖珍精密仪器中，台式机常用 3.5in 盘片）。常用的 3.5in 硬盘的整体大小与软驱差不多。在硬盘的正面都贴有硬盘的标签，标签上一般都标注着与硬盘相关的信息，如产品型号、产地、出厂日期、产品序列号等。在硬盘的一端有电源接口插座、主从设置跳线器和数据线接口插座，而硬盘的背面则是控制电路板等。图 2-39 所示为一款 3.5in 硬盘正面和背面的外部结构。硬盘主要由电源接口、数据接口、控制电路板构成。

图 2-39　硬盘的外部结构

1）接口。包括电源接口和数据接口两部分，IDE 硬盘采用最常见的 4 针 D 形电源接口。而 SATA 硬盘不再使用 4 针的 D 形电源接口，而是使用易于插拔的接口代替，这种接口有 15 个插针。大多数厂商都在其包装中提供了必备的电源转接线，此时就可以使用 4 针 D 形电源接口。从发展趋势看，能够直接扩展出 SATA 硬盘电源接口线的 ATX 电源线将越发普及。

数据接口是硬盘数据和主板控制器之间进行数据传输交换的纽带，根据连接方式的差异，常用接口分为 IDE 接口、SCSI 接口和 SATA 接口。SATA 接口结构简单，是今后发展的方向。

2）控制电路板。控制电路板一般裸露在硬盘下表面，以利于散热。不过也有部分品牌的硬盘将其完全封闭，这样可以更好地保护各种控制芯片。大多数的控制电路板都采用贴片式焊接，包括主轴调速电路、磁头驱动与伺服定位电路、读写电路、控制与接口电路等，如图 2-40 所示。在电路板上还有一块高效的单片机 ROM 芯片，其固化的软件可以进行硬盘初始化，执行加电和启动主轴电动机，加电初始寻道、定位以及故障检测等。在电路板上还有高速缓存芯片。

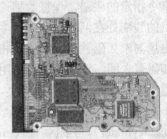

图 2-40　硬盘控制电路板

3）固定盖板。固定盖板是硬盘的前面板，上面贴有产品标签，印着产品的型号、序列号、产地、生产日期等信息，由此可以对这款产品做一番大致的了解。固定盖板和底板结合成一个密封的整体，保证硬盘盘片和机构的稳定运行。固定盖板和侧面都有安装孔，可以方便灵活地放置和安装。此外，还有一个透气孔，它的作用就是使硬盘内部气压与大气压保持一致。

2. 硬盘的内部结构

硬盘的内部结构由固定面板、控制电路板、磁头组件、接口及附件等几大部分组成。图 2-41 所示为硬盘内部结构图。磁头组件（Hard Disk Assembly，HDA）是构成硬盘的核心，封装在硬盘的净化腔体内，包括浮动磁头组件、磁头驱动机构、盘片及主轴驱动机构、前置读写控制电路等。

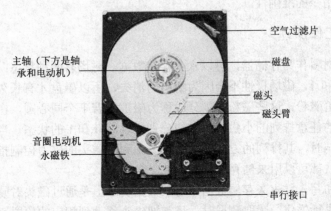

图 2-41　硬盘内部结构图

1）浮动磁头组件。浮动磁头组件由读写磁头、传动手臂、传动轴三部分组成。把数据写到盘片的磁介质上或者把数据读出来，都依赖于硬盘的磁头组件。磁头是硬盘技术最重要最关键的一环，实际上是集成工艺制成的多个磁头的组合，它采用了非接触式结构。硬盘加电后，读写磁头在高速旋转的磁盘表面飞行，间隙只有 $0.1 \sim 0.3 \mu m$，可以获得极高的数据传输速率。

2）磁头驱动机构。磁头驱动机构由音圈电动机和磁头驱动小车组成。对于硬盘而言，磁头驱动机构就好比是一个指挥官，它控制磁头的读写，直接为传动手臂与传动轴传送指令。高精度的轻型磁头驱动机构能够对磁头进行正确的驱动和定位，并在很短的时间内精确定位到指令指定的磁道，保证数据读写的可靠性。磁头机构的电动机由音圈电动机驱动。音圈电动机的线圈处在两块永久磁铁生成的磁场中，当有电流通过线圈时线圈自身就会产生磁场，该磁场与永久磁铁生成的磁场相互作用产生推动力矩，因线圈与磁臂连成一体，转轴位于线圈和磁臂之间，该力矩就会利用转轴的杠杆作用推动磁臂进行径向运动，也就是磁头在进行寻道操作。

3）盘片。盘片是硬盘存储数据的载体，从物理的角度可分为磁面（Side）、磁道（Track）、柱面（Cylinder）与扇区（Sector）四个结构。其中，在最靠近中心的部分不记录数据，称为着陆区，是硬盘每次启动或关闭时，磁头起飞和停止的位置。所有盘片上半径相同的磁道构成一个圆筒，称其为柱面。将每个磁道等分后相邻两个半径之间的区域称为扇区，扇区是磁盘存取数据的基本单位。硬盘盘片多为金属圆片，表面极为平整光滑，磁性材料就均匀地附着在这些光滑的表面上。

4）主轴组件。主轴组件包括轴瓦和驱动电动机等。随着硬盘容量的扩大，主轴电动机的速度也在不断提升，导致了传统滚珠轴承电动机磨损加剧、温度升高、噪声增大的弊病，对速度的提高带来了负面影响。因而生产厂商开始采用精密机械工业的液态轴承电动机技术，使用黏膜液油轴承，以油膜代替滚珠以避免金属面的直接摩擦，将噪声和温度减小到最低。同时油膜又能有效吸收震动，可以提高主轴部件的抗震能力。使用液态轴承电动机是目前超高速硬盘的发展趋势。

5）前置放大电路。前置放大电路用来控制磁头感应的信号、主轴电动机调速、磁头驱动和伺服定位等，由于磁头读取的信号微弱，便将放大电路密封在腔体内，以减少外来信号的干扰，提高操作指令的准确性。

三、硬盘的工作原理

硬盘使用磁性材料作为存储器，可以永久存储数据。磁场有两种状态：南极和北极，可以分别用来表示 0 和 1，磁场极性不会因为断电而消失，所以磁盘才有长久记忆的能力。硬盘盘片上均匀地附着磁粉，这些磁粉被划分成称为磁道的若干个同心圆，在每个同心圆的磁道上就好像有无数的任意排列的小磁铁，它们分别代表着 0 和 1 的状态。当这些小磁铁受到来自磁头的磁力影响时，其排列的方向会随之改变。利用磁头的磁力控制指定的一些小磁铁方向，使每个小磁铁都可以用来储存信息。

硬盘可以读取和写入并永久存储数据，写入数据实际上是通过磁头对硬盘片表面的可磁化材料（小磁铁）进行磁化。读取数据时，只需把磁头移动到相应的位置读取此处的磁化编码状态即可。

硬盘驱动器加电正常工作后，利用控制电路中的单片机初始化模块进行初始化工作。此时，磁头置于盘片中心位置。初始化完成后，主轴电动机将启动并以高速旋转。装载磁头的小车机构移动，将浮动磁头置于盘片表面的 00 道，处于等待指令的启动状态。当接口电路接收到计算机系统传来的指令信号，通过前置放大控制电路，驱动音圈电动机发出磁信号，根据感应阻值变化的磁头对盘片数据信息进行正确定位，并将接收后的数据信息解码，通过放大控制电路传输到接口电路，反馈给主机系统完成指令操作，结束硬盘操作的断电状态，在反力矩弹簧的作用下浮动磁头驻留到盘面中心。

四、硬盘的主要性能指标

硬盘的性能指标决定了整块硬盘所具备的功能以及性能的高低，在选购硬盘的过程中，需对这些性能指标有所了解。

1. 容量

作为计算机系统的数据存储器，容量是硬盘最主要的参数，容量越大越好。

硬盘的容量以 MB、GB、TB 为单位，1GB=1024MB。但硬盘厂商在标称硬盘容量时通常取 1GB=1000MB。因此，在 BIOS 中或在格式化硬盘时看到的容量会比厂家的标称值小。硬盘的容量指标中还包括硬盘的单碟容量，所谓单碟容量是指硬盘单片盘片的容量。单碟容量越大，单位成本越低，平均访问时间就越短，不同容量不同品牌的硬盘中盘片个数也有所不同。目前，市场上的硬盘容量最大已经达到 3TB。

2. 转速

转速（Rotational Speed 或 Spindle Speed）是指硬盘盘片每分钟转动的圈数，单位为 r/min。转速是决定硬盘内部数据传输速率的决定性因素之一，也是区别硬盘档次的主要标志。目前，市场上主流硬盘的转速为 7200r/min，也有硬盘的转速为 10000r/min 或 15000r/min。

3. 平均访问时间

平均访问时间（Average Access Time）是指磁头从起始位置到达目标磁道位置且从目标磁道上找到要读写的数据扇区所需要的时间。平均访问时间体现了硬盘的读写速度，它包括了硬盘的寻道时间和等待时间，即平均访问时间=平均寻道时间+平均等待时间。

硬盘的平均寻道时间（Average Seek Time）是指硬盘的磁头移动到盘面指定磁道所需要的时间。这个时间越小越好。目前，硬盘的平均寻道时间通常在 8~12ms 之间，而 SCSI 硬盘小于或等于 8ms。

硬盘的等待时间又称为潜伏期（Latency），指磁头已处于要访问的磁道，等待所要访问的扇区旋转至磁头下方的时间。平均等待时间为盘片旋转一周所需时间的 1/2，一般应在 1~6ms 之间。

4. 数据传输率

硬盘的数据传输率（Data Transfer Rate）是指硬盘读写数据的速度，单位为 Mbit/s。硬盘数据传输率又包括了内部数据传输率和外部数据传输率。

内部传输率（Internal Transfer Rate），也称为持续传输率（Sustained Transfer Rate），是指磁介质到硬盘缓存间的最大数据传输率。

外部传输率（External Transfer Rate），也称为突发数据传输率（Burst Data Transfer Rate）或接口数据传输率，它是系统总线与硬盘缓冲区之间的数据传输率。外部数据传输率与硬盘接口类型和硬盘缓存的大小有关。

由于硬盘的内部数据传输率要小于外部数据传输率，所以内部数据传输率的高低才是衡量硬盘性能的真正标准。

5. 缓存

与主板上的高速缓存（Cache）一样，缓存是硬盘与外部总线交换数据的场所，当磁头从硬盘盘片上将磁记录转化为电信号时，硬盘会临时将数据保存到数据缓存内，当数据缓存内的暂存数据传输完毕后，硬盘会清空缓存，然后进行下一次的填充与清空。这个填充、清空和再填充的周期与主机系统总线周期一致。缓存大的硬盘在存取零散文件时具有很大的优势。目前，大多数硬盘的缓存为 8MB、16MB、32MB 和 64MB。

6. 磁头数

硬盘的磁头数与硬盘体内的盘片数目有关。由于每个盘片均有 2 个磁面，每面都应有 1 个磁头，所以磁头数一般为盘片数的 2 倍。

7. MTBF

MTBF 即连续无故障工作时间，它指硬盘从开始使用到第一次出现故障的最长时间，单位是小时。该指标关系到硬盘的使用寿命，现在硬盘的 MTBF 可达 1600000h。如果硬盘按每天工作 10h 计算，其寿命至少也有 400 年以上。

8. SMART 技术

SMART（Self-Monitoring，Analysis and Reporting Technology，自动监测分析报告技术）用来监测和分析硬盘的工作状态和性能并将其显示出来，可以对硬盘潜在故障进行有效预测，以提高数据的安全性，防止数据的丢失。

任务二：选购硬盘

> 📖 **知识目标**
>   ○ 熟悉主流的硬盘品牌。
>   ○ 掌握选购硬盘的几个要素。
> ▢ **技能目标**
>   ○ 能够根据需求选购合适的硬盘。

任务描述

前面对硬盘进行了整体的介绍，本任务将介绍如何选购适合的硬盘。

相关知识

硬盘是计算机中的重要部件之一，不仅价格昂贵，用户存储的信息更是无价之宝，因此每个购买计算机的用户都希望选择一个性价比高、性能稳定的好硬盘。速度、容量、安全性一直是衡量硬盘的最主要的三大指标。选购硬盘应主要考虑以下因素。

1．硬盘容量

硬盘的容量是选购硬盘的首要因素。随着宽带互联网应用的普及，网络下载数据量越来越大，高清视频、家庭数码照片、视频采集等数据量的增加，对硬盘容量的要求也在加大，可以选择 500GB 或以上容量的硬盘。市场上主流容量是 320GB、500GB、640GB、750GB、1TB 和 2TB。

2．硬盘接口

目前，主流个人计算机的硬盘接口为 SATA 接口，因此用户在组装计算机或者在选购品牌机时，应尽量选购 SATA 接口的硬盘，如果是为计算机更换硬盘，还应考虑主板的接口；如果主板上没有 SATA 接口而只有 IDE 接口，那么就只能选择 IDE 接口的硬盘。

3．硬盘转速

硬盘的转速一般有 4200r/min、5400r/min、7200r/min、10000r/min 和 15000r/min，硬盘的转速越快，其数据传输率越快，硬盘的整体性能也随之提高。5400r/min 的硬盘主要见于笔记本电脑，目前市场上台式机硬盘基本上都是 7200r/min。

4．硬盘缓存

缓存容量的大小与硬盘的性能有着密切的关系，大容量的缓存对硬盘性能的提高有着明显的帮助，在选购时应尽量选择缓存大的硬盘。目前硬盘缓存容量有 8MB、16MB、32MB 和 64MB 几种规格。对于相同容量的硬盘而言，缓存增加，价格也相应增加。

5．硬盘稳定性

硬盘稳定性一般指对发热、噪声的控制。随着硬盘容量的增大、转速的加快，硬盘稳定性的问题日益突出。稳定性好的硬盘可以在超频的情况下稳定地工作。在选购硬盘之前要多参考一些权威机构的测试数据，多做市场调查，最好不要选择那些返修率高的品牌。

6．硬盘品牌

当今的硬盘市场基本是几个著名品牌占据着主导地位。一般来说硬盘的设计寿命是五年，厂家保修期是三年，一年以内随坏随换，但不包括那些以非正规渠道（一般为水货）流入市场的产品。因此，购买硬盘应到正规的供货商或供货商柜台去买，且一定要索取发票或收据并注明地点或柜台号以防遗忘。

目前市场上，主流硬盘的品牌有希捷（Seagate）、西部数据（WD）、日立（HITACHI）、三星（Samsung）、东芝、易拓、富士通（以笔记本电脑硬盘为主）和迈拓（Maxtor）（已被希捷公司收购）等。

应 用 实 践

1．简述硬盘的内、外部机构组成。
2．简述硬盘的工作原理。
3．目前计算机市场主要硬盘接口有几种，对比不同接口的速率差别。
4．目前市场上主流有哪些知名品牌的硬盘？它们的容量、转速、接口类型等性能如何？

项目6 光 驱

 任务一：认识光驱

📖 **知识目标**
- ⭕ 熟悉光驱的硬件结构。
- ⭕ 理解光驱的工作原理。
- ⭕ 熟悉光驱的分类。
- ⭕ 熟悉光驱的性能指标。
- ⭕ 熟悉光盘及其分类。

🗂 **技能目标**
- ⭕ 能够识别不同种类的光驱。
- ⭕ 能够识别不同种类的光盘。
- ⭕ 能够通过光驱的参数识别光驱的性能指标。

任务描述

光存储设备是计算机存储系统的必要补充，尤其是在安装操作系统和应用软件，以及将硬盘中的数据备份到光盘中时就需要借助于光存储设备。本任务让读者对光驱有一个全面的了解。

相关知识

一、光驱的硬件结构

光驱集光、电、机械于一体，外部结构简单，如图 2-42 所示。内部结构非常复杂，总体来看，光驱主要由托盘驱动机构（加载机构）、激光头及进给机构、光盘驱动电动机、数字信号处理电路以及接口电路等部分构成，如图 2-43 所示。光盘上的信息由激光头进行读取，经预放电路、数字信号处理电路解出数字信号，再经数据接口送到计算机的主板上，在 CPU 的控制下存入内存，以备处理。

图 2-42　光驱的外部结构

图 2-43　光驱的内部结构

1．托盘驱动机构

托盘驱动机构是完成光盘装入和弹出的机构，它是由加载电动机通过传动机构驱动托盘出仓和进仓。

2．激光头

激光头包括产生激光的半导体激光器、光学聚焦系统以及光电探测器等。配合进给机构和导轨等机械部分，根据系统信号确定读取光盘数据，并通过数据电缆将数据传输到控制电路。

3．进给机构

进给机构是驱动激光头沿水平方向运动的机构，当读取光盘信息时，光盘驱动电动机驱动光盘旋转，激光头从光盘内侧向外侧移动，完成光盘信息的读取。

4．光盘驱动电动机

光盘驱动电动机又称为主轴电动机，压紧光盘后，带动光盘高速旋转。

5．数字信号处理电路

光盘数据的读取过程中会存在各种随机误差，它影响了最终数据的正确性，为了纠正这些错误，会在数据中加入校验码，使其满足特定的规则，在读取时，通常检验数据是否符合某种规则来发现错误并纠正它。

6．接口电路

内置式存储设备都有一个与计算机进行通信的接口，通常是 IDE 或 SATA 接口。外置光驱的接口多为 USB 2.0 接口和 IEEE-1394 接口。

二、光驱的分类

光驱从最早的只读光驱（CD-ROM）发展到数字只读光驱（DVD-ROM）、光盘刻录机（CD-RW）、DVD 光盘刻录机（DVD-RW）以及集成 CD/DVD 读取与 CD-R/RW 刻录于一体的康宝（Combo），到 BD 刻录机、BD 康宝、BD/HD DVD，经历了几个不同的阶段。

1．CD-ROM 光驱

CD-ROM 光驱又称为致密盘只读存储器，是一种只读的光存储介质。它是利用原本用于音频 CD 的 CD-DA（Digital Audio）格式发展起来的。

2．DVD 光驱

DVD 光驱是一种可以读取 DVD 碟片的光驱，除了兼容 DVD-ROM、DVD-VIDEO、DVD-R、CD-ROM 等常见的格式外，对于 CD-R/RW、CD-I、VIDEO-CD、CD-G 等都能很好地支持。

3．COMBO

COMBO 俗称康宝光驱。它是一种集合了 CD 刻录、CD-ROM 和 DVD-ROM 为一体的多功能光存储产品。

4．刻录光驱

刻录光驱包括了 CD-R、CD-RW、DVD 刻录机和 BD 刻录机等，其中 DVD 刻录机又分为 DVD+R、DVD-R、DVD+RW、DVD-RW（W 代表可反复擦写）和 DVD-RAM。刻录机的外观和普通光驱差不多，只是其前置面板上通常都清楚地标识着写入、复写和读取三种速度。

5. BD-ROM 光驱

Blue-ray Disc（BD，蓝色光盘）是用波长较短（405nm）的蓝色激光读取和写入数据。通常来说波长越短的激光，能够在单位面积上记录或读取更多的信息。因此，蓝光极大地提高了光盘的存储容量。对于光存储产品来说，蓝光提供了一个跳跃式发展的机会。BD 是 DVD之后的下一代光盘格式之一。

按安装方式及结构特点来划分，光驱可以分为内置式和外置式两种：

1）内置式。内置式光驱是目前大多用户普遍采用的安装形式。这种光驱可以安装在计算机机箱的 5in 的固定架上，通过内部连线连接到主板上。图 2-42 所示为内置式光驱。

2）外置式。外置式光驱自身带有保护外壳，可以放在计算机机箱外面，通过 USB 接口或 IEEE-1394 接口与计算机连接使用，而不必安装到计算机机箱里去，如图 2-44 所示。

图 2-44　外置式光驱

三、光存储设备的性能指标

1. 数据传输率

数据传输率（Sustained Data Transfer Rate）是指光驱在 1s 内所能读写的数据量，单位为 KB/s 或 Mbit/s。它是衡量光驱性能的最基本指标，该值越大，光驱的数据传输率越高。

最初 CD-ROM 数据传输率只有 150KB/s，定义为倍速（1X），在此之后出现的 CD-ROM 的速度与倍速是一个倍数关系，如 40 倍速 CD-ROM 的数据传输率为 6000KB/s（150×40）。随着光驱传输速率越来越快，出现了 40X、48X、52X、56X 的 CD-ROM。DVD-ROM 的 1X 为 1.358Mbit/s，最高倍速为 16X。

CD-RW 刻录机速度表示为：写/复写/读。一款标示 52×32×52 的 CD-RW 刻录机表示该款刻录机为 52 倍速 CD-R 刻写、32 倍速复写速度和 52 倍速 CD-ROM 读取能力。

DVD-RW 刻录机速度表示为：DVD+/−R 写入/DVD+RW 复写/DVD-RW 复写/DVD+/-RDL 写入/DVD-RAM 写入。例如，某款 DVD 刻录机为 18X DVD+/−R 写入、8X DVD+RW 复写、6X DVD-RW 复写、10X DVD+/−RDL 写入和 12X DVD-RAM 写入。

COMBO 驱动器的速度一般表示为：CD-R 写入/CD-RW 重写/CD 读取/DVD-ROM 读取。例如，52×24×52×16，表示这款 COMBO 驱动器具有 52 倍速的 CD-R 写入速度，24 倍速的 CD-RW 重写速度，52 倍速的 CD 读取速度，16 倍速的 DVD-ROM 读取速度。写入速度和重写速度通常与刻录盘片有关，而读取速度是指将 COMBO 驱动器当做 CD-ROM 驱动器或 DVD-ROM 驱动器读取数据时的速度。

2. 平均访问时间

光驱的平均访问时间（Average Access Time）是指光驱的激光头从原来的位置移动到指定的数据扇区，并把该扇区上的第一块数据读入高速缓存所花费的时间。其值一般在 80～90 ms。

3. 高速缓存

该指标通常用 Cache 表示，也有厂商用 Buffer Memory 表示，主要用于存放临时从光盘中读出的数据，然后发送给计算机系统进行处理。这样就可以确保计算机系统能够一直接收到稳定的数据流量。

缓存容量越大，读取数据的性能就越高。目前，普通 DVD-ROM 光驱大多采用512KB 的缓存，而刻录机一般采用2～8MB 的缓存。

4. CPU 占用时间

CPU 占用时间（CPU Loading）是指光驱在保持一定的转速和数据传输率时所占用 CPU 的时间。这是衡量光驱性能的一个重要指标，光驱的 CPU 占用时间越少，系统整体性能的发挥就越好。

5. 接口类型

目前，市场上的光驱接口类型主要有 SATA、IDE、USB 和 IEEE-1394。在选购光驱时，一定要注意光驱接口类型。

6. 容错能力

光驱的容错能力是指光盘驱动器对一些质量不好的光盘的数据读取能力。影响光驱容错能力的因素包括：控制芯片功能、盘片质量、激光头读取数据能力等。非标准盘片毛病太多，如盘薄、偏心，或者有划痕、污迹。速度非常高的情况下，激光头在读取非标准盘片时，盘片受力不均，造成抖动不稳定，运动轨迹变形，严重增加了激光头的损耗。

容错能力通常还与光驱的速度有关系，通常速度较慢的光驱，容错能力要优于高速产品。一些光驱为了提高容错能力，提高了激光头的功率。当激光头功率增大后，读盘能力确实有一定的提高，但长时间"超频"使用会使激光头老化，严重影响光驱的寿命。

7. 刻录方式

这项指标仅适用于刻录机。刻录方式分为四种：整盘、轨道、多段、增量包。整盘刻录无法再添加数据；轨道刻录每次刻录一个轨道，CD-R 最多支持刻写 99 条轨道，但要浪费几十兆容量；多段刻录与轨道刻录一样，也可以随时向 CD-R 中追加数据，每添加一次数据，浪费数兆容量；增量包的数据记录方式与硬盘类似，允许在一条轨道中多次添加小块数据，可增加数据备份量，避免发生缓存欠载现象。

四、光驱的工作原理

1. 光驱的基本原理

光存储与光有密切关系。有一些介质在光线照射下会产生一些物理的或者化学的变化，这些变化通常可使介质具有两种状态，这两种不同的状态可分别用来代表数据"0"和数据"1"，因此就可以用这种介质作为数据存储介质。这里的光通常采用的是激光。激光具有单色性和相干性。如果将这种介质做成光盘，然后对激光加以控制、进行精细聚焦，沿一定轨迹对光盘进行扫描，再通过一个光电接收头对光盘介质因激光照射而产生的反射、吸收或相移做出反应，从而完成了对光盘的读取、写入、擦除等操作。

2. CD-ROM 光驱的工作原理

在无光盘状态下，光驱加电后，激光头组件启动。此时，光驱面板指示灯闪亮，同时激光头组件移动到主轴电动机附近，并由内向外顺着导轨步进移动，最后又回到主轴电动机附近，激光头的聚焦透镜将向上移动三次搜索光盘。同时，主轴电动机也顺时针启动三次，然后激光头组件复位，主轴电动机停止运行，面板指示灯熄灭。光驱中若放入光盘，激光头聚焦透镜重复搜索动作，找到光盘后，主轴电动机将加速旋转。此时，若读取光盘，面板指示灯将不停地闪动，步进电动机带动激光头组件移动到光盘数据处，聚焦透镜将数据反射到接收光电管，再由数据带传送到系统，计算机便可读取光盘数据。若停止读取光盘，激光头组件和电动机仍将处于加载状态中，面板指示灯熄灭。不过，目前，高速光驱在设计上都考虑到可以使主轴电动机和激光头组件在 30s 或几分钟后停止工作，直到重新读取数据，从而有效地节省能源，并延长使用时间。

3. CD-R/RW 光驱的工作原理

1）CD-R 光驱的工作原理。CD-R 刻录机工作时，由刻录软件控制激光头以一定的规则向 CD-R 光盘的数据面（有机染料制成的光盘介质）发射很细的激光束，在 CD-R 光盘的数据面蚀刻出一个个"小坑"，如图 2-45 所示。就是这些肉眼难以分辨的小坑记录着指定的数据资料，可以被光驱识别。被刻录到 CD-R 光盘上的数据信息是永久性的，无法被擦写、删改。

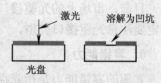

图 2-45　CD-R 原理示意图

2）CD-RW 光驱的工作原理。CD-RW 刻录机是由理光（Rich）公司在 1996 年首先推出的，它是允许用户反复进行数据擦写操作的刻录机。CD-RW 采用相变技术来存储信息，光盘介质采用硫属化合物或金属合金，利用激光的热效应或光效应使介质发生相变，即介质在晶态和非晶态之间相互转变，在这两种状态下，介质对光的反射率相差很大（晶态对光线的反射率大，非晶态对光线的反射率小），因而可以用来记录数据。又因为这种相变的过程是可逆的，所以这种光盘可反复擦写。

4. DVD 光驱的工作原理

DVD 光驱工作原理与 CD-ROM 光驱差不多，也是先将激光二极管发出的激光经过光学系统形成光束射向盘片，然后从盘片上反射回来的光束照射到光电接收器上，再转变成电信号。

由于 DVD 光驱必须兼容 CD-ROM，而不同的光盘所刻录的坑点和密度均不相同，当然对激光的要求也有不同，所以要求 DVD 激光头在读取不同盘片时要采用不同的光功率。

5. DVD 刻录机的工作原理

DVD 刻录机包括 DVD-R/RW 和 DVD+R/RW，它们与 CD-R/RW 光驱一样是在预刻沟槽中进行刻录。不同的是，这个沟槽通过定制频率信号的调制而成为"抖动"，被称为抖动沟槽。它的作用就是更加精确地控制电动机转速，以帮助刻录机准确掌握刻录的时机，这与 CD-R/RW 刻录机的工作原理是不一样的。另外，虽然 DVD-R/RW 和 DVD+R/RW 的物理格式是一样的，但由于 DVD+R/RW 刻录机使用高频抖动技术，所用的光线反射率也有很大差别，所以这两种刻录机并不兼容。

DVD-RW 和 DVD+RW 与 CD-RW 类似，在其记录层上加入了相变材料，可以通过转换其状态来达到多次擦写的目的。在进行写入操作时，激光照射强度提升至最大，使写入区域的相变材料迅速超过熔点温度，之后立即停止照射进行冷却后，该区域就变为非结晶状态。在进行数据擦除时，用中等功率的激光对非结晶状态的区域进行相对长时间的照射，当该区域超过结晶温度时就调低功率，之后该区域就恢复为结晶状态。

6．COMBO 的工作原理

COMBO 可以实现 CD-ROM、DVD-ROM、CD-RW 等多种功能，其中的关键在于 COMBO 的激光头。COMBO 激光头能够产生不同能量和波长的光源，并且都能做到精确聚焦，从而实现 CD-ROM、DVD-ROM 的读取以及 CD-RW 的刻写，并使激光头成为 COMBO 中最复杂、最难以制造的核心部件。

7．BD-ROM 光驱的工作原理

BD-ROM 光驱是用波长较短（405nm）的蓝色激光读取和写入数据，通过广角镜头上比率为 0.85 的数字光圈，成功地将聚焦的光点尺寸缩得极小程度。此外，蓝光的盘片结构中采用了 0.1mm 厚的光学透明保护层，以减少盘片在转动过程中由于倾斜而造成的读写失常，这使得盘片数据的读取更加容易，并为极大地提高存储密度提供了可能。通常来说波长越短的激光，能够在单位面积上记录或读取更多的信息。BD 技术可在一张单碟上存储 25GB 的文档文件，是现有（单碟）DVD 的 5 倍。在速度上，蓝光允许 1 到 2 倍或者说每秒 4.5～9MB 的记录速度。蓝光光驱是今后的发展方向。

五、光盘

光盘是通过冲压设备压制或激光烧刻，从而在其上产生一系列凹槽来记录信息的一种存储媒体。光盘具有容量大、保存时间长、工作稳定可靠、便于携带、价格低廉等优点。光盘分为不可擦写光盘和可擦写光盘两大类。目前，市场上使用的光盘种类很多，简单归纳如表 2-2 所示。

表 2-2　各类光盘的比较

光　　盘	用　　途	容　　量
CD 唱片	存储音频信号	74～80min（650～700MB）
CD-ROM	存储文字、图像和应用软件	650MB
VCD	存储音、视频信号	74min
CD-R	一次刻录多次可读	650～730MB
CD-RW	可反复擦除和写入数据	650MB
DVD-ROM	只读型的 DVD 盘片	4.7GB
DVD-R	一次刻录多次可读的 DVD 盘片	4.7GB
DVD-RW	可反复擦除和写入数据	4.7GB
DVD-RAM	无限次读写的 DVD 盘片	4.7～17GB
DVD+RW	支持多次读写操作，是 DVD-R 与 DVD-RW 的复合盘片	4.7～9.4GB
BD-ROM	只读型的蓝光光盘	25～50GB
BD-R	一次刻录多次可读的蓝光光盘	25～50GB
BD-RE	可反复擦除和写入数据的蓝光光盘	25～50GB

任务二：选购光驱

📖 **知识目标**
  ○ 熟悉光驱的不同型号。
  ○ 熟悉光驱的主要特征。
🗌 **技能目标**
  ○ 能够根据需求选购合适的光驱。

任务描述

光驱是台式机里比较常见的一个配件。随着多媒体的应用越来越广泛，使得光驱在台式机诸多配件中已经成标准配置。在所有计算机配件中，光驱是易耗品，使用中经常出现读盘困难、需要清洗等现象。因此，用户应学会如何从市场上众多品牌、不同型号光驱中选择适合自己的光驱。

相关知识

一、CD、DVD 只读光驱的选购

因为 CD 不能兼容高性能 DVD，所以 CD 光驱正逐步被淘汰。目前，DVD 光驱是市场的主流，购买只读光驱时可考虑以下几个因素。

1. 光驱读盘速度

提到读盘速度问题，大家都希望 CD-ROM 能在很短时间内大量传输数据，这对于现代应用软件同样是非常重要的。在实际应用中，它们速度上的主观差别并不是很大。光驱的速度指的是最快速度，而这个数值是光驱在读取盘片最外圈数据才有可能达到的，而读内圈数据的速度会远远低于这个标称值。此外，缓冲区大小、寻址能力同样起着非常大的作用。目前市场上一些读盘能力较差的光驱在读取质量差的盘片时，为了确保读盘质量，会自动降低读盘速度。因此，想要达到包装上所标称的速度是非常困难的。对于光驱速度的要求也不必很苛刻，购买 40X 以上光驱基本上都能够满足较长一段时间内的需要。

由此看来，在选购光驱时，无须追求当时最高倍速的产品（速度的差异主要体现在大型游戏或大型软件的运行上）。对于光驱而言，听 CD、看 VCD 使用 8X 光驱已经绰绰有余；玩游戏使用 24X 光驱便可以应付自如。

2. 稳定性

在当今速度与纠错（指新出厂产品的纠错力）差距并不大的情况下，稳定性的表现显得尤为可贵。普通用户在选购光驱时，不可能逐一从硬件结构方面分析产品的优劣，所以选购光驱时不可只图新品，应尽量购买推向市场时间较长、口碑一直不错的产品，这样的光驱往往稳定性较好。

3．接口

目前，内置光驱 IDE 和 SATA 接口是市场的主流，外置光驱 USB 接口和 IEEE-1394 接口是主流，应尽量选用。

4．静音

光驱噪声是计算机工作室的噪声源之一。光盘的盘片总处于高速旋转中，这就不可避免地会产生很大的振动，另一方面目前市面上的光盘盘片质量参差不齐，质量差的盘片在高速旋转过程中也会带来振动。而振动会影响激光头的聚焦，从而影响读取数据的正确性。在选购时应注意。此外在装机固定光驱时，拧紧螺钉也可避免不必要的振动。

5．品牌

一般来说，名牌的背后以可靠的质量为后盾，这是选购一个好的、让人放心的光驱的要素之一。一般情况下，光驱产品通常会提供有 6 个月到 1 年的质保期，并且市场上提供 1 年包换服务的光驱生产厂商也出现了不少。能提供 1 年的包换服务，也说明厂商对其产品质量是很有信心的。因此，质保期较长，售后服务较好的产品，一般都具有比较稳定的性能。

6．其他

在选购光驱时，缓存大小和平均寻道时间对光驱的总体性能也有着举足轻重的影响。因此，在价格差别不大的情况下，尽量选择高速缓存较大的产品。

二、刻录机的选购

选购刻录机时，除了要考虑上面提到的因素外，还要考虑以下几点。

1．工作稳定性和发热量

由于用刻录机刻盘耗时相对较长，所以要求刻录机有较高的稳定性。另外，还要考虑刻录机的发热量。如果刻录机在短时间发热量过大，则容易缩短激光头的使用寿命，使正在刻录中的光盘受热变形，造成刻录失败甚至盘片炸裂。

2．缓存容量

缓存容量的大小是选购刻录机的一个重要指标。因为刻录时数据先写入缓存，刻录软件再从缓存调用刻录数据，刻录同时后续数据再读入缓存，以保持写入数据能良好组织并连续传输，如果后续数据没及时写入，则传输中断将导致刻录失败。因此，价格差别并不明显，建议优先选择缓存容量大的产品。

3．刻录速度

刻录速率越高，刻录时间越短。同时考虑刻录机支持盘片的类别。

应 用 实 践

1．简述光驱的工作原理。

2．光驱驱动器有哪些分类？

3．刻录机的刻录模式有几种？刻录机刻盘时要注意哪些事项？

4．观察、熟悉各类型光驱的内部结构？

5．调研目前市场上常见的光驱类别、品牌、价格等。

项目 7 显 卡

 任务一：认识显卡

📖 **知识目标**
- ○ 了解显卡的分类。
- ○ 熟悉显卡的结构。
- ○ 理解显卡的工作原理。
- ○ 熟悉显卡的性能指标。

□ **技能目标**
- ○ 能够识别不同性能的显卡。

任务描述

显卡是个人计算机最基本的组成部分之一，它的好坏直接决定了计算机显示图像的效果。本任务将让读者对显卡有一个全面的了解。

相关知识

显卡也称为显示卡，如图 2-46 所示。它是显示器与主机通信的控制电路和接口电路，其主要作用是根据 CPU 提供的指令和数据，将程序运行过程中的结果进行相应的处理，并转换成显示器能接受的图形显示信号，然后送给显示器，最后由显示器形成人眼所能识别的图像在屏幕上显示出来。因此，显卡的性能好坏直接决定着计算机的显示效果。

图 2-46　显卡

一、显卡的分类

1. 按显卡独立性分类

分为集成显卡和独立显卡。独立显卡是以独立的板卡形式存在，需要插在主板的总线插槽上。图 2-46 所示为独立显卡。独立显卡具备单独的显存，不占用系统内存，而且技术上领先于集成显卡，能够提供更好的运行性能和显示效果；集成显卡是将显示芯片集成在主板芯片组中，在价格上更具优势，但不具备显存，需要占用系统内存，性能相对较差。

ATX &127 是改进型的 AT 主板，对主板上元器件布局作了优化，有更好的散热性和集成度，需要配合专门的 ATX 机箱使用

一体化（All in one）主板上集成了声音、显示等多种电路，一般不需插卡就能工作，具有高集成度和节省空间的优点，但也有维修不便和升级困难的缺点，在原装品牌机中采用较多。

NLX 是 Intel 公司推出的新型的主板结构，最大特点是主板、CPU 的升级灵活且方便有效，不再需要每推出一种 CPU 就必须更新主板设计。

此外还有一些上述主板的变形结构，如华硕主板就大量采用了 3/4 Baby AT 尺寸的主板结构。

三、主板的主要组成

一块主板主要由线路板和它上面的各种元器件组成，在设计和制造主板时，采用了开放式设计，主板上大都有 6~8 个扩展插槽，供计算机外部设备的控制卡（适配器）插接。通过更换这些插卡，可以对计算机的相应子系统进行局部升级，使厂家和用户在配置机型方面有更大的灵活性。图 2-17 所示为主板的各部分结构。

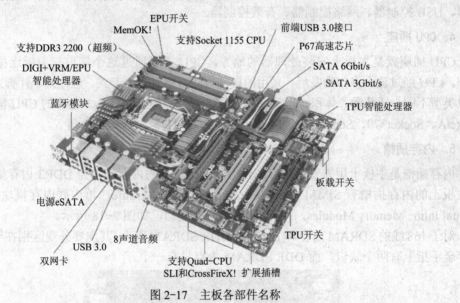

图 2-17   主板各部件名称

1. 线路板

PCB 印制电路板是所有计算机板卡不可或缺的组成部分。它实际是由几层树脂材料粘合在一起的，内部采用铜箔走线。一般的 PCB 电路板分为四层，最上和最下的两层是信号层，中间两层是接地层和电源层。将接地层和电源层放在中间，这样容易对信号线作出修正。而一些要求较高的主板的电路板可达到 6~8 层或更多。

2. 北桥芯片

北桥（Northbridge）是基于 Intel 处理器的个人计算机主板芯片组的两枚芯片中的一枚。北桥设计用来处理高速信号，通常处理中央处理器、随机存取存储器、AGP 或 PCI Express 的端口，还有南桥之间的通信。

北桥芯片一般提供对 CPU 的类型和主频、内存的类型和最大容量、ISA/PCI/AGP 插槽、ECC 纠错等支持，通常在主板上靠近 CPU 插槽的位置。由于此类芯片的发热量一般较高，所以在此芯片上装有散热片。

传统的北桥自带存储器控制器，让处理器连接前端总线，而处理器和存储器总线具有相同的时钟频率。随后，芯片组分开处理器和存储器总线的频率，让前端总线只代表处理器和北桥之间的通道。

有时北桥和南桥集成在同颗芯片中，有一些北桥也集成绘图处理器，而另外支持 AGP 或 PCI Express 接口。集成式北桥会侦测到附加在 AGP 插槽上有安装显卡，并停止其绘图处理器功能。但有些北桥可以允许同时使用集成式显卡和安装外加显卡，作为多显示输出。

3．南桥芯片

南桥是基于 Intel 处理器的个人计算机主板芯片组的两枚芯片中的一枚。南桥设计用来处理低速信号，通过北桥与 CPU 联系。各芯片组厂商的南桥名称都有所不同，如 Intel 的称为 ICH，NVIDIA 的称为 MCP，ATI 的称为 IXP/SB。

南桥包含大多数周边设备接口、多媒体控制器和通信接口功能，如 PCI 控制器、ATA 控制器、USB 控制器、网络控制器、音效控制器。

4．CPU 插座

CPU 插座就是主板上安装处理器的地方，CPU 需要通过这个接口与主板连接才能进行工作。CPU 经过这么多年的发展，采用的接口方式有引脚式、卡式、触点式、针脚式等。CPU 接口类型不同，插孔数、体积、形状都有变化，所以不能互相接插。主流的 CPU 插座主要有 SocketA、Socket370、Socket478、Socket754、Socket775、Socket939 等。

5．内存插槽

内存插槽是主板上用来安装内存的地方。目前常见的内存插槽为 DDR3 内存插槽。应用于主板上的内存插槽有 SIMM（Single Inline Memory Module，单内联内存模块）、DIMM（Dual Inline Memory Modules，双列直插式存储模块），如图 2-18 所示。

对于 168 线的 SDRAM 内存和 184 线的 DDR SDRAM 内存，其主要外观区别在于 SDRAM 内存金手指上有两个缺口，而 DDR SDRAM 内存只有一个。

168 针 SIMM 插槽

184 针 DIMM 插槽

240 针 DDR2 DIMM 插槽

图 2-18　内存插槽

6. 总线扩展槽

主板上有一系列的扩展槽，用来连接各种功能插卡，如图 2-19 所示。用户可以根据自己的需要在扩展槽上插入各种用途的插卡，如显示卡、声卡、防病毒卡、网卡等，以扩展微型计算机的各种功能。任何插卡插入扩展槽后，就可以通过系统总线与 CPU 连接，在操作系统的支持下实现即插即用。这种开放的体系结构为用户组合各种功能设备提供了方便。

图 2-19　PCI Express 插槽和 PCI 扩展槽

1）PCI 扩展槽。PCI（Peripheral Component Interconnect）是一种由 Intel 公司在 1991 年推出的用于定义局部总线的标准。从结构上看，PCI 是在 CPU 和原来的系统总线之间插入的一级总线，具体由一个桥接电路实现对这一层的管理，并实现上下之间的接口以协调数据的传送。管理器提供信号缓冲，能在高时钟频率下保持高性能，适合为显卡、声卡、网卡、Modem 等设备提供连接接口，工作频率为 33MHz 或 66MHz。

2）AGP 接口插槽。AGP（Accelerated Graphic Ports）是计算机的图形系统接口的一种，目前已经被淘汰。在 3D 图形加速技术开始流行并且迅速普及时，为了使系统和图形加速卡之间的数据传输获得比 PCI 总线更高的带宽，AGP 应运而生。

AGP 的工作模式有 4 种，AGP 1x、AGP 2x、AGP 4x、AGP 8x，都使用 32 bit 传输通道，时钟脉冲为 66MHz，但数据传输速率不同，分别为 266Mbit/s、533Mbit/s、1066Mbit/s 和 2133Mbit/s。

3）PCI Express 插槽。PCI Express 是新一代的总线接口，这个新标准全面取代现行的 PCI 和 AGP，最终实现总线标准的统一。它的主要优势是数据传输速率高，目前最高可达到 10GB/s 以上，而且还有相当大的发展潜力。PCI Express 也有多种规格，从 PCI Express 1X 到 PCI Express 16X，能满足现在和将来一定时间内出现的低速设备和高速设备的需求。

7. IDE 接口和 SATA 接口

IDE（Integrated Drive Electronics，集成设备电子部件）是普遍使用的外部接口，主要用来连接 IDE 硬盘和 IDE 光驱，如图 2-20 所示。它采用 16 位数据并行传送方式，体积小，数据传输快。一个 IDE 接口能接两个外部设备。早期的 IDE 接口有两种传输模式，一个是 PIO（Programming I/O），另一个是 DMA（Direct Memory Access）。虽然 DMA 模式系统资源占用少，但需要额外的驱动程序或设置，因此被接受的程度比较低。后来在对速度要求越来越高的情况下，DMA 模式由于执行效率较好，操作系统开始直接支持，而且厂商更推出了越来越快的 DMA 模式传输速度标准。

IDE（ATA）接口发展至今，可以细分为 ATA-1（IDE）、ATA-2（EIDE Enhanced IDE/Fast ATA）、ATA-3（FastATA-2）、Ultra ATA、Ultra ATA/33、Ultra ATA/66、Ultra ATA/100。

IDE 接口的优点在于价格低廉、兼容性好。IDE 的排线采用回溯兼容模式，新规格的排线可兼容旧规格的设备，但反过来旧规格的排线则因噪声比过大的问题而无法兼容新规格的设备；IDE 接口的缺点也较为明显，例如，速度慢（尤其是早期的 ATA 硬盘）、只能内置使用、对接口电缆的长度有很严格的限制，且 IDE 的排线大多采用并联的方式，故易受计算机内的其他线路散发出的噪声干扰（如电源线、CDROM 的音源线或其他 IDE 设备的排线）。

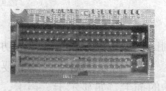

图 2-20　IDE 接口线和主板上的 IDE 接口

Serial ATA（Serial Advanced Technology Attachment，SATA），也称为串行 ATA，它是一种计算机总线，主要功能是用于主板和大量存储设备（如硬盘及光盘驱动器）之间的数据传输，如图 2-21 所示。SATA 于 2000 年 11 月由"Serial ATA Working Group"团体所制定，它已经完全取代旧式 IDE 成为新型硬盘接口，因采用串行方式传输数据而得名。在数据传输上，SATA 的速度比以往更加快捷，并支持热插拔，使计算机运作时可以插入或拔除硬件。另外，SATA 总线使用了嵌入式时钟频率信号，

图 2-21　SATA 接口线和主板上的 SATA 接口

具备了比以往更强的纠错能力，能对传输指令（不仅是数据）进行检查，如果发现错误会自动矫正，提高了数据传输的可靠性。SATA 和以往最明显的区别是用上了较细的排线，有利于机箱内部的空气流通，某种程度上增加了整个平台的稳定性。

现阶段，SATA 分别有 SATA 1.5Gbit/s、SATA 3Gbit/s 和 SATA 6Gbit/s 三种规格。SATA 1.5Gbit/s 为第一代 SATA 接口，非官方名称为 SATA-1，传输速度为 1.5Gbit/s。SATA 3Gbit/s 于 2004 年正式推出，非官方名称为 SATA-2，符合 ATA-7 规范，传输速度可达 3.0Gbit/s。这显示 SATA 的速度提升是以几何级数增长，这与 PATA 的一级级算术级数增长是不同的。SATA 3Gbit/s 比 SATA 1.5Gbit/s 进步的地方在于：3.0Gbit/s 的高传输速度；支持真正的 SATA 指令排序（NCQ）；SATA 3Gbit/s 数据线长度提高到 2m，SATA 1.5Gbit/s 的数据线长度为 1m，而 PATA 更短到 50cm；全新的围挡式接口更稳固。在 2009 年 5 月 26 日，SATA-IO 完成 SATA 3.0 最终规格，比上一代提升一倍速率，高达 6Gbit/s，此外增加多项新技术，包含新增 NCQ 指令以改良传输技术，并降低传输时所需耗电量。

8. 板载芯片

CMOS（Complementary Metal Oxide Semiconductor，互补金属氧化物半导体）是一种集成电路制程，可在硅晶圆上制作出 PMOS（P-channel MOSFET）和 NMOS（N-channel MOSFET）组件，由于 PMOS 与 NMOS 在特性上为互补性，所以称为 CMOS。此制程可用来制作微处理器（Microprocessor）、单片机（Microcontroller）、静态随机存取存储器（SRAM）与其他数字逻辑电路。

CMOS 具有只在晶体管需要切换启闭时才耗能的优点，因此非常省电且发热少。早期的只读存储器（ROM）主要就是以这种电路制作，由于当时计算机系统的 BIOS 程序和参数信息都保存在 ROM 中，以致在很多情况下当人们提到 CMOS 时，实际上指的就是计算机的 BIOS，而"设置 CMOS"就是指设置 BIOS。

BIOS 芯片如图 2-22 所示。BIOS（Basic Input/Output System，基本输入/输出系统）是加

载在计算机硬件系统上的最基本的软件代码。BIOS 第一次在 CP/M
操作系统中出现，描述在开机阶段加载 CP/M 与硬件直接沟通的部份。
其实 BIOS 是一组固化到计算机内主板上一个 ROM 芯片上的程序，
它保存着计算机最重要的基本输入输出的程序、系统设置信息、开机
后自检程序和系统自启动程序。其主要功能是为计算机提供最底层
的、最直接的硬件设置和控制。市面上较流行的主板 BIOS 主要有
Award BIOS、AMI BIOS、Phoenix BIOS 三种类型。

图 2-22　BIOS 芯片

随着计算机网络的普及，现有的主板大多将网卡芯片一并集成。常见的集成网卡芯片有
Realtek、Marvell、Intel、BoardCOM、VIA、3COM 等。图 2-23 所示为主板上的集成网络芯片。

声卡是一台多媒体计算机的主要设备之一，现在的声卡一般分为板载声卡和独立声卡。在早
期的计算机上并没有板载声卡，计算机要发声必须通过独立声卡来实现。随着主板整合程度的提
高以及 CPU 性能的日益强大，同时主板厂商从降低用户采购成本的考虑，板载声卡出现在越来越
多的主板中，目前板载声卡几乎成为主板的标准配置了，没有板载声卡的主板反而比较少了。比
较常见的集成声卡芯片包括 AC'97 和 HD Audio。图 2-24 所示为瑞昱 ALC 650 声卡芯片。

图 2-23　主板集成的 RTL8180L 网卡芯片　　　图 2-24　主板集成的瑞昱 ALC 650 声卡芯片

9．主板的外部接口

主板的外部接口虽然都在机箱的后部，平时使用中不能直接看到，但却是计算机主机与
各种外部设备如鼠标、键盘、打印机等沟通的重要桥梁，起着非常关键的作用。主板各种外
部接口的正式名称为 I/O（Input/Output）接口，即输入/输出设备接口，主要包括 PS/2 接口、
USB 接口、串行接口、音频接口、网络接口等，如图 2-25 所示。

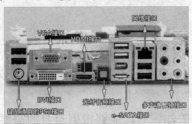

图 2-25　主板外部接口概览

1）VGA、DVI 和 HDMI 都是视频接口，用于连接显示器。VGA 是传输模拟信号，DVI
和 HDMI 能传输数字信号，支持 1080P 全高清视频。与 DVI 相比，HDMI 主要优势是能够同
时传输音频数据，在视频数据的传输上没有差别。另外，还有一种新兴的视频接口称为
DisplayPort 接口，简称 DP 接口，同样能够传输音频。

2）e-SATA 并不是一种独立的外部接口技术标准，简单来说 e-SATA 就是 SATA 的外接
式界面，拥有 e-SATA 接口的计算机，可以把 SATA 设备直接从外部连接到系统中，而不用
打开机箱，但由于 e-SATA 本身并不带供电，所以 SATA 设备也需要外接电源，这样还是要

打开机箱，因此对普通用户也没多大用处。

e-SATA 上面是 IEEE 1394 接口，IEEE 1394 接口最大的优势是接口带宽比较高，其在生活中应用最多是高端摄影器材。

3）串口、并口。有些主板上还有 LPT 并行接口（见图 2-26）和 COM 串行接口（9 针接口）。串行接口简称串口，也就是 COM 接口，是采用串行通信协议的扩展接口。并行接口简称并口，也就是 LPT 接口，是采用并行通信协议的扩展接口。这两个接口的功能基本上已经被 USB 所取代。

图 2-26　LPT 和 COM 接口

4）USB 接口，用于规范计算机与外部设备的连接和通信。USB 接口支持设备的即插即用和热插拔功能。USB 接口可用于连接约 127 种外设，如鼠标、调制解调器和键盘等。USB 是在 1994 年年底由英特尔、康柏、IBM、Microsoft 等多家公司联合提出的，自 1996 年推出后，已成功替代串口和并口，并成为当今个人计算机和大量智能设备的必配的接口之一。

USB 版本经过多年的发展，经历了 USB 1.0、USB 1.1、USB 2.0，到现在已经发展为 USB 3.0 版本。USB 1.0 是于 1996 年出现的，速度只有 1.5Mbit/s；1998 年升级为 USB 1.1，速度也大大提升到 12Mbit/s，在部分旧设备上还能看到这种标准的接口。USB 2.0 的传输速率达到了 480Mbit/s，即 60MB/s，满足大多数外部设备的速率要求。USB 3.0 新规范提供了 10 倍于 USB 2.0 的传输速度和更高的节能效率，可广泛用于计算机外部设备和消费电子产品。

任务二：选购主板

知识目标
- 了解主板的分类。
- 掌握主板的选购原则。

技能目标
- 能够根据需要选择合适的主板。

任务描述

在理解和掌握了主板的相关知识后，能够根据自身的需要选择合适的主板。

相关知识

一、主板的芯片组

芯片组（Chipset）是主板的核心组成部分，按照在主板上的排列位置的不同，通常分为北桥芯片和南桥芯片，其中北桥芯片是主桥，一般可以和不同的南桥芯片进行搭配使用以实现不同的功能与性能。

业界称设计芯片组的厂家为 Core Logic，Core 的中文意思是核心或中心，仅从字面意思就足以看出其重要性。对于主板而言，芯片组几乎决定了这块主板的功能，进而影响到整个计算机系统性能的发挥，芯片组是主板的灵魂。芯片组性能的优劣决定了主板性能的好坏与级别的高低。目前 CPU 的型号与种类繁多、功能特点不一，如果芯片组不能与 CPU 良好地协同工作，将严重地影响计算机的整体性能甚至不能正常工作。

南桥芯片（South Bridge）是主板芯片组的重要组成部分，一般位于主板上离 CPU 插槽较远的下方，PCI 插槽的附近，这种布局是考虑到它所连接的 I/O 总线较多，离处理器远一点有利于布线。相对于北桥芯片来说，其数据处理量并不算大，所以南桥芯片一般都没有覆盖散热片。南桥芯片不与处理器直接相连，而是通过一定的方式（不同厂商各种芯片组有所不同，如 Intel 公司的 Hub Architecture 以及 SIS 公司的 Multi-Threaded "妙渠"）与北桥芯片相连。

南桥芯片负责 I/O 总线之间的通信，如 PCI 总线、USB、LAN、ATA、SATA、音频控制器、键盘控制器、实时时钟控制器、高级电源管理等，这些技术一般相对来说比较稳定，所以不同芯片组中可能南桥芯片是一样的，不同的只是北桥芯片。南桥芯片的发展方向主要是集成更多的功能，如网卡、RAID、IEEE 1394，甚至 Wi-Fi 无线网络等。

北桥芯片（North Bridge）是主板芯片组中起主导作用的最重要的组成部分，也称为主桥（Host Bridge）。一般来说，芯片组的名称就是以北桥芯片的名称来命名的。北桥芯片负责与 CPU 的联系并控制内存、AGP 数据在北桥内部传输，提供对 CPU 的类型和主频、系统的前端总线频率、内存的类型（SDRAM、DDR SDRAM 以及 RDRAM 等）和最大容量、AGP 插槽、ECC 纠错等支持。整合型芯片组的北桥芯片还集成了显示核心。北桥芯片是主板上离 CPU 最近的芯片，这主要是考虑到北桥芯片与处理器之间的通信最密切，为了提高通信性能而缩短传输距离。因为北桥芯片的数据处理量非常大，发热量也越来越大，所以现在的北桥芯片都覆盖着散热片用来加强北桥芯片的散热，有些主板的北桥芯片还会配合风扇进行散热。

目前，生产芯片组的厂家有 Intel、VIA、SiS、AMD、NVIDIA、Server Works 等，其中以 Intel、AMD 和 NVIDIA 的芯片组最为常见。在台式机的 Intel 平台上，Intel 自家的芯片组占有最大的市场份额，而且产品线齐全，高、中、低端以及整合型产品都有，VIA、SiS 等几家只占有比较小的市场份额，而且主要是在中低端和整合领域。在台式机的 AMD 平台上，AMD 占有较大的市场份额，NVIDIA 占有 AMD 平台芯片组一部分市场份额，而 VIA、SiS 依旧是在中低端和整合领域。

二、主板的选购原则

在了解了与主板有关的知识之后，下面介绍选购主板时的注意事项。

1. 应用需求与环境

之所以要把这一项作为前提考察点，是因为它对于选择主板尺寸、支持 CPU 性能等级及类型、需要的附加功能都会有一些影响。例如，如果工作环境比较紧凑，那么就要考虑 Baby AT、Micro ATX 或最新的 Flex ATX 板型；如果构建多媒体环境，那么选择能够匹配主频高、浮点运算能力强和缓存空间大的 CPU 的主板会使系统更快速、稳定；如果需要计算机开机省时、方便且省电，则选择支持 STR 等节能功能的新型主板大有裨益。

2. 对系统性能期望

对于性能指标的考察是选择主板的关键。主板对 CPU 电压、外频、倍频的支持范围，在运行大量高级程序或不同超频状态下的稳定性等，都与整台计算机的性能相关。至于如何做出判断，用户可以通过权威专业媒体的评测数据、相关著名网站的评测推荐，以及朋友或同事的使用感受等方面来了解相关情况，也可以通过观察主板的做工、用料、板面布局做出大致判断。

3．系统经济性

用户在追求最佳购买经济性时，应分两个层面实施。一是明确应用要求，经济性不等同于价格低，首先要做到所选即所需；二是在明确购买档次之后捕捉购买时机和争取最经济的价格。如果要进行升级，就应选择扩展性好、性能出众的主板；如果只是要求够用、好用就行，那么可以考虑选择性价比出众的整合型主板，以减小总体开支；如果要求前卫，追求速度、稳定、系统安全，那就要选择高性能主板。对于同一档次的产品，主板品牌、芯片组品牌与级别、功能集成度是影响价格的主要因素。

4．服务方式及保障

目前在国内市场上有十多种品牌的主板，很多用户也不清楚所购买的主板是否有良好的售后服务。有的品牌的主板甚至连公司网址都没有标明，购买后连最起码的 BIOS 的更新服务都没有。因此，虽说这些主板的价格很低，但一旦出了问题，用户往往只好自认倒霉。所以，无论选择何种档次的主板，在购买前都要认真考虑厂商的售后服务，如厂商能否提供完善的质保服务，包括产品售出时的质保卡、承诺产品的保换时间的长短、产品的本地化工作如何（包括提供详细的中文说明书）、配件提供是否完整等。

目前，市场上比较知名的主板品牌主要有英特尔（Intel）、华硕（ASUS）、微星（MSI）、技嘉（GigaByte）、华擎（ASRock）、七彩虹（COLORFUL）、双敏（UNIKA）、盈通（Yeston）、精英（ECS）、捷波（Jetway）等。

总之，在选购前多了解主板方面的知识、主板厂商的实力、产品的特点，做到心中有数。同时也要多看多听多比较，这样才能选购到一块称心如意的主板。

应 用 实 践

1．简述主板的结构。
2．什么是南桥芯片？什么是北桥芯片？它们的作用是什么？
3．简述主板的选购原则。
4．到计算机市场了解目前基于 Intel 平台的主流芯片组有哪些？
5．仔细观察某一主板，详细说明该主板各插槽类型、数目、型号，该主板主要芯片型号及品牌，该主板接口类型及数目。

项目 4　内　　存

任务一：认识内存

📖 **知识目标**
- ○ 了解内存的分类。
- ○ 了解内存芯片的封装。
- ○ 熟悉内存的参数。

▢ **技能目标**
- ○ 能够根据内存的参数判断内存的性能。

任务描述

　　内存是计算机硬件系统的核心部件之一，它是与 CPU 进行沟通的桥梁。计算机中所有程序的运行都是在内存中进行的，因此内存的性能对计算机的影响非常大。

相关知识

　　内存（Memory）是一种利用半导体技术做成的电子设备，主要用来临时存储数据，如图 2-27 所示。只要计算机在运行中，CPU 就会把需要运算的数据调到内存中进行运算，当运算完成后 CPU 再将结果传送出来，内存的运行也决定了计算机的稳定运行。内存是由内存芯片、电路板、金手指等部分组成的。

图 2-27　内存

一、内存的分类

　　内存也称为内存储器或主存。按照其工作原理，内存主要分为 RAM 和 ROM 两类。ROM 即只读存储器，只能从中读取信息而不能任意写入信息，多用于存放一次性写入的程序或数据；RAM 即随机存取存储器，存储的内容可通过指令随机读写访问，RAM 中存储的数据在掉电时会丢失，因而只能在开机运行时存储数据。RAM 又可以分为两种，即 DRAM（动态随机存取存储器）和 SRAM（静态随机存取存储器）。平常所说的"内存"一般指"内存条"，通常由 DRAM 芯片构成，SRAM 主要应用于缓存（Cache）。

　　内存经历了 FPM、EDO、SDRAM 的发展，现在已经进入 DDR2 和 DDR3 的时代。目前个人计算机中所用的"内存条"主要有 DDR SDRAM、RAMBUS、DDR2、DDR3 等几种类型。

1. EDO RAM

EDO RAM 即扩展数据输出内存，有 72 针和 168 针之分，5V 电压，数据宽带 32bit，速度基本都在 40ns 以上。由于 Pentium 以上级别的 CPU 数据总线宽度都是 64bit，甚至更高，所以 EDO RAM 必须成对使用。

2. SDRAM

SDRAM 即同步动态内存，数据宽带 64bit，168 针，3.3V 电压。按照工作频率的发展，可简单地按技术规范将 SDRAM 划分为三个阶段：PC-66 规范、PC-100 规范、PC-133 规范。

3. RDRAM

RDRAM 是 Intel 公司与 Rambus 公司联合在个人计算机市场推广的一种全新存储器，RDRAM 遇到的最大问题是其生产成本高。在 RDRAM 的九个生产步骤中，有四步是在执行检测，这相当耗费人力和物力，而且 Rambus 公司还要收取生产厂商的专利费，这也阻碍了 RDRAM 进一步扩展市场。

4. DDR SDRAM

DDR SDRAM（Double Data Rate SDRAM）即双倍速率同步动态随机存储器，人们习惯简称为 DDR。各种 DDR 产品分别如图 2-28～图 2-30 所示。

图 2-28　DDR

图 2-29　DDR2

图 2-30　DDR3

与 SDRAM 相比，DDR 运用了更先进的同步电路，使指定地址、数据的输送和输出主要步骤既独立执行，又保持与 CPU 完全同步；DDR 使用了 DLL（Delay Locked Loop，延时锁定回路）技术，当数据有效时，存储控制器可使用该回路提供的一个数据滤波信号来精确定位数据，每 16 次输出一次，并重新同步来自不同存储器模块的数据。DDR 本质上不需要提高时钟频率就能加倍提高 SDRAM 的速度，它允许在时钟脉冲的上升沿和下降沿读出数据，因而其速度是标准 SDRAM 的两倍。

外形及体积上 DDR 与 SDRAM 差别并不大，它们具有同样的尺寸和同样的针脚距离。但 DDR 为 184 针脚，比 SDRAM 多出了 16 个针脚，主要包含了新的控制、时钟、电源和接地等信号。DDR 内存采用的是支持 2.5V 电压的 SSTL2 标准，而不是 SDRAM 使用的 3.3V 电压的 LVTTL 标准。

5. DDR2 SDRAM

DDR2 SDRAM（Double Data Rate 2）是由 JEDEC（电子设备工程联合委员会）开发的

新生代内存技术标准，它与 DDR 内存技术标准最大的不同就是，虽然同是采用了在时钟的上升/下降沿同时进行数据传输的基本方式，但 DDR2 内存却拥有两倍于 DDR 内存预读取能力（即 4bit 数据读预取）。换句话说，DDR2 内存每个时钟能够以 4 倍外部总线的速度读/写数据，并且能够以内部控制总线 4 倍的速度运行。表 2-1 所示为常见内存的传输速率。

表 2-1　常见内存的传输速率

内 存 类 型	核心频率/MHz	时钟频率/MHz	数据频率/MHz
SDRAM	100	100	100
DDR SDRAM	100	100	200
DDR2 SDRAM	100	200	400
DDR3 SDRAM	100	400	800

二、内存芯片的封装

封装就是将内存芯片包裹起来，以避免芯片与外界接触，防止外界对芯片的损害。不同的封装技术在制造工序和工艺方面差异很大，封装后对内存芯片自身性能的发挥也起到至关重要的作用。

随着光电、微电制造工艺技术的飞速发展，电子产品始终朝着更小、更轻、更便宜的方向发展，因此芯片元器件的封装形式也不断得到改进。芯片的封装技术已经历了几代的变革，性能日益先进，芯片面积与封装面积之比越来越接近，适用频率越来越高，耐温性能越来越好，并且引脚数增多，引脚间距减小，重量减小，可靠性提高，使用更加方便。

芯片的封装技术多种多样，有 DIP、POFP、TSOP、BGA、QFP、CSP 等，目前常见内存的封装方式主要有 TSOP、BGA、CSP 三种。

1. TSOP

TSOP（Thin Small Outline Package，薄型小尺寸封装）是在芯片的周围做出引脚，采用 SMT（表面安装技术）直接附着在 PCB 板的表面，如图 2-31 所示。TSOP 封装外形尺寸时，寄生参数（电流大幅度变化时，引起输出电压扰动）减小，适合高频应用，操作比较方便，可靠性也比较高。同时 TSOP 具有成品率高，价格便宜等优点，因此得到了极为广泛的应用。

图 2-31　采用 TSOP 方式的内存芯片

在 TSOP 方式中，内存芯片是通过芯片引脚焊接在 PCB 上的，焊点和 PCB 的接触面积较小，使得芯片向 PCB 传热就相对困难。而且 TSOP 封装方式的内存在超过 150MHz 后，会产生较大的信号干扰和电磁干扰。

2. BGA

BGA（Ball Grid Array Package，球栅阵列封装）的 I/O 端子以圆形或柱状焊点按阵列形式分布在封装下面，如图 2-32 所示。BGA 技术的优点是 I/O 引脚数虽然增加了，但引脚间

距并没有减小反而增加了，从而提高了组装成品率；虽
然它的功耗增加，但 BGA 能用可控塌陷芯片法焊接，
从而可以改善它的电热性能；厚度和重量都较以前的封
装技术有所减少；寄生参数减小，信号传输延迟小，使

用频率大大提高；组装可用共面焊接，可靠性高。DDR2　图 2-32　采用 BGA 方式的内存芯片
标准规定所有 DDR2 内存均采用 FBGA。FBGA 是底部球型引脚封装，也就是塑料封装的
BGA，是 BGA 的改进型。

3. CSP

CSP（Chip Scale Package，芯片级封装）是新一代的内存芯片封装技术，其技术性能
又有了新的提升。CSP 可以让芯片面积与封装面积之比超过 1:1.14，已经相当接近 1:1 的
理想情况，绝对尺寸也仅有 32mm^2，约为普通的 BGA 的 1/3，仅仅相当于 TSOP 内存芯
片面积的 1/6。与 BGA 方式相比，同等空间下 CSP 可以
将存储容量提高 3 倍。CSP 内存芯片的中心引脚形式有
效地缩短了信号的传导距离，其衰减随之减少，芯片的
抗干扰、抗噪性能也能得到大幅提升，这也使得 CSP 的

存取时间比 BGA 改善 15%～20%。

目前 CSP 方式主要用于高频 DDR 内存，如图 2-33　图 2-33　采用 CSP 方式的内存芯片
所示。

三、内存的主要性能参数

1. 容量

计算机的内存容量通常是指随机存储器（RAM）的容量，是内存条的关键性参数。在发
展早期，内存容量以 MB 作为单位，当前内存容量单位为 GB。内存的容量一般都是 2 的整
次方倍，如 128MB、256MB、512MB 等，随着技术的不断进步，逐渐出现了 1GB、2GB、
4GB 内存。一般而言，内存容量越大越有利于系统的运行。目前台式机中主流采用的内存容
量为 1GB 或 2GB，128MB、256MB 的内存已较少采用。

系统中内存的数量等于插在主板内存插槽上所有内存条容量的总和，内存容量的上限一
般由主板芯片组和内存插槽决定。不同主板芯片组可以支持的容量不同，如 Inlel 的 810 和
815 系列芯片组最高支持 512MB 内存，多余的部分无法识别。目前多数芯片组可以支持到
4GB 以上的内存。此外主板内存插槽的数量也会对内存容量造成限制，如使用 2GB 的内存
条，主板有两个内存插槽，最高可达到 4GB 内存。因此在选择内存时要考虑主板内存插槽数
量，并且可能需要考虑将来有升级的余地。

2. 主频

内存主频和 CPU 主频一样，习惯上被用来表示内存的速度，它代表着该内存所能达到的
最高工作频率。内存主频是以 MHz（兆赫）为单位来计量的。内存主频越高，在一定程度上
代表着内存所能达到的速度越快。内存主频决定着该内存最高能在什么样的频率正常工作。

目前，市场上较为主流的是 1333MHz 和 1600MHz 的 DDR3 内存。

3．电压

内存正常工作，需要一定的电压值。不同类型的内存，电压也不同，但各自均有自己的规格，超出其规格，容易造成内存损坏。SDRAM 内存一般工作电压都在 3.3V 左右，上下浮动额度不超过 0.3V；DDR SDRAM 内存一般工作电压都在 2.5V 左右，上下浮动额度不超过 0.2V；而 DDR2 SDRAM 内存的工作电压一般在 1.8V 左右。具体到每种品牌、每种型号的内存，则要看厂家具体要求，但都会遵循 SDRAM 内存 3.3V、DDR SDRAM 内存 2.5V、DDR2 SDRAM 内存 1.8V、DDR3 SDRAM 内存 1.8V 的基本要求，在允许的范围内浮动。

4．延迟

延迟（CAS Latency，CL）反应时间是指内存存取数据所需的延迟时间，简单来说，就是内存接到 CPU 的指令后的反应速度。内存延迟时间设置的越短，计算机从内存中读取数据的速度也就越快，进而计算机其他的性能也就越高。一般的参数值是 2 和 3 两种。数字越小，代表反应所需的时间越短。在早期的 PC133 内存标准中，这个数值规定为 3，而在 Intel 重新制定的新规范中，强制要求 CL 的反应时间必须为 2，这样在一定程度上，对于内存厂商的芯片及 PCB 的组装工艺要求相对较高，同时也保证了更优秀的品质。因此在选购品牌内存时，这是一个不可不考虑的因素。

通常情况下，用 4 个连着的阿拉伯数字来表示一个内存延迟，如 2-2-2-5。其中，第一个数字最为重要，它表示的是 CAS Latency，也就是内存存取数据所需的延迟时间。第二个数字表示的是 RAS-CAS 延迟，接下来的两个数字分别表示的是 RAS 预充电时间和 Act-to-Precharge 延迟。而第四个数字一般而言是它们中间最大的一个。

四、内存编号的识别

内存编号中包括以下几个内容：厂商名称（代号）、容量、类型、工作速度等，有些还有电压和一些特殊标志等。通过对这些参数的分析比较，就可以正确认识和理解该内存条的规格以及特点。主要内存芯片生产厂商的前缀标志如下：

1）HY HYUNDAI ——现代。

2）MT Micron ——美光。

3）GM LG ——SEMICON。

4）HYB SIEMENS ——西门子。

5）HM Hitachi ——日立。

6）MB Fujitsu ——富士通。

7）TC Toshiba ——东芝。

8）KM Samsung ——三星。

9）KS KINGMAX ——胜创。

任务二：选购内存

任务描述

在理解和掌握了内存的相关知识后，能够根据自身的需要选择合适的内存。

相关知识

内存是计算机中最重要的配件之一，内存的容量及性能是影响整台计算机性能最重要的因素之一。提高配备内存的容量，可提高计算机的整体性能。选购内存时，需要考虑以下方面。

1. 内存条的品牌

目前市场上的内存分为有品牌和无品牌两种。相对来讲，品牌内存质量好、包装精细；无品牌的内存多为散装，这类内存只依内存上的内存芯片的品牌命名。用户在条件允许的情况下应尽可能选用知名品牌的内存，如金士顿（Kingston）、威刚（ADATA）、勤茂（TwinMOS）、胜创（Kingmax）、海力士（Hynix）、三星（Samsung）等。正规产品的包装都比较完整，包括产品型号、产品描述、安装使用说明书、产品质量保证书、条码、产地等，如图2-34所示。

图2-34 品牌内存产品

2. 内存颗粒

虽然内存条的品牌较多，但内存颗粒（内存芯片）的制造商只有几家，所以许多不同品牌的内存条上焊接着相同型号的内存芯片，在选择内存条时，应注意内存颗粒的品牌。

常见内存芯片制造商有：三星（Samsung）、海力士（Hynix）、尔必达（ELPIDA）、美光（Micron）、英飞凌（Infineon）、易胜（Elixir）、南亚（Nanya）、茂矽（MOSEL VITELIC）、茂德（ProMOS）、华邦（Winbond）等，这些厂家本身也推出了内存条产品，可优先选用。由于内存芯片生产技术都处于同一档次，所以不同厂商的内存芯片在速度、性能上相差很小。

3. 频率要搭配

购买内存时一定要注意内存工作频率要与 CPU 前端总线匹配，宁大毋小，以免造成内存瓶颈。

4. 容量

对于内存容量，如果要运行 Windows XP，建议安装 1GB 内存；如果要运行 Windows Vista 或 Windows 7/8，则至少要安装 2GB 内存；如果是搞大型软件开发、制图，则应配备 4~8GB 内存。

5. 奇偶性

为了保证内存存取数据的准确性，有些内存上有奇偶校验位，如 3 片或 9 片装的内存。如果对计算机的运行准确性要求很高，最好选择有奇偶校验功能的内存。

6. 价格

虽然现在的内存和以前相比，价格已经大幅下降，但不同的品牌、性能、价格还是有一些差别，用户可以根据自己的需要和预算情况选择适合的价位。

应 用 实 践

1. 简述计算机内存的作用。
2. 简述内存的主要性能指标。
3. 目前常用的内存接口有哪些？简述其特点。
4. 到计算机市场对比不同价格内存的技术参数？

项目 5 硬 盘

任务一：认识硬盘

```
📖 知识目标
    ○ 了解硬盘的分类。
    ○ 熟悉硬盘的结构。
    ○ 理解硬盘的工作原理。
    ○ 熟悉硬盘的性能指标。
□ 技能目标
    ○ 能够区别不同的硬盘。
    ○ 能够通过硬盘的编号识别硬盘的性能指标。
```

任务描述

　　硬盘是计算机中最重要的外部存储设备，硬盘的质量直接决定了计算机工作的稳定性及计算机中数据的安全性。本任务主要对硬盘的结构、原理及最新技术进行介绍。

相关知识

　　硬盘驱动器，简称硬盘（Hard Disk），是微型计算机中广泛使用的外部存储器，它具有比软盘大得多的容量，速度快，可靠性高，几乎不存在磨损等问题。硬盘的存储介质是若干刚性磁盘片，硬盘由此得名。

　　硬盘作为主要的外部存储设备，随着其设计技术的不断更新，不断朝着容量更大、体积更小、速度更快、性能更可靠、价格更便宜的方向发展。

一、硬盘的分类

1. 按物理尺寸分类

　　市场上常见的硬盘产品按内部盘片尺寸可分为 3.5in 台式机硬盘、2.5in 笔记本硬盘、1.8in 微型硬盘、1in 微型硬盘等几种，其外观如图 2-35 所示。目前市场上最常见的是 3.5in 和 2.5in 的硬盘。

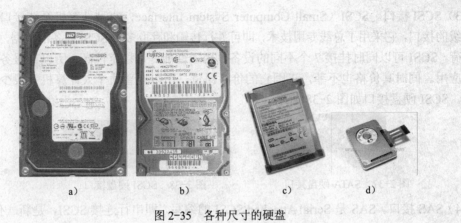

图 2-35　各种尺寸的硬盘

a) 3.5in　b) 2.5in　c) 1.8in　d) 1in

2. 按接口类型分类

硬盘按接口类型可分为 PATA（IDE）接口、SATA 接口、SCSI 接口、SAS 接口等。

1）PATA 接口。PATA 的全称是 Paralle ATA，即并行 ATA 硬盘接口规范。ATA 的英文全称为 "Advanced Technology Attachment"，中文名称为 "高级技术附加装置"。市场上较常见的是 ATA-7，也就是通常所说的 Ultra ATA/133，完全利用了 ATA 接口连接的 PCI 总线的数据传输率，使用 80 针数据电缆，数据传输速率可达到 133Mbit/s。

2）SATA 接口。SATA 的全称是 Serial ATA，即串行 ATA 硬盘接口规范。SATA 采用串行数据传输方式，每一个时钟周期只传输一位数据。由于串行传输方式不会遇到信号干扰问题，所以要提高传输速率只需要提高工作频率。目前，SATA 接口硬盘已成为市场主流。

2001 年，Serial ATA 委员会正式确立了 Serial ATA 1.0 规范。2002 年，Serial ATA 委员会又确立了 Serial ATA 2.0 规范。Serial ATA 1.0 与 Serial ATA 2.0 的主要区别在于外部传输率，Serial ATA 1.0 规范中，规定了数据传输速率为 150Mbit/s，Serial ATA 2.0 的数据传输速率可达到 300Mbit/s。

SATA3 正式名称为 "SATA Revision 3.0"，是由串行 ATA 国际组织在 2009 年 5 月份发布的规范，主要是传输速度翻番达到 6Gbit/s，同时向下兼容旧版规范 "SATA Revision 2.0"，接口、数据线都没有变动。现在的第三版规范仅用于内部 SATA 接口，而已在研发之中的版本 "SATA Revision 3.1" 会重点把 eSATA 外置接口的速度也提高到 6Gbit/s，并解决外置接口耐用性（插拔次数）、更长数据线下的稳定性和扩展性等问题。

SATA 数据线的身形已经非常小巧，新型的数据线看起来就像是两条尼龙绳，如图 2-36 所示。Serial ATA 串口减少了机箱内占用的空间，十分有利于计算机的散热，并且 Serial ATA 采用低电压设计，有效地降低了功耗。这种接口采用点对点传输协议，故没有主从之分，并且每个驱动器独享数据带宽，也不再受限于单通道只能连接两块硬盘。

图 2-36　SATA 数据线

SATA 接口的硬盘支持热插拔，新型的 SATA 接口硬盘使用 SATA 专用的电源接头，已不再使用传统的 D 形电源接头，如图 2-37 所示。

3）SCSI 接口。SCSI（Small Computer System Interface，小型计算机系统接口）是一种系统级的接口，它采用了总线专用技术，即可并行传输和存取多个 SCSI 设备的数据，减少 CPU 的负荷。SCSI 可以同时挂接 7 个不同的设备，由于性能好、稳定性高，所以在服务器上得到广泛应用。同时其价格也不菲，正因它的价格昂贵，所以在普通个人计算机上很少见到它的踪迹。SCSI 硬盘接口如图 2-38 所示。

图 2-37 SATA 硬盘接口　　　　　图 2-38 SCSI 硬盘接口

4）SAS 接口。SAS 是 Serial Attached SCSI 的缩写，即串行连接 SCSI，是新一代的 SCSI 技术。2001 年 11 月 26 日，由 Compaq、IBM、LSI 逻辑、Maxtor 和 Seagate 联合宣布成立 SAS 工作组，其目标是定义一个新的串行点对点的企业级存储设备接口。和现在流行的 SATA 硬盘相同，SAS 接口都采用串行技术以获得更高的传输速度，并通过缩短连结线改善内部空间等。SAS 是并行 SCSI 接口之后开发出的全新接口。此接口的设计是为了改善存储系统的效能、可用性和扩充性，并且提供与 SATA 硬盘的兼容性。

SAS 技术的优点是降低了磁盘阵列的成本、提高了传输性能、提供了更好的扩展性能（每个 SAS 端口最多可以连接 16256 个外部设备）、安装更简单、具有更好的兼容性等。第一代 SAS 为阵列中的每个驱动提供 1.5Gbit/s 的传输速率；第二代 SAS 为阵列中的每个驱动提供 3Gbit/s 的传输速率；第三代 SAS 为阵列中的每个驱动提供 6Gbit/s 的传输速率。

二、硬盘的结构

硬盘作为微型计算机主要的外部存储设备，随着设计技术不断更新和广泛应用，不断朝着容量更大、体积更小、速度更快、性能更可靠、价格更便宜的方向发展。

硬盘的零部件不多，机械部分有盘片、磁头（臂）、电动机、基座和外壳；电路部分由主控芯片、缓存芯片和电动机控制芯片等组成。

1. 硬盘的外部结构

目前，市场上主要硬盘产品的内部盘片直径有 3.5in、2.5in、1.8in 和 1in（后三种常用于笔记本电脑及部分袖珍精密仪器中，台式机常用 3.5in 盘片）。常用的 3.5in 硬盘的整体大小与软驱差不多。在硬盘的正面都贴有硬盘的标签，标签上一般都标注着与硬盘相关的信息，如产品型号、产地、出厂日期、产品序列号等。在硬盘的一端有电源接口插座、主从设置跳线器和数据线接口插座，而硬盘的背面则是控制电路板等。图 2-39 所示为一款 3.5in 硬盘正面和背面的外部结构。硬盘主要由电源接口、数据接口、控制电路板构成。

图 2-39 硬盘的外部结构

　　1）接口。包括电源接口和数据接口两部分，IDE 硬盘采用最常见的 4 针 D 形电源接口。而 SATA 硬盘不再使用 4 针的 D 形电源接口，而是使用易于插拔的接口代替，这种接口有 15 个插针。大多数厂商都在其包装中提供了必备的电源转接线，此时就可以使用 4 针 D 形电源接口。从发展趋势看，能够直接扩展出 SATA 硬盘电源接口线的 ATX 电源线将越发普及。

　　数据接口是硬盘数据和主板控制器之间进行数据传输交换的纽带，根据连接方式的差异，常用接口分为 IDE 接口、SCSI 接口和 SATA 接口。SATA 接口结构简单，是今后发展的方向。

　　2）控制电路板。控制电路板一般裸露在硬盘下表面，以利于散热。不过也有部分品牌的硬盘将其完全封闭，这样可以更好地保护各种控制芯片。大多数的控制电路板都采用贴片式焊接，包括主轴调速电路、磁头驱动与伺服定位电路、读写电路、控制与接口电路等，如图 2-40 所示。在电路板上还有一块高效的单片机 ROM 芯片，其固化的软件可以进行硬盘初始化，执行加电和启动主轴电动机，加电初始寻道、定位以及故障检测等。在电路板上还有高速缓存芯片。

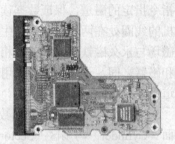

图 2-40　硬盘控制电路板

　　3）固定盖板。固定盖板是硬盘的前面板，上面贴有产品标签，印着产品的型号、序列号、产地、生产日期等信息，由此可以对这款产品做一番大致的了解。固定盖板和底板结合成一个密封的整体，保证硬盘盘片和机构的稳定运行。固定盖板和侧面都有安装孔，可以方便灵活地放置和安装。此外，还有一个透气孔，它的作用就是使硬盘内部气压与大气压保持一致。

2. 硬盘的内部结构

　　硬盘的内部结构由固定面板、控制电路板、磁头组件、接口及附件等几大部分组成。图 2-41 所示为硬盘内部结构图。磁头组件（Hard Disk Assembly，HDA）是构成硬盘的核心，封装在硬盘的净化腔体内，包括浮动磁头组件、磁头驱动机构、盘片及主轴驱动机构、前置读写控制电路等。

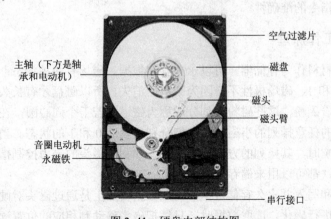

图 2-41　硬盘内部结构图

　　1）浮动磁头组件。浮动磁头组件由读写磁头、传动手臂、传动轴三部分组成。把数据写到盘片的磁介质上或者把数据读出来，都依赖于硬盘的磁头组件。磁头是硬盘技术最重要最关键的一环，实际上是集成工艺制成的多个磁头的组合，它采用了非接触式结构。硬盘加电后，读写磁头在高速旋转的磁盘表面飞行，间隙只有 0.1～0.3μm，可以获得极高的数据传输速率。

2）磁头驱动机构。磁头驱动机构由音圈电动机和磁头驱动小车组成。对于硬盘而言，磁头驱动机构就好比是一个指挥官，它控制磁头的读写，直接为传动手臂与传动轴传送指令。高精度的轻型磁头驱动机构能够对磁头进行正确的驱动和定位，并在很短的时间内精确定位到指令指定的磁道，保证数据读写的可靠性。磁头机构的电动机由音圈电动机驱动。音圈电动机的线圈处在两块永久磁铁生成的磁场中，当有电流通过线圈时线圈自身就会产生磁场，该磁场与永久磁铁生成的磁场相互作用产生推动力矩，因线圈与磁臂连成一体，转轴位于线圈和磁臂之间，该力矩就会利用转轴的杠杆作用推动磁臂进行径向运动，也就是磁头在进行寻道操作。

3）盘片。盘片是硬盘存储数据的载体，从物理的角度可分为磁面（Side）、磁道（Track）、柱面（Cylinder）与扇区（Sector）四个结构。其中，在最靠近中心的部分不记录数据，称为着陆区，是硬盘每次启动或关闭时，磁头起飞和停止的位置。所有盘片上半径相同的磁道构成一个圆筒，称其为柱面。将每个磁道等分后相邻两个半径之间的区域称为扇区，扇区是磁盘存取数据的基本单位。硬盘盘片多为金属圆片，表面极为平整光滑，磁性材料就均匀地附着在这些光滑的表面上。

4）主轴组件。主轴组件包括轴瓦和驱动电动机等。随着硬盘容量的扩大，主轴电动机的速度也在不断提升，导致了传统滚珠轴承电动机磨损加剧、温度升高、噪声增大的弊病，对速度的提高带来了负面影响。因而生产厂商开始采用精密机械工业的液态轴承电动机技术，使用黏膜液油轴承，以油膜代替滚珠以避免金属面的直接摩擦，将噪声和温度减小到最低。同时油膜又能有效吸收震动，可以提高主轴部件的抗震能力。使用液态轴承电动机是目前超高速硬盘的发展趋势。

5）前置放大电路。前置放大电路用来控制磁头感应的信号、主轴电动机调速、磁头驱动和伺服定位等，由于磁头读取的信号微弱，便将放大电路密封在腔体内，以减少外来信号的干扰，提高操作指令的准确性。

三、硬盘的工作原理

硬盘使用磁性材料作为存储器，可以永久存储数据。磁场有两种状态：南极和北极，可以分别用来表示 0 和 1，磁场极性不会因为断电而消失，所以磁盘才有长久记忆的能力。硬盘盘片上均匀地附着磁粉，这些磁粉被划分成称为磁道的若干个同心圆，在每个同心圆的磁道上就好像有无数的任意排列的小磁铁，它们分别代表着 0 和 1 的状态。当这些小磁铁受到来自磁头的磁力影响时，其排列的方向会随之改变。利用磁头的磁力控制指定的一些小磁铁方向，使每个小磁铁都可以用来储存信息。

硬盘可以读取和写入并永久存储数据，写入数据实际上是通过磁头对硬盘片表面的可磁化材料（小磁铁）进行磁化。读取数据时，只需把磁头移动到相应的位置读取此处的磁化编码状态即可。

硬盘驱动器加电正常工作后，利用控制电路中的单片机初始化模块进行初始化工作。此时，磁头置于盘片中心位置。初始化完成后，主轴电动机将启动并以高速旋转。装载磁头的小车机构移动，将浮动磁头置于盘片表面的 00 道，处于等待指令的启动状态。当接口电路接收到计算机系统传来的指令信号，通过前置放大控制电路，驱动音圈电动机发出磁信号，根据感应阻值变化的磁头对盘片数据信息进行正确定位，并将接收后的数据信息解码，通过放大控制电路传输到接口电路，反馈给主机系统完成指令操作，结束硬盘操作的断电状态，在反力矩弹簧的作用下浮动磁头驻留到盘面中心。

四、硬盘的主要性能指标

硬盘的性能指标决定了整块硬盘所具备的功能以及性能的高低，在选购硬盘的过程中，需对这些性能指标有所了解。

1．容量

作为计算机系统的数据存储器，容量是硬盘最主要的参数，容量越大越好。

硬盘的容量以 MB、GB、TB 为单位，1GB=1024MB。但硬盘厂商在标称硬盘容量时通常取 1GB=1000MB。因此，在 BIOS 中或在格式化硬盘时看到的容量会比厂家的标称值小。硬盘的容量指标中还包括硬盘的单碟容量，所谓单碟容量是指硬盘单片盘片的容量。单碟容量越大，单位成本越低，平均访问时间就越短，不同容量不同品牌的硬盘中盘片个数也有所不同。目前，市场上的硬盘容量最大已经达到 3TB。

2．转速

转速（Rotational Speed 或 Spindle Speed）是指硬盘盘片每分钟转动的圈数，单位为 r/min。转速是决定硬盘内部数据传输速率的决定性因素之一，也是区别硬盘档次的主要标志。目前，市场上主流硬盘的转速为 7200r/min，也有硬盘的转速为 10000r/min 或 15000r/min。

3．平均访问时间

平均访问时间（Average Access Time）是指磁头从起始位置到达目标磁道位置且从目标磁道上找到要读写的数据扇区所需要的时间。平均访问时间体现了硬盘的读写速度，它包括了硬盘的寻道时间和等待时间，即平均访问时间=平均寻道时间+平均等待时间。

硬盘的平均寻道时间（Average Seek Time）是指硬盘的磁头移动到盘面指定磁道所需要的时间。这个时间越小越好。目前，硬盘的平均寻道时间通常在 8～12ms 之间，而 SCSI 硬盘小于或等于 8ms。

硬盘的等待时间又称为潜伏期（Latency），指磁头已处于要访问的磁道，等待所要访问的扇区旋转至磁头下方的时间。平均等待时间为盘片旋转一周所需时间的 1/2，一般应在 1～6ms 之间。

4．数据传输率

硬盘的数据传输率（Data Transfer Rate）是指硬盘读写数据的速度，单位为 Mbit/s。硬盘数据传输率又包括了内部数据传输率和外部数据传输率。

内部传输率（Internal Transfer Rate），也称为持续传输率（Sustained Transfer Rate），是指磁介质到硬盘缓存间的最大数据传输率。

外部传输率（External Transfer Rate），也称为突发数据传输率（Burst Data Transfer Rate）或接口数据传输率，它是系统总线与硬盘缓冲区之间的数据传输率。外部数据传输率与硬盘接口类型和硬盘缓存的大小有关。

由于硬盘的内部数据传输率要小于外部数据传输率,所以内部数据传输率的高低才是衡量硬盘性能的真正标准。

5. 缓存

与主板上的高速缓存(Cache)一样,缓存是硬盘与外部总线交换数据的场所,当磁头从硬盘盘片上将磁记录转化为电信号时,硬盘会临时将数据保存到数据缓存内,当数据缓存内的暂存数据传输完毕后,硬盘会清空缓存,然后进行下一次的填充与清空。这个填充、清空和再填充的周期与主机系统总线周期一致。缓存大的硬盘在存取零散文件时具有很大的优势。目前,大多数硬盘的缓存为 8MB、16MB、32MB 和 64MB。

6. 磁头数

硬盘的磁头数与硬盘体内的盘片数目有关。由于每个盘片均有 2 个磁面,每面都应有 1 个磁头,所以磁头数一般为盘片数的 2 倍。

7. MTBF

MTBF 即连续无故障工作时间,它指硬盘从开始使用到第一次出现故障的最长时间,单位是小时。该指标关系到硬盘的使用寿命,现在硬盘的 MTBF 可达 1600000h。如果硬盘按每天工作 10h 计算,其寿命至少也有 400 年以上。

8. SMART 技术

SMART(Self-Monitoring,Analysis and Reporting Technology,自动监测分析报告技术)用来监测和分析硬盘的工作状态和性能并将其显示出来,可以对硬盘潜在故障进行有效预测,以提高数据的安全性,防止数据的丢失。

任务二：选购硬盘

📖 **知识目标**
- ○ 熟悉主流的硬盘品牌。
- ○ 掌握选购硬盘的几个要素。

▢ **技能目标**
- ○ 能够根据需求选购合适的硬盘。

任务描述

前面对硬盘进行了整体的介绍,本任务将介绍如何选购适合的硬盘。

相关知识

硬盘是计算机中的重要部件之一,不仅价格昂贵,用户存储的信息更是无价之宝,因此每个购买计算机的用户都希望选择一个性价比高、性能稳定的好硬盘。速度、容量、安全性一直是衡量硬盘的最主要的三大指标。选购硬盘应主要考虑以下因素。

1. 硬盘容量

硬盘的容量是选购硬盘的首要因素。随着宽带互联网应用的普及，网络下载数据量越来越大，高清视频、家庭数码照片、视频采集等数据量的增加，对硬盘容量的要求也在加大，可以选择 500GB 或以上容量的硬盘。市场上主流容量是 320GB、500GB、640GB、750GB、1TB 和 2TB。

2. 硬盘接口

目前，主流个人计算机的硬盘接口为 SATA 接口，因此用户在组装计算机或者在选购品牌机时，应尽量选购 SATA 接口的硬盘，如果是为计算机更换硬盘，还应考虑主板的接口；如果主板上没有 SATA 接口而只有 IDE 接口，那么就只能选择 IDE 接口的硬盘。

3. 硬盘转速

硬盘的转速一般有 4200r/min、5400r/min、7200r/min、10000r/min 和 15000r/min，硬盘的转速越快，其数据传输率越快，硬盘的整体性能也随之提高。5400r/min 的硬盘主要见于笔记本电脑，目前市场上台式机硬盘基本上都是 7200r/min。

4. 硬盘缓存

缓存容量的大小与硬盘的性能有着密切的关系，大容量的缓存对硬盘性能的提高有着明显的帮助，在选购时应尽量选择缓存大的硬盘。目前硬盘缓存容量有 8MB、16MB、32MB 和 64MB 几种规格。对于相同容量的硬盘而言，缓存增加，价格也相应增加。

5. 硬盘稳定性

硬盘稳定性一般指对发热、噪声的控制。随着硬盘容量的增大、转速的加快，硬盘稳定性的问题日益突出。稳定性好的硬盘可以在超频的情况下稳定地工作。在选购硬盘之前要多参考一些权威机构的测试数据，多做市场调查，最好不要选择那些返修率高的品牌。

6. 硬盘品牌

当今的硬盘市场基本是几个著名品牌占据着主导地位。一般来说硬盘的设计寿命是五年，厂家保修期是三年，一年以内随坏随换，但不包括那些以非正规渠道（一般为水货）流入市场的产品。因此，购买硬盘应到正规的供货商或供货商柜台去买，且一定要索取发票或收据并注明地点或柜台号以防遗忘。

目前市场上，主流硬盘的品牌有希捷（Seagate）、西部数据（WD）、日立（HITACHI）、三星（Samsung）、东芝、易拓、富士通（以笔记本电脑硬盘为主）和迈拓（Maxtor）（已被希捷公司收购）等。

应 用 实 践

1. 简述硬盘的内、外部机构组成。
2. 简述硬盘的工作原理。
3. 目前计算机市场主要硬盘接口有几种，对比不同接口的速率差别。
4. 目前市场上主流有哪些知名品牌的硬盘？它们的容量、转速、接口类型等性能如何？

项目6 光　　驱

任务一：认识光驱

📖 **知识目标**

- ○ 熟悉光驱的硬件结构。
- ○ 理解光驱的工作原理。
- ○ 熟悉光驱的分类。
- ○ 熟悉光驱的性能指标。
- ○ 熟悉光盘及其分类。

▢ **技能目标**

- ○ 能够识别不同种类的光驱。
- ○ 能够识别不同种类的光盘。
- ○ 能够通过光驱的参数识别光驱的性能指标。

任务描述

　　光存储设备是计算机存储系统的必要补充，尤其是在安装操作系统和应用软件，以及将硬盘中的数据备份到光盘中时就需要借助于光存储设备。本任务让读者对光驱有一个全面的了解。

相关知识

一、光驱的硬件结构

　　光驱集光、电、机械于一体，外部结构简单，如图 2-42 所示。内部结构非常复杂，总体来看，光驱主要由托盘驱动机构（加载机构）、激光头及进给机构、光盘驱动电动机、数字信号处理电路以及接口电路等部分构成，如图 2-43 所示。光盘上的信息由激光头进行读取，经预放电路、数字信号处理电路解出数字信号，再经数据接口送到计算机的主板上，在 CPU 的控制下存入内存，以备处理。

图 2-42　光驱的外部结构

图 2-43　光驱的内部结构

1. 托盘驱动机构

托盘驱动机构是完成光盘装入和弹出的机构，它是由加载电动机通过传动机构驱动托盘出仓和进仓。

2. 激光头

激光头包括产生激光的半导体激光器、光学聚焦系统以及光电探测器等。配合进给机构和导轨等机械部分，根据系统信号确定读取光盘数据，并通过数据电缆将数据传输到控制电路。

3. 进给机构

进给机构是驱动激光头沿水平方向运动的机构，当读取光盘信息时，光盘驱动电动机驱动光盘旋转，激光头从光盘内侧向外侧移动，完成光盘信息的读取。

4. 光盘驱动电动机

光盘驱动电动机又称为主轴电动机，压紧光盘后，带动光盘高速旋转。

5. 数字信号处理电路

光盘数据的读取过程中会存在各种随机误差，它影响了最终数据的正确性，为了纠正这些错误，会在数据中加入校验码，使其满足特定的规则，在读取时，通常检验数据是否符合某种规则来发现错误并纠正它。

6. 接口电路

内置式存储设备都有一个与计算机进行通信的接口，通常是 IDE 或 SATA 接口。外置光驱的接口多为 USB 2.0 接口和 IEEE-1394 接口。

二、光驱的分类

光驱从最早的只读光驱（CD-ROM）发展到数字只读光驱（DVD-ROM）、光盘刻录机（CD-RW）、DVD 光盘刻录机（DVD-RW）以及集成 CD/DVD 读取与 CD-R/RW 刻录于一体的康宝（Combo），到 BD 刻录机、BD 康宝、BD/HD DVD，经历了几个不同的阶段。

1. CD-ROM 光驱

CD-ROM 光驱又称为致密盘只读存储器，是一种只读的光存储介质。它是利用原本用于音频 CD 的 CD-DA（Digital Audio）格式发展起来的。

2. DVD 光驱

DVD 光驱是一种可以读取 DVD 碟片的光驱，除了兼容 DVD-ROM、DVD-VIDEO、DVD-R、CD-ROM 等常见的格式外，对于 CD-R/RW、CD-I、VIDEO-CD、CD-G 等都能很好地支持。

3. COMBO

COMBO 俗称康宝光驱。它是一种集合了 CD 刻录、CD-ROM 和 DVD-ROM 为一体的多功能光存储产品。

4. 刻录光驱

刻录光驱包括了 CD-R、CD-RW、DVD 刻录机和 BD 刻录机等，其中 DVD 刻录机又分为 DVD+R、DVD-R、DVD+RW、DVD-RW（W 代表可反复擦写）和 DVD-RAM。刻录机的外观和普通光驱差不多，只是其前置面板上通常都清楚地标识着写入、复写和读取三种速度。

5．BD-ROM 光驱

Blue-ray Disc（BD，蓝光光盘）是用波长较短（405nm）的蓝色激光读取和写入数据。通常来说波长越短的激光，能够在单位面积上记录或读取更多的信息。因此，蓝光极大地提高了光盘的存储容量。对于光存储产品来说，蓝光提供了一个跳跃式发展的机会。BD 是 DVD 之后的下一代光盘格式之一。

按安装方式及结构特点来划分，光驱可以分为内置式和外置式两种：

1）内置式。内置式光驱是目前大多用户普遍采用的安装形式。这种光驱可以安装在计算机机箱的 5in 的固定架上，通过内部连线连接到主板上。图 2-42 所示为内置式光驱。

2）外置式。外置式光驱自身带有保护外壳，可以放在计算机机箱外面，通过 USB 接口或 IEEE-1394 接口与计算机连接使用，而不必安装到计算机机箱里去，如图 2-44 所示。

图 2-44　外置式光驱

三、光存储设备的性能指标

1．数据传输率

数据传输率（Sustained Data Transfer Rate）是指光驱在 1s 内所能读写的数据量，单位为 KB/s 或 Mbit/s。它是衡量光驱性能的最基本指标，该值越大，光驱的数据传输率越高。

最初 CD-ROM 数据传输率只有 150KB/s，定义为倍速（1X），在此之后出现的 CD-ROM 的速度与倍速是一个倍数关系，如 40 倍速 CD-ROM 的数据传输率为 6000KB/s（150×40）。随着光驱传输速率越来越快，出现了 40X、48X、52X、56X 的 CD-ROM。DVD-ROM 的 1X 为 1.358Mbit/s，最高倍速为 16X。

CD-RW 刻录机速度表示为：写/复写/读。一款标示 52×32×52 的 CD-RW 刻录机表示该款刻录机为 52 倍速 CD-R 刻写、32 倍速复写速度和 52 倍速 CD-ROM 读取能力。

DVD-RW 刻录机速度表示为：DVD+/–R 写入/DVD+RW 复写/DVD-RW 复写/DVD+/-RDL 写入/DVD-RAM 写入。例如，某款 DVD 刻录机为 18X DVD+/–R 写入、8X DVD+RW 复写、6X DVD-RW 复写、10X DVD+/–RDL 写入和 12X DVD-RAM 写入。

COMBO 驱动器的速度一般表示为：CD-R 写入/CD-RW 重写/CD 读取/DVD-ROM 读取。例如，52×24×52×16，表示这款 COMBO 驱动器具有 52 倍速的 CD-R 写入速度，24 倍速的 CD-RW 重写速度，52 倍速的 CD 读取速度，16 倍速的 DVD-ROM 读取速度。写入速度和重写速度通常与刻录盘片有关，而读取速度是指将 COMBO 驱动器当做 CD-ROM 驱动器或 DVD-ROM 驱动器读取数据时的速度。

2．平均访问时间

光驱的平均访问时间（Average Access Time）是指光驱的激光头从原来的位置移动到指定的数据扇区，并把该扇区上的第一块数据读入高速缓存所花费的时间。其值一般在 80～90 ms。

3．高速缓存

该指标通常用 Cache 表示，也有厂商用 Buffer Memory 表示，主要用于存放临时从光盘中读出的数据，然后发送给计算机系统进行处理。这样就可以确保计算机系统能够一直接收到稳定的数据流量。

缓存容量越大，读取数据的性能就越高。目前，普通 DVD-ROM 光驱大多采用512KB 的缓存，而刻录机一般采用2～8MB 的缓存。

4．CPU 占用时间

CPU 占用时间（CPU Loading）是指光驱在保持一定的转速和数据传输率时所占用 CPU 的时间。这是衡量光驱性能的一个重要指标，光驱的 CPU 占用时间越少，系统整体性能的发挥就越好。

5．接口类型

目前，市场上的光驱接口类型主要有 SATA、IDE、USB 和 IEEE-1394。在选购光驱时，一定要注意光驱接口类型。

6．容错能力

光驱的容错能力是指光盘驱动器对一些质量不好的光盘的数据读取能力。影响光驱容错能力的因素包括：控制芯片功能、盘片质量、激光头读取数据能力等。非标准盘片毛病太多，如盘薄、偏心，或者有划痕、污迹。速度非常高的情况下，激光头在读取非标准盘片时，盘片受力不均，造成抖动不稳定，运动轨迹变形，严重增加了激光头的损耗。

容错能力通常还与光驱的速度有关系，通常速度较慢的光驱，容错能力要优于高速产品。一些光驱为了提高容错能力，提高了激光头的功率。当激光头功率增大后，读盘能力确实有一定的提高，但长时间"超频"使用会使激光头老化，严重影响光驱的寿命。

7．刻录方式

这项指标仅适用于刻录机。刻录方式分为四种：整盘、轨道、多段、增量包。整盘刻录无法再添加数据；轨道刻录每次刻录一个轨道，CD-R 最多支持刻写 99 条轨道，但要浪费几十兆容量；多段刻录与轨道刻录一样，也可以随时向 CD-R 中追加数据，每添加一次数据，浪费数兆容量；增量包的数据记录方式与硬盘类似，允许在一条轨道中多次添加小块数据，可增加数据备份量，避免发生缓存欠载现象。

四、光驱的工作原理

1．光驱的基本原理

光存储与光有密切关系。有一些介质在光线照射下会产生一些物理的或者化学的变化，这些变化通常可使介质具有两种状态，这两种不同的状态可分别用来代表数据"0"和数据"1"，因此就可以用这种介质作为数据存储介质。这里的光通常采用的是激光。激光具有单色性和相干性。如果将这种介质做成光盘，然后对激光加以控制、进行精细聚焦，沿一定轨迹对光盘进行扫描，再通过一个光电接收头对光盘介质因激光照射而产生的反射、吸收或相移做出反应，从而完成了对光盘的读取、写入、擦除等操作。

2. CD-ROM 光驱的工作原理

在无光盘状态下，光驱加电后，激光头组件启动。此时，光驱面板指示灯闪亮，同时激光头组件移动到主轴电动机附近，并由内向外顺着导轨步进移动，最后又回到主轴电动机附近，激光头的聚焦透镜将向上移动三次搜索光盘。同时，主轴电动机也顺时针启动三次，然后激光头组件复位，主轴电动机停止运行，面板指示灯熄灭。光驱中若放入光盘，激光头聚焦透镜重复搜索动作，找到光盘后，主轴电动机将加速旋转。此时，若读取光盘，面板指示灯将不停地闪动，步进电动机带动激光头组件移动到光盘数据处，聚焦透镜将数据反射到接收光电管，再由数据带传送到系统，计算机便可读取光盘数据。若停止读取光盘，激光头组件和电动机仍将处于加载状态中，面板指示灯熄灭。不过，目前，高速光驱在设计上都考虑到可以使主轴电动机和激光头组件在 30s 或几分钟后停止工作，直到重新读取数据，从而有效地节省能源，并延长使用时间。

3. CD-R/RW 光驱的工作原理

1）CD-R 光驱的工作原理。CD-R 刻录机工作时，由刻录软件控制激光头以一定的规则向 CD-R 光盘的数据面（有机染料制成的光盘介质）发射很细的激光束，在 CD-R 光盘的数据面蚀刻出一个个"小坑"，如图 2-45 所示。就是这些肉眼难以分辨的小坑记录着指定的数据资料，可以被光驱识别。被刻录到 CD-R 光盘上的数据信息是永久性的，无法被擦写、删改。

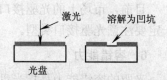

图 2-45　CD-R 原理示意图

2）CD-RW 光驱的工作原理。CD-RW 刻录机是由理光（Rich）公司在 1996 年首先推出的，它是允许用户反复进行数据擦写操作的刻录机。CD-RW 采用相变技术来存储信息，光盘介质采用硫属化合物或金属合金，利用激光的热效应或光效应使介质发生相变，即介质在晶态和非晶态之间相互转变，在这两种状态下，介质对光的反射率相差很大（晶态对光线的反射率大，非晶态对光线的反射率小），因而可以用来记录数据。又因为这种相变的过程是可逆的，所以这种光盘可反复擦写。

4. DVD 光驱的工作原理

DVD 光驱工作原理与 CD-ROM 光驱差不多，也是先将激光二极管发出的激光经过光学系统形成光束射向盘片，然后从盘片上反射回来的光束照射到光电接收器上，再转变成电信号。

由于 DVD 光驱必须兼容 CD-ROM，而不同的光盘所刻录的坑点和密度均不相同，当然对激光的要求也有不同，所以要求 DVD 激光头在读取不同盘片时要采用不同的光功率。

5. DVD 刻录机的工作原理

DVD 刻录机包括 DVD-R/RW 和 DVD+R/RW，它们与 CD-R/RW 光驱一样是在预刻沟槽中进行刻录。不同的是，这个沟槽通过定制频率信号的调制而成为"抖动"，被称为抖动沟槽。它的作用就是更加精确地控制电动机转速，以帮助刻录机准确掌握刻录的时机，这与 CD-R/RW 刻录机的工作原理是不一样的。另外，虽然 DVD-R/RW 和 DVD+R/RW 的物理格式是一样的，但由于 DVD+R/RW 刻录机使用高频抖动技术，所用的光线反射率也有很大差别，所以这两种刻录机并不兼容。

DVD-RW 和 DVD+RW 与 CD-RW 类似，在其记录层上加入了相变材料，可以通过转换其状态来达到多次擦写的目的。在进行写入操作时，激光照射强度提升至最大，使写入区域的相变材料迅速超过熔点温度，之后立即停止照射进行冷却后，该区域就变为非结晶状态。在进行数据擦除时，用中等功率的激光对非结晶状态的区域进行相对长时间的照射，当该区域超过结晶温度时就调低功率，之后该区域就恢复为结晶状态。

6. COMBO 的工作原理

COMBO 可以实现 CD-ROM、DVD-ROM、CD-RW 等多种功能，其中的关键在于 COMBO 的激光头。COMBO 激光头能够产生不同能量和波长的光源，并且都能做到精确聚焦，从而实现 CD-ROM、DVD-ROM 的读取以及 CD-RW 的刻写，并使激光头成为 COMBO 中最复杂、最难以制造的核心部件。

7. BD-ROM 光驱的工作原理

BD-ROM 光驱是用波长较短（405nm）的蓝色激光读取和写入数据，通过广角镜头上比率为 0.85 的数字光圈，成功地将聚焦的光点尺寸缩得极小程度。此外，蓝光的盘片结构中采用了 0.1mm 厚的光学透明保护层，以减少盘片在转动过程中由于倾斜而造成的读写失常，这使得盘片数据的读取更加容易，并为极大地提高存储密度提供了可能。通常来说波长越短的激光，能够在单位面积上记录或读取更多的信息。BD 技术可在一张单碟上存储 25GB 的文档文件，是现有（单碟）DVD 的 5 倍。在速度上，蓝光允许 1 到 2 倍或者说每秒 4.5～9MB 的记录速度。蓝光光驱是今后的发展方向。

五、光盘

光盘是通过冲压设备压制或激光烧刻，从而在其上产生一系列凹槽来记录信息的一种存储媒体。光盘具有容量大、保存时间长、工作稳定可靠、便于携带、价格低廉等优点。光盘分为不可擦写光盘和可擦写光盘两大类。目前，市场上使用的光盘种类很多，简单归纳如表 2-2 所示。

表 2-2 各类光盘的比较

光 盘	用 途	容 量
CD 唱片	存储音频信号	74～80min（650～700MB）
CD-ROM	存储文字、图像和应用软件	650MB
VCD	存储音、视频信号	74min
CD-R	一次刻录多次可读	650～730MB
CD-RW	可反复擦除和写入数据	650MB
DVD-ROM	只读型的 DVD 盘片	4.7GB
DVD-R	一次刻录多次可读的 DVD 盘片	4.7GB
DVD-RW	可反复擦除和写入数据	4.7GB
DVD-RAM	无限次读写的 DVD 盘片	4.7～17GB
DVD+RW	支持多次读写操作，是 DVD-R 与 DVD-RW 的复合盘片	4.7～9.4GB
BD-ROM	只读型的蓝光光盘	25～50GB
BD-R	一次刻录多次可读的蓝光光盘	25～50GB
BD-RE	可反复擦除和写入数据的蓝光光盘	25～50GB

任务二：选购光驱

📖 **知识目标**
- ○ 熟悉光驱的不同型号。
- ○ 熟悉光驱的主要特征。

▢ **技能目标**
- ○ 能够根据需求选购合适的光驱。

任务描述

　　光驱是台式机里比较常见的一个配件。随着多媒体的应用越来越广泛，使得光驱在台式机诸多配件中已经成标准配置。在所有计算机配件中，光驱是易耗品，使用中经常出现读盘困难、需要清洗等现象。因此，用户应学会如何从市场上众多品牌、不同型号光驱中选择适合自己的光驱。

相关知识

一、CD、DVD 只读光驱的选购

　　因为 CD 不能兼容高性能 DVD，所以 CD 光驱正逐步被淘汰。目前，DVD 光驱是市场的主流，购买只读光驱时可考虑以下几个因素。

1. 光驱读盘速度

　　提到读盘速度问题，大家都希望 CD-ROM 能在很短时间内大量传输数据，这对于现代应用软件同样是非常重要的。在实际应用中，它们速度上的主观差别并不是很大。光驱的速度指的是最快速度，而这个数值是光驱在读取盘片最外圈数据才有可能达到的，而读内圈数据的速度会远远低于这个标称值。此外，缓冲区大小、寻址能力同样起着非常大的作用。目前市场上一些读盘能力较差的光驱在读取质量差的盘片时，为了确保读盘质量，会自动降低读盘速度。因此，想要达到包装上所标称的速度是非常困难的。对于光驱速度的要求也不必很苛刻，购买 40X 以上光驱基本上都能够满足较长一段时间内的需要。

　　由此看来，在选购光驱时，无须追求当时最高倍速的产品（速度的差异主要体现在大型游戏或大型软件的运行上）。对于光驱而言，听 CD、看 VCD 使用 8X 光驱已经绰绰有余；玩游戏使用 24X 光驱便可以应付自如。

2. 稳定性

　　在当今速度与纠错（指新出厂产品的纠错力）差距并不大的情况下，稳定性的表现显得尤为可贵。普通用户在选购光驱时，不可能逐一从硬件结构方面分析产品的优劣，所以选购光驱时不可只图新品，应尽量购买推向市场时间较长、口碑一直不错的产品，这样的光驱往往稳定性较好。

3. 接口

目前，内置光驱 IDE 和 SATA 接口是市场的主流，外置光驱 USB 接口和 IEEE-1394 接口是主流，应尽量选用。

4. 静音

光驱噪声是计算机工作室的噪声源之一。光盘的盘片总处于高速旋转中，这就不可避免地会产生很大的振动，另一方面目前市面上的光盘盘片质量参差不齐，质量差的盘片在高速旋转过程中也会带来振动。而振动会影响激光头的聚焦，从而影响读取数据的正确性。在选购时应注意。此外在装机固定光驱时，拧紧螺钉也可避免不必要的振动。

5. 品牌

一般来说，名牌的背后以可靠的质量为后盾，这是选购一个好的、让人放心的光驱的要素之一。一般情况下，光驱产品通常会提供有 6 个月到 1 年的质保期，并且市场上提供 1 年包换服务的光驱生产厂商也出现了不少。能提供 1 年的包换服务，也说明厂商对其产品质量是很有信心的。因此，质保期较长，售后服务较好的产品，一般都具有比较稳定的性能。

6. 其他

在选购光驱时，缓存大小和平均寻道时间对光驱的总体性能也有着举足轻重的影响。因此，在价格差别不大的情况下，尽量选择高速缓存较大的产品。

二、刻录机的选购

选购刻录机时，除了要考虑上面提到的因素外，还要考虑以下几点。

1. 工作稳定性和发热量

由于用刻录机刻盘耗时相对较长，所以要求刻录机有较高的稳定性。另外，还要考虑刻录机的发热量。如果刻录机在短时间发热量过大，则容易缩短激光头的使用寿命，使正在刻录中的光盘受热变形，造成刻录失败甚至盘片炸裂。

2. 缓存容量

缓存容量的大小是选购刻录机的一个重要指标。因为刻录时数据先写入缓存，刻录软件再从缓存调用刻录数据，刻录同时后续数据再读入缓存，以保持写入数据能良好组织并连续传输，如果后续数据没及时写入，则传输中断将导致刻录失败。因此，价格差别并不明显，建议优先选择缓存容量大的产品。

3. 刻录速度

刻录速率越高，刻录时间越短。同时考虑刻录机支持盘片的类别。

应 用 实 践

1. 简述光驱的工作原理。
2. 光驱驱动器有哪些分类？
3. 刻录机的刻录模式有几种？刻录机刻盘时要注意哪些事项？
4. 观察、熟悉各类型光驱的内部结构？
5. 调研目前市场上常见的光驱类别、品牌、价格等。

项目7 显 卡

 任务一：认识显卡

📖 **知识目标**
- ○ 了解显卡的分类。
- ○ 熟悉显卡的结构。
- ○ 理解显卡的工作原理。
- ○ 熟悉显卡的性能指标。

□ **技能目标**
- ○ 能够识别不同性能的显卡。

任务描述

显卡是个人计算机最基本的组成部分之一，它的好坏直接决定了计算机显示图像的效果。本任务将让读者对显卡有一个全面的了解。

相关知识

显卡也称为显示卡，如图 2-46 所示。它是显示器与主机通信的控制电路和接口电路，其主要作用是根据 CPU 提供的指令和数据，将程序运行过程中的结果进行相应的处理，并转换成显示器能接受的图形显示信号，然后送给显示器，最后由显示器形成人眼所能识别的图像在屏幕上显示出来。因此，显卡的性能好坏直接决定着计算机的显示效果。

图 2-46 显卡

一、显卡的分类

1. 按显卡独立性分类

分为集成显卡和独立显卡。独立显卡是以独立的板卡形式存在，需要插在主板的总线插槽上。图 2-46 所示为独立显卡。独立显卡具备单独的显存，不占用系统内存，而且技术上领先于集成显卡，能够提供更好的运行性能和显示效果；集成显卡是将显示芯片集成在主板芯片组中，在价格上更具优势，但不具备显存，需要占用系统内存，性能相对较差。

2．按显卡的接口分类

根据显卡的接口标准，个人计算机的显卡一共经历了 4 代：MDA（单色显卡）、CGA、EGA、VGA/SVGA（显示绘图阵列）。

3．按图形功能分类

根据图形分为纯二维（2D）显卡、纯三维（3D）显卡、二维+三维（2D+3D）显卡。

4．按显卡与主板的接口分类

显卡插在主板上能与主板相互交换数据。与主板连接的接口经历了 ISA、EISA、VESA、PCI、AGP 以及 PCI-Express 等。目前在市场上销售的显卡几乎都是 PCI-Express。

5．按显示芯片分类

显示芯片是显卡的核心芯片，负责系统内视频数据的处理，它决定了显卡的级别和性能。不同的显示芯片，无论从内部结构设计，还是性能表现上都有较大的差异。目前，主流芯片厂家有 3 家：nVIDIA、ATI 和 Matrox。

二、显卡的结构

显卡主要由显示主芯片、显示内存（显存）、数-模转换器、显卡 BIOS、总线接口及其他外围元器件构成。

1．显示主芯片

在每一块显卡上都有一个大散热片或散热风扇，它的下面就是显示主芯片。显示主芯片是显卡的核心部件，决定了显卡的档次和大部分性能，同时也是区分 2D 显卡和 3D 显卡的主要依据。通常所说的显示主芯片的位（bit）是指显示主芯片支持的显示内存数据宽度，大的数据可以使显示主芯片在一个时钟周期内处理更多的数据。新型的显示芯片多为 192 位、256 位、320 位、384 位、512 位。显示芯片通常是显卡上最大的芯片，且通常都带有风扇，还标有生产厂商的名称等。民用显示卡图形芯片供应商主要包括 AMD（ATI）、nVIDIA（英伟达）和 Intel，其中 ATI（见图 2-47）、nVIDIA（见图 2-48）是主要的两大生产商。

图 2-47　ATI 显示主芯片　　　　　　图 2-48　nVIDIA 显示主芯片

2．显存

显存是显卡上的关键部件之一，其性能和容量直接关系到显卡的最终性能表现。如果说显示芯片决定了显卡所能提供的功能和基本性能，那么显卡性能的发挥则很大程度上取决于显存。

显存用来存放显示芯片正在处理以及处理后的数据，然后由数-模转换器读取并逐帧转换为模拟视频信号提供给显示器使用。显存使用的分辨率越高，在屏幕上显示的像素点也就越多，相应所需显存的容量就越大。一般来说，显存容量越大，速度越快，对整个显卡的性能就越有帮助。现在显存容量一般有 512MB、768MB、896MB、1GB、1.25GB、1.5GB、1.75GB、2GB、4GB 等。目前市面上显存基本采用的都是 GDDR3 规格，也有 GDDR4 和 GDDR5 规格。

3．数-模转换器

随机存取存储器数-模转换器（RAM Digital to Analog Converter，RAMDAC）的作用是将显示内存中的数字信息转换为能够用于显示器识别的模拟信号，其数/模转换速率影响显卡的刷新频率和最大分辨率。刷新频率越高，图像越稳定；分辨率越高，图像越细腻。

4．显卡 BIOS

显卡 BIOS 又称为 VGABIOS，主要用于存放显示芯片与驱动程序之间的控制程序，存放显卡的型号、规格、生产厂商、出厂时期、显存的容量等信息。计算机开机时所显示显卡的信息就是从这里来的。早期的 BIOS 被固化在 ROM 中，不能修改。现在，多数显卡都采用大容量的 EPROM，即所谓的 Flash BIOS，可以通过专门的程序对显示卡 BIOS 进行修改升级。

5．总线接口

显卡需要与主板进行数据交换才能正常工作，所以就必须有与主板相对应的总线接口，显卡的总线接口经历了 ISA、EISA、VESA、PCI、AGP 以及 PCI-Express。目前在市场上销售的显示卡几乎都是 PCI-Express 接口。

6．外部输出接口

显卡的输出接口就是计算机与显示器之间的桥梁，它负责向显示器输出相应的图像信号。目前，常见的显卡输出接口主要有 VGA 接口、DVI 接口、HDMI 接口和 S-Video 接口。

1）VGA 接口。VGA（Video Graphics Array，视频图形陈列）接口，也称为 D-Sub 接口，插座是 15 孔 D 型，与显示器的 15 针 Mini-D-Sub（又称为 HD15）插头相连（见图 2-49），用于输出来自 RAMDAC 的模拟信号。

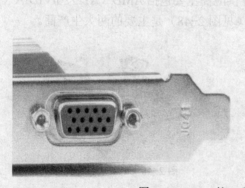

图 2-49　VGA 接口和 HD15 插头

2）DVI 接口。DVI（Digital Visual Interface，数字视觉接口）可以将像素数据编码，并通过串行连接传递。一个 DVI 显示系统包括一个发送器和一个接收器。目前，常见 DVI 接口分为两种：DVI-D 接口（见图 2-50）和 DVI-I 接口（见图 2-51）。其中，DVI-D 仅支持数字信号，DVI-I 同时支持数字与模拟信号。DVI 接口支持即插即用。

图 2-50　DVI-D 接口

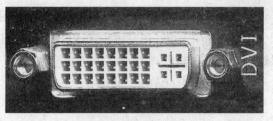

图 2-51　DVI-I 接口

3）HDMI 接口。HDMI（High Definition Multimedia,高清晰度多媒体接口）是在新型的主板和显示卡上开始配备的接口，如图 2-52 所示。只需要一条 HDMI 线，便可以同时传送影音信号，而不像现在需要多条线来连接。HDMI 接口可以提供高达 5Gbit/s 的数据传输带宽，可以传送无压缩的音频信号及高分辨率视频信号。

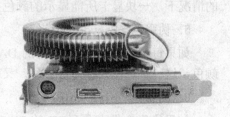

图 2-52　HDMI 接口

4）S-Video 接口。S-Video（Separate Video）也称为 S 端子，一般采用五线接头，它是用来将亮度和色度分离输出的设备，主要功能是为了克服视频节目复合输出时的亮度与色度的互相干扰。S 端子将亮度和色度分离输出可以提高画面质量，可以将计算机屏幕上显示的内容非常清晰地输出到投影仪之类的显示设备上，如图 2-53 所示。

图 2-53　S 端子

三、显卡的工作原理

首先用户把待处理的数据输入计算机，在计算机内部再由 CPU 将数据通过总线传输到图形处理器（GPU），GPU 对数据进行处理，并将处理结果传输至显存，显存再将处理好的数据传送到数-模转换器（RAMDAC）中并进行转换，最后 RAMDAC 将转换后的模拟信号传送到显示器，用户就可以在显示器上看到最终的结果。

四、显卡的主要术语

1. VGA（Video Graphics Array，视频图形阵列）

VGA 是 IBM 公司于 1987 年推出的，其分辨率达到 640×480，并与早期版本保持兼容，实现了从显卡上直接输出 RGB 模拟信号到显示器，显示颜色 256 色并且可支持大于 256KB 的显示存储器容量。

2. SVGA（Super VGA，超级视频图形阵列）

超过 VGA 640×480 分辨率的所有图形模式均称为 SVGA。SVGA 标准允许分辨率最高达到 1600×1200，颜色数最高 16MB，同时它还规定在 800×600 的分辨率下，至少要达到 72Hz 的刷新频率。

3．XGA（Extended Graphic Array，增强图形阵列）

IBM 公司于 1990 年又推出了 XGA，XGA 达到了 1024×768 的分辨率，在 640×480 时可以达到 65536 种颜色。

4．颜色深度（Color Depth）

颜色深度指每个像素可显示的颜色数。每个像素可显示的颜色数取决于显卡上给它所分配的 DAC 位数，位数越高，每个像素可显示出的颜色数目就越多。但是在显示分辨率一定的情况下，一块显卡所能显示的颜色数目还取决于其显存的大小。

5．伪彩色（Pseudo Color）

如果每个像素使用的是 1B 的 DAC 位数（即 8 位），那么每个像素就可以显示出 256 种颜色，这种颜色模式称为伪彩色，又称为 8 位色。

6．高彩色（High Color）

如果给每个像素分配 2B 的 DAC 位数（即 16 位），则每个像素可显示的颜色最多可以达到 65536 种，这种颜色模式称为高彩色，又称为 16 位色。

7．真彩色（True Color）

在显示存储器容量足够的情况下，如果给每个像素分配 3B 的 DAC 位数（即 24 位），那么每个像素可显示的颜色可达到不可思议的 1680 万种——尽管人眼可分辨的颜色只是其中很少一部分而已，这种颜色模式就是真彩色，又称为 24 位色。目前显卡已经达到了 32 位色的水平。

8．带宽（Bandwidth）

显存同时输入输出数据的最大能力，常以每秒存取数据的最大字节数（MB/s）来表示，越高的刷新频率往往需要越大的带宽。

9．纹理映射

每一个 3D 造型都是由众多的三角形情景组成的，要使它显示得更加真实，就要在它的表面粘贴上模拟的纹理和色彩，如一块大理石的纹理等，而这些纹理图像是事先放在显存中的，将之从显存中取出来并粘贴到 3D 造型的表面，这就是纹理映射。

10．Z 缓冲（Z-Buffering）

Z 的意思就是除 x、y 轴以外的第三轴，即 3D 立体图形的深度。Z 缓冲是指在显示存储器中预先存放不同的 3D 造型数据，这样当画面中的视角发生变化时，可以即时地将这些变化反映出来从而避免了由于运算速度滞后所造成的图形失真。

五、显卡的性能指标

1．分辨率

分辨率是指显卡在显示器屏幕上所能描绘的像素数目，用"横向像素点数×纵向像素点数"表示，典型值有：640×480，800×600，1024×768，1280×1024，1600×1200。例如，分辨率为 1024×768 是指该显卡在显示器屏幕上横向显示 1024 个像素，纵向显示 768 个像素。分辨率越高时，图像像素越多，图形越细腻。

2．色深

色深也称为色彩位数，是指在某一分辨率下，每一个像素点能够表现出的颜色的数量，单位为 b（位）。例如，普通 VGA 在显示分辨率为 320×200 时能够选择 256 种颜色，但是当分辨率调整到更高的 640×480 后，就只能显示 16 种颜色了。8 位的色深就是说每个像素点可以显示 256（28）种颜色，24 位称为真彩色。增加色深，会使显卡处理的数据剧增，刷新频率降低。

3．刷新频率

刷新频率是指图像在屏幕上的更新速率，即每秒钟图像在屏幕上出现的次数，也称为帧数，单位为 Hz。刷新频率越高，屏幕上的图形越稳定。一般当刷新频率达到 30 帧/秒以上时，人眼就不会感觉到图像的闪烁。

4．显存容量

显存容量越大，所能支持显示的最大分辨率越高，颜色数越多。

5．显存位宽

显存位宽是指在一个时钟周期内所能传送数据的位数。位数越大所能传输的数据量越大。一般，显存的位宽分为 192bit、256bit、320bit、384bit 和 512bit，目前市场上大多数显存位宽已在 256bit 以上。

 # 任务二：选购显卡

📖　**知识目标**
　　○　了解显卡的选购原则。
　　○　熟悉显卡的选购技巧。
🔲　**技能目标**
　　○　能够根据需求选购合适的显卡。

任务描述

目前市场上显卡的种类繁多，各种价位和档次都有，用户可能会为选择一款适合自己的显卡而发愁。本任务主要介绍显卡选购原则和技巧。

相关知识

一、显卡的选购原则

1．用户对显卡的需求

不同的用户对显卡的需求也不一样，要根据自己的经济实力和使用情况来选择合适的显卡，下面根据用户对显卡的不同需求来推荐购买显卡的类型。

1）办公应用类：这类用户对显卡的图像处理能力要求不高，只需要处理简单的文本和图像即可。对于这样的要求，一般的显卡都能胜任，最好是使用集成显卡，这样还可以降低购买成本。

2）普通用户类：这些用户平时可能上网、看电影较多，玩一些小游戏，对显卡有一定的要求，但又不愿意在显卡上多投资。那么这些用户可以购买价格在 300～500 元的显卡，花钱不多，又可以满足要求。

3）游戏玩家类：这类用户对显卡的要求比较高，需要显卡具有较强的 3D 处理能力和游戏性能。这些用户一般都会考虑市场上性能较强劲的显卡，相对价格就要贵些。

4）图形设计类：图形设计类的用户对显卡的要求非常高，特别是 3D 动画制作人员。这类用户一般选择市场上顶级的显卡，这种专业的显卡价格非常昂贵。

2．显卡档次的选择

可根据显卡的芯片类型来判断显卡的档次，图形处理芯片是显卡最重要的部分，基本决定了显卡的性能和档次。通过芯片的类型就可以判断显卡的档次。

3．搭配原则

一个好的显卡要想发挥出应有的性能，仅靠其本身的处理能力显然是不够的，还必须与 CPU、主板提供的显卡插槽标准及显示器相配套。

二、显卡的选购技巧

前面介绍了显卡的各项性能指标，以及显卡的选择原则，下面介绍一些选购显卡的小技巧，以帮助用户更好地选择一款适合自己的显卡。

1．明确自己的需求

不同的用户对显卡的需求不同，有人主要用于上网、玩游戏、听音乐、看电影；有人用于视频处理、图像处理、编程；而有的人则用于玩大型游戏等。在选购显卡前，首先要确定自己是属于哪一类用户。计算机的用途不同，决定了用户购买显卡的种类和品牌，所以应根据自己的需要来选择适合的显卡。

2．显卡的做工

"做工"其实是一个对产品很笼统的概念，主要分为设计、用料、制造工艺三大方面。

1）设计。产品的设计是决定"做工"好坏的前提，它直接决定了该产品以后的用料和制造工艺。显卡的设计相对于主板来说要简单很多，除了驱动程序的优化和软件上的调试外，在硬件方面，布线是决定显卡品质的重点。好的布线不仅要求每颗显存到显示芯片的距离要一致，还应具有良好的抗电磁干扰性和极少的电磁辐射。

反映到显卡外观上，应能清楚地看到从显存到显示芯片之间用了大量的蛇行线，且保证每条线的长度一致，从而增强显卡的稳定性。蛇行线还有消除长直布线在电流通过时产生的电感现象，大大减轻了线与线之间的串扰问题。电磁干扰和电磁屏蔽一直是显卡设计中要克服的难题，一般采用四层或六层板设计显卡，且用大面积敷铜接地技术来解决这一问题。

由此可见，设计良好的显卡其表面积一般都较大，目的是方便布线，尤其是那些显存芯片较多的显卡。显卡面积增大的缺点是成本增加了，不过采用双面贴片技术可以很好地解决这一矛盾。所谓双面贴片技术就是设计可以在显卡反面安装贴片元件的 PCB 板，这样可以充分利用显卡的表面积，提高了显卡的性价比，其缺点就是对技术要求较高，设计难度较大。

2）用料。产品的用料是反映一款显卡做工最直接的一点，用料的好坏最容易反映出显卡的做工如何。用料是由设计决定的，采用四层或六层板设计其实就是用料问题，一般欧美厂商出品的显卡都采用六层板设计，优点是设计容易，可以很少考虑布线长度的一致问题，电磁兼容性和电磁屏蔽性较好，但其价格也相对较高。相反中国台湾地区设计生产的一些显卡较多地采用价格便宜的电解电容，也就是俗称的直立电容，且大都是四层板设计，甚至有些卡还是两层板的，从外观上看明显区别于欧美的设计，显卡表面原件布局杂乱无章，但一般来说价格都比较便宜。

3）制造工艺。目前，所有的显卡生产厂商都已经采用了机器摆料和自动焊接，所以板上的元器件排列一般都很整齐。但这仅局限于贴片元件，而像电解电容这些插入式元件就难免会出现东倒西歪的现象，影响了外观的整洁。在这一点上全贴片设计的显卡的优势就被充分体现了出来。

判定显卡的做工精良的标准是显卡 PCB 板上的元件应排列整齐，焊点干净均匀，电解电容双脚都能插到底，而不会东倒西歪，金手指镀得厚，不易剥落。如果显卡的边缘光滑，则表明其生产厂家的制造工艺是优秀的，所做的显卡也不会差到哪儿去。

3. 显存的选择

大容量显存对高分辨率、高画质设定游戏来说是非常必要的，但并不是任何时候都是显存容量越大越好，要根据自己的配置来选择合适的显存。

4. 注重显卡的品牌

由于采用的显存颗粒及其他元器件不同，即使采用相同的显示芯片，有时价格也会相差百元以上。在选购显卡时，最后选购有一定品牌知名度的产品，好的品牌其性能和质量都比较有保证，而且无论是在稳定性方面还是超频方面都是非常不错的。

应 用 实 践

1. 简述显卡的工作原理。
2. 常见的显卡芯片有哪些品牌？
3. 简述独立显卡与集成显卡的区别。
4. 调研目前计算机市面上，适合大中专学生的显卡的品牌、结构、价格、性能指标等。

项目8 显示器

 任务一：认识显示器

任 务 描 述

显示器是个人计算机的重要部件，是计算机最基本的输出设备，本任务将让读者对显示器有一个全面的了解。

相 关 知 识

显示器又称为监视器，是作为计算机的"脸面"呈现在人们的面前，是计算机最主要的输出设备之一，是人与计算机交流的主要桥梁。显示器的价格变动幅度不像 CPU、内存、硬盘那样大，在购机预算中，显示器理应占有一个较大的比例，所以挑选一台好的显示器是非常重要的。

一、显示器的分类

显示器的分类方法较多，主要有以下几种。

1) 按显示的颜色分类：可分为单色显示器和彩色显示器，目前均为彩色显示器。

2) 按显示器件分类：可分为阴极射线管（CRT）显示器、液晶显示器（LCD）、发光二极管（LED）显示器、等离子体显示器（PDP）、荧光（VF）平板显示器等。LCD 和 LED 显示器是主流显示器。

3) 按显示方式分类：可分为图形显示方式的显示器和字符显示方式的显示器。字符显示方式的显示器是先把要显示的内容送到主存储器的显示缓冲区中，再由该缓冲区送往字符发生器，将要显示的字符转换为字符的点阵形式，最后通过视频控制电路送到屏幕显示。图形显示方式的显示器是直接将要显示的图形或字符的点阵送到显示缓冲区，再由显示控制电路控制发送到屏幕显示。

二、CRT 显示器

CRT（Cathode Ray Tube，阴极射线管）显示器通过电子枪束产生图像，按照不同的显像管又可以分为球面显示器、平面直角显示器和纯平显示器三种。除了用户正在使用的 CRT 显示器外，市场上已经不常见到这类显示器了，如图 2-54 所示。

图 2-54 CRT 显示器

1. CRT 显示器的特点

CRT 显示器具有如下的特点：

1）出色的色彩还原度。CRT 显示器的色彩组成是由三根电子枪（三原色）发出的不同电子流混合而成的，与天然颜色的组成原理一样。

2）高带宽带来的高分辨率。CRT 显示器的带宽远远高于 LCD。CRT 显示器的高带宽使显示器能够达到更高的分辨率，同时具有更高的刷新频率，这对专业图形用户非常有意义。

3）反应速度快。由于 CRT 显像管与 LCD 面板的构造机理不同，CRT 显像管的反应速度是 LCD 面板无法企及的。

4）辐射和体积较大。辐射主要来自高压电路和电子枪的电磁辐射，长时间在 CRT 显示器前工作对用户的视力和健康不利。

2. CRT 显示器的性能指标

CRT 显示器的性能指标主要有以下几项：屏幕尺寸、点距、分辨率、刷新频率、带宽、环保认证等。环保认证对显示器来说是个很重要的指标，它会直接影响到使用者的视力及身体健康。因此，为了保护使用者，国际上规定了一些显示器的低辐射标准。目前主流显示器都获得了严格的 TCO'03 标准的认证，如图 2-55 所示。

图 2-55 TCO'03 标准认证

三、液晶显示器

液晶显示器（LCD）是利用液晶在通电时能够发光的原理显示图像的。以前一直被用在笔记本计算机中，现在越来越多的台式机也开始采用液晶显示器，如图 2-56 所示。

图 2-56 液晶显示器

1. LCD 的特点

LCD 有如下特点：

1）低辐射。LCD 的辐射大大低于 CRT 显示器。

2）体积小、轻便。LCD 占用空间小，可以节省用户的大量空间。另外，其携带轻便，有利于消费者购买和移动，可以降低消费者的运输成本。

3）失真小、无闪烁。LCD 在几何失真方面的控制优于 CRT 显示器。液晶成像的原理决定了其没有任何闪烁。

4）色彩还原度不足。LCD 面板的色彩还原度与 CRT 之间有着较大的差别。

5）响应速度慢。响应速度是指 LCD 各像素点对输入信号反应的速度，即像素点由亮转暗或是由暗转亮所需的时间。通常情况下，响应速度是衡量 LCD 好坏的重要指标之一。

6）分辨率不可限。LCD 一般会有一个标称的"最佳分辨率"。实际上，它不仅是最佳分辨率，也是 LCD 的唯一分辨率。

2．LCD 的主要性能指标

1）分辨率。分辨率对于液晶显示器而言有其特殊之处。液晶显示器的分辨率一般是不能随便调整的，它是由制造商设置和规定的，只有工作在标称的分辨率模式下，液晶显示器才能达到最佳的显示效果，一般 19in 的为 1440×900，22in 的为 1680×1050，24in 的为 1920×1080。

2）亮度。亮度是反映显示器屏幕发光程度的重要指标，亮度越高，显示器对周围环境的抗干扰能力就越强。值得一提的是，LCD 与传统的 CRT 显示器不同，CRT 显示器是通过提高阴极管发射电子束的能力以及提高荧光粉的发光能力来获得的，因此 CRT 显示器的亮度越高，它的辐射就越大，而 LCD 的亮度是通过荧光管的背光来获得，所以对人体不存在负面影响。

3）点矩。液晶显示器的点距是指组成液晶显示屏的每个像素点的大小，它的计算方法举例如下：一般 14inLCD 的可视面积为 285.7mm×214.3mm，它的最大分辨率为 1024×768，那么点距就等于：可视宽度/水平像素（或者可视高度/垂直像素），即 285.7mm/1024=0.279mm（或者是 214.3mm/768=0.279mm）。对于液晶显示器而言，点距并不是很重要的参数，因为液晶显示器像素的亮灭状态只有在画面内容改变时才会有改变，况且液晶显示器一幅画面的形成几乎是同时完成的，因此无论点距多小，都不会出现画面的闪烁问题。

4）对比度。对比度是指在规定的照明条件和观察条件下，显示器亮区与暗区的亮度之比，对比度越大，图像也就越清晰，它与每个液晶像素情景后面的晶体管的控制能力有关。要说明的是，对比度必须与亮度配合才能产生最好的显示效果。

5）可视角度。可视角度是指用户可以从不同的方向清晰地观察屏幕上所有内容的角度，是评估液晶显示器的重要项目之一，可视角度大小决定了用户可视范围的大小以及最佳观赏角度。如果太小，用户稍微偏离屏幕正面，画面就会失色。可视角度分为水平视角和垂直视角。因为几个用户围观时，多在水平方向上，很少上下重叠着观看，所以一般用户可以 120° 的可视角度来作为选择标准。

6）响应时间。响应时间是指液晶由明转暗或者由暗转明所需的时间。基本上响应时间越小越好，响应时间越小，用户在看移动的画面时就不会出现类似残影或者拖沓的痕迹。目前液晶显示器的标准响应时间已从早期的 25ms 发展到最快达 2ms。

7）坏点数。坏点是指显示屏幕上颜色不发生变化的点。按照 ISO 国际质量标准，15inLCD 显示屏不准超过五个坏点。在五个像素的半径内，不得存在两个有问题的像素点。检查坏点的方式相当简单，只要将 LCD 的亮度及对比度调到最大或调成最小，就可以找出无法显示颜色的坏点。

8）整机功耗。一般要求正常工作时，整机功耗小于或等于 30W，省电情况下，整机功耗小于或等于 3W。

四、LED 显示器

LED 屏（LED panel）是一种通过控制半导体发光二极管的显示方式，用于显示文字、图形、图像、动画、行情、视频、录像信号等各种信息的显示屏幕。

LED 显示器集微电子技术、计算机技术、信息处理于一体，以其色彩鲜艳、动态范围广、亮度高、寿命长、工作稳定可靠等优点，成为最具优势的新一代显示媒体。目前，LED 显示器已广泛应用于大型广场、商业广告、体育场馆、信息传播、新闻发布、证券交易等，可以满足不同环境的需要。

LED 与 LCD 是两种不同的显示技术，LCD 是由液态晶体组成的显示屏，而 LED 是由发光二极管组成的显示屏。LED 显示器与 LCD 相比，在亮度、功耗、可视角度和刷新速率等方面都更具优势。LED 显示器能提供宽达 160° 的视角，分辨率一般较低，价格也比较昂贵，因为集成度更高。利用 LED 技术，可以制造出比 LCD 更薄、更亮、更清晰的显示器，拥有广泛的应用前景。

五、等离子显示器

等离子显示屏（Plasma Display Panel，PDP）是继 CRT 和 LCD 之后的一种新颖直视式图像显示器件。等离子体显示器以出众的图像效果、独特的数字信号直接驱动方式而成为优秀的视频显示设备和高清晰的计算机显示器，它将是高清晰度数字电视的最佳显示屏幕。

PDP 是一种利用气体放电的显示技术，具体工作原理与荧光灯极其相似。PDP 采用了等离子管作为发光元件，屏幕上的每一个等离子管对应一个像素，屏幕以玻璃作为基板，基板间隔一定距离，四周经气密性封接形成一个个放电空间，放电空间内充入氖、氙等混合惰性气体。两块玻璃基板作为工作媒质其内侧面上涂有金属氧化物导电薄膜作激励电极。当向电极上加入电压，放电空间内的混合气体便发生等离子体放电现象，也称电浆效应。气体等离子体放电产生紫外线，紫外线激发涂有红绿蓝荧光粉的荧光屏，荧光屏发射出可见光，显现出图像。当每一颜色情景实现 256 级灰度后再进行混色，便实现彩色显示。

等离子显示器厚度薄、分辨率高、占用空间小且可作为家中的壁挂电视使用，代表了未来计算机显示器的发展趋势。

 任务二：选购显示器

┌───┐
　📖　**知识目标**
　　　○　了解显示器的选购技巧。
　　　○　熟悉显示器的保养方法。

　🗂　**技能目标**
　　　○　能够根据需求选购合适的显示器。
└───┘

任务描述

显示器是最常用的输出设备，也是人们在使用计算机时眼睛注视最多的设备。如何选择一台适合自己的显示器，对保护视力、达到更好的视觉效果都会起到很好的作用。本任务将主要介绍如何选择适合自己的显示器。

相关知识

一、CRT 显示器的选购

选购 CRT 显示器时要从显像管、尺寸、分辨率、刷新频率、点距、品牌（常见的品牌有优派、美格、宏碁、明基、飞利浦、三星、LG、长城等）等方面综合考虑，但现在 CRT 显示器基本上已退出市场。

二、LCD 的选购

现在液晶显示器几乎已经成为大多数用户购买的首选，在选购 LCD 显示器时，需要按以下步骤进行检查。

1. 外观检查

外观检查包括坏点检查、接口检查、可视范围（视角范围）检查等。

2. 坏点检查

所谓坏点，即屏幕上显示各种图像时，屏幕上的某一点始终只显示为蓝色或绿色。进行坏点检查时，只需打开 Windows 中的写字板或记事簿，让显示器上呈现白色的区域最大，就能看到白色中有无色点。由于液晶屏在制造时是从一大块液晶片上切割下来的，所以要完全没有坏点是不可能的，在购买时发现坏点不能超过三个。

3. 接口检查

各种平面显示器目前最大的差异在于所使用的接口，即模拟式或数字式。现今，为了搭配一般的视频界面卡，大多数的 LCD 均提供模拟式接口，少数新型平面显示器采用数字式接口，目前还有些中高档液晶显示器，为达到良好的视觉效果，减小图像畸变，采用了 DVI 数字化接口。

4. 可视范围检查

可视范围越大，给用户视觉失真的感觉越小。可视范围以用户正对显示器的垂直位置为准，到显示器平面的角度。该角度一般为 60°～80°，即用户站在显示屏的最侧面，也能看清显示器的图像画面。

5. 电性能检查

电性能可通过调节亮度及对比度来检查。对比度就是图像由暗到亮的层次。液晶显示器的对比度要比一般的高 50%。应达到 150:1，如能达到 400:1，那是最理想的了。购买时，把亮度和对比度由暗到亮慢慢地调节，不应该出现突变的现象。

6. 带宽的大小

带宽是指显示器接收到外部信号后反应在屏幕上的速度，也就是从打开显示器电源到图像清楚地呈现在屏幕上的时间。该时间越短越好，购买时可同时打开几台来比较。因为该时间越短，在显示移动画面时，就不会出现拖尾（画面后面有短暂的阴影）的现象。带宽越宽，惯性越小，允许通过的信号频率越高，信号失真越小。它反映了显示器的解像能力。

7. 显示效果

购买时还要注意其显示文本边缘及轮廓的能力。在购买时可打一篇字出来，通过改变字体的大小和制作几个立体字来看文本边缘的显示能力。再在文字后面加上背景图像，来查看整个图像的轮廓是否清晰，有无毛刺。

在确定产品的品质能够满足自己的需求之后，仔细查看厂商提供的保修合同。一般而言，液晶显示器如果有技术缺陷，大概三个月内就可以看出，因此最好选择三个月内能保换的品牌，如果再加上一年内保修就更完美了。这一点几乎目前市场上所有的知名品牌都可以达到，有一些品牌还可以提供一年包换、三年保修的服务，买这样的产品可以免掉很多的后顾之忧。

应 用 实 践

1. 什么是 LCD 的坏点？简述检查 LCD 坏点的方法。
2. 观察、熟悉各种显示器与主机的连接方式。
3. 到市场上调研目前流行显示器的尺寸、品牌、价格与性能指标。

项目 9 声卡和音箱

任务一：认识声卡

任务描述

声卡是多媒体系统中极为重要的组成部分。声卡的主要功能是处理声音信号并把信号传输给音箱或耳机。本任务将让读者对声卡有一个较为全面的认识。

相关知识

声卡就相当于人的声带，它是计算机多媒体设备中的核心部件之一，没有声卡，计算机就无法发出声音。声卡的功能主要是处理声音信号并把信号传输给音箱或耳机，使后者发出声音来。声卡和音箱构成了计算机的音频输出系统，二者配合得合理，才能有更好的声音效果。

一、声卡的工作原理

根据多媒体计算机（MPC）的技术规格，声卡是多媒体技术中最基本的组成部分，是实现声波，数字信号相互转换的硬件电路。声卡把来自传声器、磁带、光盘的原始声音信号加以转换，输出到耳机、扬声器、扩音机、录音机等声响设备，或通过乐器数字接口（MIDI）使乐器发出美妙的声音。

首先，声卡从传声器中获取声音模拟信号，通过模-数转换器（ADC），将声波振幅信号采样转换成一串数字，存储到计算机中。当重放声音时，这些数字信号送到一个数-模转换器（DAC），以同样的采样速率还原为模拟波形，待放大后送到扬声器发声，这一技术也称为脉冲编码调制技术（PCM）。

PCM 技术的两个要素是采样速率和样本量。人类听力的范围大约在 20Hz～20kHz 之间，因此激光唱盘的采样速率为 44.1kHz。PCM 的第二个要素是样本量大小，它表示使用存储记录下的声音振幅的位数。样本量的大小决定了声音的动态范围，即被记录和重放的声音最高和最低之间相差的值。16 位样本量的动态范围几乎是人们的听觉听得见的阈值和感觉难受的阈值之差，所以当样本量为 16 位时，音质的效果就很好了。

声卡必须在相应支持软件下方能发挥其应有的功能。声卡在多媒体计算机（MPC）中的主要作用如下：

1）录制（采集）数字声音文件。通过声卡及相应驱动程序的控制，采集来自传声器、收录机等音源的信号，压缩后存放于计算机系统的内存或硬盘中。

2）将硬盘或激光盘片压缩的数字化声音文件还原，重建高质量的声音信号，放大后通过扬声器输出。

3）对数字化的声音文件进行编辑加工，以达到某一特殊的效果。

4）控制音源的音量，对各种音源进行混合，即声卡具有混响器的功能。

5）压缩和解压缩采集数据时，对数字化声音信号进行压缩，以便存储。播放时，对压缩的数字化声音文件进行解压。

6）利用语音合成技术，通过声卡朗读文本信息，如读英语单词和句子、说英语、演奏音乐。

7）具有初步的语音识别功能，让用户用口令指挥计算机工作。

8）提供 MIDI（乐器数字接口）功能，使计算机可以控制多台具有 MIDI 接口的电子乐器。同时，在驱动程序的控制下，声卡将以 MIDI 格式存放的文件输出到相应的电子乐器中，发出相应的声音。

目前，常见的声卡主要有两种形式：一种是直接集成在主板上，称为板载声卡，也称为集成声卡；另一种是将音效芯片及其他元器件及承载一块印制电路板上，通过总线扩展接口与主板连接，称为独立声卡或插卡式声卡。

二、声卡的组成

声卡的基本结构及接口如图 2-57 和图 2-58 所示。

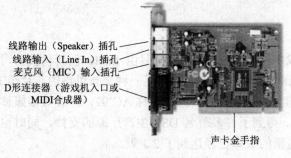

线路输出（Speaker）插孔
线路输入（Line In）插孔
麦克风（MIC）输入插孔
D形连接器（游戏机入口或 MIDI合成器）

声卡金手指

图 2-57　声卡的基本结构　　　　　　　　图 2-58　声卡接口图

1. 插孔和 D 形连接器

（1）线路输入（Line In）插孔：用来与外部音频设备（Audio Device）相连，如录音机、CD 唱机、CD-ROM 等设备的音频输出端口。

（2）传声器（MIC）输入插孔：用来连接话筒。

（3）线路输出插孔：旁边标注有"Line Out"，"Audio Out"，"Speaker"等字样，用来连接耳机、扬声器或功率放大器等设备。该插孔实际上是声卡内部功放电路的输出端口，对 4Ω 的扬声器来说，该功放每个通道最大功率为 4W，而对 8Ω 的扬声器则为 2W。连接时，应选用功率稍微大一点的扬声器或将输出音量调小一些，以免损坏扬声器或其他连接设备。

（4）D 形连接器：该连接器是 15 芯 D 形接口，可以用来连接游戏操纵杆，游戏机入口或 MIDI 合成器。

2．CD-ROM 接口及音频信号连接口

1）CD-ROM 接口：一般与 Sound Blaster 卡兼容的声卡上都有 CD-ROM 接口，这些接口包括松下（Panasonic）、美上美（MITSUMI）和索尼（SONY）三家 AT 总线标准的 CD-ROM 接口。有的声卡上还有 SCSI 接口，松下与美上美都是 40 线接口，而索尼为 34 线接口。有的声卡上还有 IDE 接口，是 40 线的标准接口，以适应 IDE 接口标准的 CD-ROM。

2）CD-ROM 音频信号电缆的连接口：该连接口通常为 4 芯插座，有左、右声道以及两根电线，在有些声卡上还细致地分为 SONY、Panasonic、MITSUMI 三种 CD-ROM 音频信号接口。用户在使用时应注意音频信号线是否与声卡上的接口一致。

3．音量调节旋钮

调节音量旋钮可以控制声卡音量输出的大小。

4．跳接器

跳接器是一种小的塑料金属块，用来连接卡上成对的插针。声卡上大多为两插针的跳接器，它们只有两种状态，选用或是未选用。当塑料金属块不连接两根插针时，跳接器就未选用。反之，当塑料金属块套在两根插针上时，跳接器则被选用。

跳接器的功能是用来选择声卡的硬件设备，包括 CD-ROM 型号、CD-ROM 的 I/O 地址、声卡的 I/O 地址选择。声卡上游戏口的选择（开或关）以及声卡的 IRQ（中断请求号）和 DMA 通道的设置不能与系统上其他设备相冲突，否则声卡甚至整个计算机系统将不能正常工作。

三、音频标准

1．AC'97 标准

为了能够使计算机提供高品质、低成本的音效，1996 年 6 月由 Intel、创新科技公司、Analog Devices 公司、Yamaha 公司、美国国家半导体共同提出了一种全新思路的芯片级 PC 音源结构，也就是现在所见的 AC'97 标准（Audio Codec'97，简称 AC'97，即音效多媒体信号编/解码器）。该标准 1997 年开始执行，得到了许多著名 DSP 生产厂商的支持，同时也得到了各个主板芯片组厂商的响应，目前最新的版本已经达到了 2.3 版。

AC'97 标准规范把模拟部分的电路从声卡芯片中独立出来，成为一块小型芯片，称之为 AudioCodec，使得数-模与模-数转换尽可能脱离数字处理部分，这样就可以避免大部分数-模与模-数转换时产生杂波，从而得到更好的音效品质。目前大部分声卡都符合 AC'97 标准。

2．HD-Audio 标准

为了让集成声卡提供高品质音频的规范，Intel 公司推出了音频新标准——HD-Audio（High Definition Audio，高解析度音频），代号为 Azalia，该标准将取代 AC'97 标准。

HD-Audio 标准的带宽达到了单路输出 48Mbit/s、单路输入 24Mbit/s（并且可以动态分配带宽），而 AC'97 标准只有 11.5Mbit/s。HD-Audio 具有如下新特点：

1）同时支持输入/输出各 15 条音频流。

2）每个音频流都支持最高 16 声道。

3）每个音频流支持 8、16、20、24 或 32bit 的采样精度。

4）采样率支持从 6kHz～192kHz。

5）对于控制、连接和编码优化的可升级扩展。

6）音频编码支持设备高级音频控测。

任务二：认识音箱

> **知识目标**
> ○ 熟悉音箱的结构。
>
> **技能目标**
> ○ 能够区分不同档次的音箱。

任务描述

再好的声卡，要想发出动人的声音，还需要一套好的音箱。本任务将对音箱进行一个全面的介绍。

相关知识

一、音箱的分类

音箱又称为扬声器系统，如图 2-59 所示。它是音响系统中极为重要的一个组成部分。在计算机上使用的多媒体音箱，常见分类方式如下：

1）按体积大小和结构形式。按体积大小和结构形式，可以分为书架式和落地式，前者体积小巧、层次清晰、定位准确，但功率有限，低频段的延伸与音量不足，适于欣赏以高保真音乐为主的音乐爱好者，也是多媒体发烧友的首选；后者体积较大、承受功率也较大，低频的量感与弹性较强，善于表现磅礴的气势与强大的震撼力，但层次感与定位方面略有欠缺。

图 2-59 音箱（一）

2）按声道数量。按声道数量，可分为 2.0（见图 2-59）音箱和 X.1 音箱。2.0 结构的音箱将高低音情景设计在同一个箱体内，所以只需要两个箱体便能组成一套全频带立体声音箱。X.1 音箱由 2 个、4 个、5 个或更多的卫星音箱组成，也就是 2.1 音箱（见图 2-60a）、5.1 音箱（见图 2-60b）和 7.1 音箱（见图 2-60c）。卫星音箱负责中高频的还原，低音音箱负责低频的还原。对于观看 DVD 和玩游戏的用户来说，X.1 音箱是不错的选择。

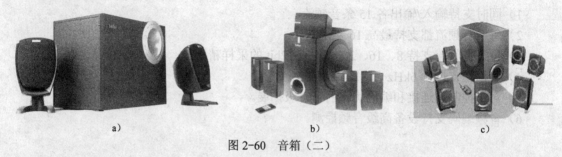

a)　　　　　　　　　　　　b)　　　　　　　　　　　　c)

图 2-60　音箱（二）

3）按箱体材质。按箱体材质可分为塑料音箱、木制音箱和金属音箱三种，还有少数的使用石材和水泥材料。

音箱箱体材质关系到共振因素，材质对音质来说至关重要。木质箱体通常还分为 MDF（也就是人们所说的中纤板）、粘合板、实木材料几种。实木材料音箱一般都较昂贵，并不是所有的木材都可以做实木音箱材料的。大部分品牌音箱用的是 MDF，少数旗舰产品使用的是实木材料，粘合板是木质音箱材料中最差的。

塑料材质的优点是造价低、易成型，可以加工成任意形状；缺点是音质相对较差。

木质材质的优点是共振较小、音质相对佳；缺点是工艺较复杂，怕水怕潮。

金属材质的优点是易成形、外观华丽；缺点是只适合用于中高音箱体，不能用于低频音箱。

石材和水泥材料箱体优点是共振小，特别适合用于低音炮等低频音箱；缺点是过于笨重，造形难度大，工艺复杂，造价较高。

4）按接口。按接口可分为模拟音频接口、数字接口、USB 接口和 IEEE 1394 接口。

二、音箱的结构

计算机使用的多媒体音箱由箱体、扬声器情景、电源部分和信号放大器等主要部分组成。

1．箱体

目前，比较流行计算机多媒体音箱的箱体设计形式有密闭式和倒相式两种。

密闭式音箱也称为"气垫"式音箱，它是中低档音箱中最常见的结构之一（通常使用在 2.0 声道的音箱上），其主要特点是在封闭的箱体内装上扬声器，将箱体内部与外部的声波完全隔绝起来。密闭箱的主要优点是低频有力度、瞬态好、反应迅速、低频清晰，听古典音乐、室内音乐效果不错，但声音下潜深度有限，低频量感不足。

倒相式音箱又称为低频放射式音箱，也是目前多媒体音箱中最常用的箱体设计。它和密闭式音箱不同之处在于，音箱的前面设计了筒形的倒相孔，以使箱体内外的空气流通。它有比密闭箱更高的功率承受能力和更低的失真，量感足、灵敏度高，既适用于一般家庭，也可用于大厅或专业场所。

2．扬声器情景

一般木制音箱和较好的塑料音箱都采用二分频的技术，就是由高、中音两个扬声器来实现整个频率范围内的声音回放。而一些 X.1（多声道系统）上被用作环绕音箱的塑料音箱用的是全频带扬声器，即用一个扬声器来实现整个音域内的声音回放。计算机多媒体音箱扬声器通常采用双磁路和加放磁罩的方法来避免磁力线外漏，使计算机音箱具有防磁性。

多媒体音箱上用的扬声器情景基本上都是动圈类的。扬声器情景的口径大小一般和振动频率成反比，口径越大，低频响应下限越低，其低音表现力也越好，而高音则正好相反。一般来说，2～3.5in 的锥盆扬声器主要用在全频带扬声器上，4～6in 的一般作为中音扬声器使用，6.5in 以上的则几乎全是低音扬声器。

3．电源部分

计算机音箱内的电路为低压电路，需要一个变压器将高电压变为低电压，然后用 2 个或 4 个二极管将交流电转换为直流电，最后用电容对电压进行滤波，使输出的电压趋于平缓。

4．信号放大器

声卡将数字音频信号转换为模拟音频信号输出，此时音频信号电平较弱，一般只有几百 mV，还不能推动扬声器正常工作。这时就需要通过放大器（功率放大器，简称功放）把信号放大，使之足以推动扬声器正常发声，同时兼管音量大小及高音、低音的控制。

任务三：选购声卡和音箱

> **知识目标**
> ○ 了解声卡的选购方法。
> ○ 熟悉音箱的选购方法。
>
> **技能目标**
> ○ 能够根据需求选购合适的声卡。
> ○ 能够根据需求选购合适的音箱。

任务描述

对声卡和音箱有了一定的了解后，那么如何选购合适的声卡和音箱呢，本任务将详细介绍声卡和音箱的选购。

相关知识

一、声卡的选购

目前，几乎所有的主板都内置声卡，其性能要高于几十元的低端声卡。如果只是普通的应用，如听 CD、看视频、玩游戏等，无特殊要求，则没有必要购买独立声卡。

如果对音箱有较高的要求，就要选择一块中、高档的产品，选购独立声卡时需要考虑以下几方面：

1）看接口。外插声卡选购时要先看接口，PCI 接口的声卡应当成为首选，因为 PCI 声卡比 ISA 声卡的数据传输速率高出十几倍。如果是普通的应用，如听歌、看电影、玩一些简单的游戏等，则所有的声卡都足以胜任，买一款低端的声卡足以满足用户的需求。

2）考虑价格。一般而言，普通声卡的价格大约在 100～200 元；中、高档声卡的价格差别较大，从几百元到上千元不等。

3）注意兼容性。声卡与其他配件发生冲突的现象较为常见，在选购声卡之前要了解自己计算机的配置，尽量避免发生不兼容的情况。

4）注意做工与品牌。声卡的设计与制造工艺对其质量影响较大。选购声卡时要注意声卡的品牌和芯片型号、PCB 的做工、焊点是否均匀和光亮、板卡的颜色是否异常等。

二、音箱的选购

如何选购一款自己满意的音箱，这是许多初学者不太明白的问题。很多人认为，音箱只要能发声，外观看起来漂亮就行了。其实不然，在选购各种计算机配件中，选音箱是一个"仁者见仁，智者见智"的难点，是有学问的。

1. 挑选音箱的注意事项

1）要注意音箱输出的音色是否均匀，由于多媒体音乐的声源主要是以游戏和一般音乐为主，所以其中高音占的比例较大，低音比例较小。

2）要注意声场的定位能力。音箱定位能力的好坏直接关系到用户玩游戏、看高清影片的临场效果。

3）要注意音箱频域动态放大限度，即当用户将音箱的音量开大并超过一定限度时，音箱是否还能再在全音域内保持均匀清晰的声源信号放大能力。

4）要特别注意音箱箱体是否有谐振。一般箱体较薄或塑料外壳的音箱在 200Hz 以下的低频段大音量输出时，会发生谐振现象。出现箱体谐振会严重影响输出的音质，所以用户在挑选音箱时应尽量选择木制外壳的音箱。

5）要注意机箱是否具有防磁性。由于显示器对周围磁场十分敏感，如果音箱的磁场较大会使荧屏上的图像受到影响，甚至导致显示器的寿命下降，因此在挑选时要格外注意。

6）要注意音箱箱体的密闭性。因为音箱的密闭性越好，输出音质就越好。密闭性检查方法很简单，用户可将手放在音箱的倒相孔外，如果感觉有明显的空气冲出或吸进现象，就说明音箱的密闭性能不错。

2. 挑选音箱的一般步骤

1）掂重量。这是选购音箱的第一步，可用手捧起音箱掂一下重量，一般来说同档次的音箱重量越重质量越好。这种方法可广泛适用于选购其他音响产品。重量越重，至少表明音箱的各种材料正宗，没有偷工减料。

2）看外观。这也是重要的一步。先看看箱体的整体外形自己是否满意，再检查音箱外贴层，看是否有明显的起泡、划伤和贴层粗糙不平等现象；其次仔细检查箱板之间结合是否紧密整齐，还可取下前面板上的防尘纱罩仔细检查一下高低音扬声器的用料、材质、规格是否和说明书上所写的一致。另外，可重点检查高低音扬声器，倒相管与箱体是否固定牢固紧密等。最后可看一下音箱上的紧固螺钉是不是内六角螺钉，这是个细节，一般档次较低的或假冒伪劣产品大多采用的是普通自攻螺钉。

3）了解性能指标。作为一款品牌音箱，说明书上给出的性能指标数据虽不可全信，但有必要作为选购时的参考。这其中除了了解音箱的重量、外观尺寸、配件是否和标称大概相当外，还应了解该音箱的标称功率、阻抗、频响、失真度、动态范围等，是否真实可信，是否夸大其词，另外还应了解扬声器是否是防磁扬声器等。

4）耳听为实。在选音箱时可同时挑几款不同牌子或不同档次的品牌音箱来试听。由于一般卖音箱的地方声音很嘈杂，所以最好是到有试音间的音箱专卖店或代理店去选购。在没有这种环境条件的地方，大家可自带一个自己平常经常听的音乐碟进行放音试听，哪款音箱表现力较好，一般就能做到心中有数。将熟悉的高质量 CD 音源输入，凭借耳朵去分辨判断：把所有调节钮都调到中间的大小，打开开关，调节音量至适中的大小，人左右移动以判断音箱的相位特性，有无明显的偏音、相位拖延现象；调整平衡旋钮以判断所发出的声场扩散效果和声音定位性能；降低音量以判断失真、噪声和小信号输出时的表现力；加大音量以检查有无声爆、扬声器的最大承受功率及动态裕量；利用软件提升中音，观察在分频点频率附近的声音有无明显的缺陷，是否强劲有力；增加低音成分以观察箱体是否有明显的谐振，低音是否浓重、浑厚；提升音源的高音部分，聆听高音是否清晰、洪亮；然后用短促有力的打击乐判断音箱扬声器的瞬态效果和速率响应；用汹涌澎湃的电影音源判断音室内的混响时间与输出信号的感染力和震撼力；用交响乐音源判断声场的宽度感、纵深感和现场感，最后对音箱的整体性能做出综合评价。

应 用 实 践

1．简述声卡的工作原理。
2．简述多媒体音箱的技术指标。
3．简述如何选购声卡与音箱。
4．观察、熟悉声卡与音箱的内部结构与外部连接。

项目 10　机箱和电源

任务一：选购机箱

知识目标

- 了解机箱的分类。
- 熟悉机箱的结构。

技能目标

- 能够根据需求选购合适的机箱。

任务描述

机箱将计算机各个部件固定在一起，起到保护作用，同时还能有效地防止电磁辐射，保护计算机用户的安全。那么，如何选择合适的机箱呢？

相关知识

机箱提供空间给电源、主板、各种扩展卡、软盘驱动器、硬盘驱动器等存储设备，并通过机箱内部的支架、各种螺钉或卡子、夹子等连接件将这些零配件固定在机箱内部，形成一个整体。它保护着板卡、电源及存储设备，能防压、防冲击和防尘，并且它还能发挥防电磁干扰和屏蔽电磁辐射的作用。

一、机箱分类

1. 按外形分类

机箱按外形可分为立式和卧式两种，如图 2-61 所示。

现在采用立式机箱较多。立式机箱没有高度限制，理论上可以提供更多的驱动器槽，也便于机箱内散热。而普通的卧式机箱受厚度限制，一般只提供一个 3.5in 槽和两个 5in 槽。

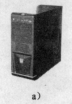

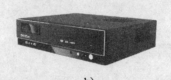

a）

b）

图 2-61　机箱

a）立式机箱　b）卧式机箱

2. 按尺寸分类

机箱按尺寸可分为超薄、半高、3/4 高和全高几种。

3. 按照机箱的结构分类

机箱按照结构分为 AT、ATX、NLX、MicroATX、BTX 五种。

AT 机箱的全称是 BaBy AT，主要应用在早期 486 以前的机器中，只能支持安装 AT 主板，使用 AT 电源。AT 机箱目前已被市场淘汰。

ATX 机箱的结构与 AT 机箱的结构没有大的区别，只是在主板接口的挡板和电源开关上略有不同，ATX 主板将所有的 I/O 接口集成块都做在主板背后，所以 ATX 机箱和 AT 机箱一个很显著的区别就是 ATX 机箱有一个 I/O 背板，而 AT 机箱最多背后留有一个大口键盘孔。

MicroATX 机箱是在 ATX 机箱基础上建立的，是为了进一步节省宝贵的桌面空间。其具体结构与标准 ATX 机箱是一样的，但比 ATX 机箱体积要小一些。

NLX 机箱多是采用了整合主板的品牌计算机使用的，外型大小和 MicorATX 机箱比较接近，但支持主板的结构是分离式的。NLX 机箱只支持 NLX 结构的主板，即系统板和扩充板分开的主板。

BTX 机箱由 Intel 公司发布，BTX 在设计理念上和 ATX 是十分相似的，只是经过一系列改进，使得该架构可以显著提高系统的散热效能并降低噪声。

二、机箱的结构

机箱由金属外壳和框架及塑料面板组成。立式 ATX 机箱的结构如图 2-62 所示。

图 2-62 立式 ATX 机箱的结构

1. 机箱内的主要部件

卧式机箱和立式机箱的内部组成部分相差不大，只是位置有所不同。

1）支承架孔和螺钉孔：用来安装支承架和主板固定螺钉。要把主板固定在机箱内，需要一些支承架和螺钉。支承架用来把主板支撑起来，使主板不与机箱底部接触，易于装取。螺钉用来把主板固定在机箱内。

2）电源固定架：用来安装电源。

3）插卡槽：用来固定各种插卡。计算机的各种插卡（如显示卡、多功能卡等），可以用螺钉固定在插卡槽上。如果插卡有接口露在机箱外面，与机箱的其他设备连接，则需要将机箱上的槽口挡板卸下来。

4）主板输入/输出孔：对于 ATX 机箱，有一个长方形孔，随机箱配有多块适合不同主板的挡板。

5）驱动器槽：5.25in 驱动器主要用来固定光驱，3.5in 驱动器主要用来固定硬盘。

6）控制面板接脚：包括电源指示灯接脚、硬盘指示灯接脚、复位按钮、硬盘工作状态指示灯等。

7）扬声器：机箱内固定一个 8 Ω 的小扬声器，扬声器上的接线脚插在主板上。

8）电源开关孔：用于安放电源开关。

9）其他安装配件：在购买机箱时，还会配备一些其他零件，如螺钉、塑料膨胀螺栓、带绝缘垫片的小细纹螺钉、后面板的金属插卡片等，通常放在一个塑料袋中或一个纸盒内。

2．机箱前面板

机箱前面板上通常配有电源开关、电源指示灯、复位按钮、硬盘工作状态指示灯、USB 接口等。

三、机箱的选购

机箱对于计算机的整体性能也是很重要的，它会直接影响到计算机的稳定性、易用性和寿命等。因此，掌握一些机箱选购的常识，有助于保证选购产品的耐用可靠。

1．机箱的材质

一般而言，机箱主要由两部分材料组成：面板的塑料部分和外壳的金属部分。高性能机箱前面板的塑料几乎都是 ABS 工程塑料，具有强度高、韧性好和使用寿命长等优点，且采用注塑工艺，耐磨性能好。一些低档机箱则使用 HIPS 塑料，质量不如前者，使用一段时间后易老化甚至开裂。机箱外壳一般都是钢材制成，硬度较高，厚度根据档次不同在 0.6～1.0mm 之间。

对目前最流行的立式机箱来说，用于固定主板的底板的质量尤为重要，硬度是否合格是一项重要的考核项目。

2．机箱外观

在很大程度上，机箱的外观决定着整台计算机的个性特点，选择时需要考虑 4 个要素：造型、颜色、大小和一些“表面功能”。为使机箱美观大方，制造厂商不仅设计出漂亮大方的外观，而且机箱前面板的造型也正由传统的平面、四方形风格，转为采用更多流线型设计，更有一些中高档产品还采用了仿水晶面料作为修饰，使机箱更具时尚感。

3．机箱的散热

随着 CPU 和图形处理器等主频不断提升，工作中的计算机机箱内部温度也普遍升高。如果机箱的散热设计不佳，无法及时将热量排出，则硬件的稳定性和寿命将受到影响。一款散热理想的机箱，其后上方应提供一个安装机箱风扇的位置，在条件允许的情况下，前下方也提供 1～2 个相应安装风扇的位置。另外，还应看内部空间的大小、驱动架的位置、有没有散热孔等。

4. 机箱的扩展功能

机箱的扩展槽主要包括 5.25in 和 3.5in 两种。用户直接看机箱外观即可知道 5.25in 扩展槽的数量，而后者则需打开机箱查看。一些机箱厂商意识到这一问题，对传统机箱扩展槽进行了完善。一些扩展出众的 ATX 机箱不但提供了 4 个 5.25in 扩展槽，还可安装 5 个 3.5in 设备。

5. 机箱的制作工艺

机箱的制作工艺也能反映机箱档次的高低，一般来说，工艺较高的机箱的钢板边缘决不会出现毛边、锐口、毛刺等，并且所有裸露的边角都经过了折边处理。各个插卡槽位的定位也都相当精确，不会出现某个配件安装不上的尴尬情况。

6. 机箱的防辐射处理

机箱内部的辐射主要来自主板、CPU 以及显示卡、声卡等设备。好的机箱可以有效地屏蔽机箱内部的辐射，保护用户的健康。

判断一款机箱是否有良好的辐射屏蔽的办法就是察看机箱是否通过了 EMI GB 9245 B 级、FCC B 级以及 IEMC B 级标准的认证，这些民用标准规定了辐射的安全限度，通过这些认证的机箱一般都会有详细的证书证明。

任务二：选购电源

📖　知识目标
- 熟悉电源的分类。
- 掌握电源的电缆接口。
- 熟悉电源的性能指标。

▢　技能目标
- 能够正确识别常见的电源。
- 能够根据需求选购合适的电源。

任务描述

电源是计算机的动力之源，电源的质量对计算机各部件的寿命有较大的影响。那么，如何选择合适的电源呢？

相关知识

电源也称为电源供应器（Power Supply），它提供计算机中所有部件所需要的电能。随着计算机硬件的飞速发展，电源在整个系统中的地位也越来越重要，它的质量好坏直接决定了其他配件能否稳定地工作。

计算机电源是安装在主机箱内的封闭式独立部件，它的作用是将交流电变换为+5V、−5V、+12V、−12V、+3.3V、−3.3V 等不同电压、稳定可靠的直流电，供给主机箱内的系统板、各种适配器和扩展卡、软硬盘驱动器等系统部件和键盘鼠标使用。

一、电源的分类

由于主板有 AT 结构、ATX 结构和 BTX 结构，所以机箱的电源也有 AT 电源、ATX 电源和 BTX 电源。

1. AT 电源

AT 电源功率一般为 150～220W，共有四路输出（±5V、±12V），另向主板提供一个 PG 信号，AT 电源如图 2-63 所示。随着 ATX 电源的普及，AT 电源已经退出市场。

2. ATX 电源

ATX 规范是 1995 年 Intel 公司制定的主板与电源结构标准，是 AT Extend 的缩写，ATX 电源经历了 ATX1.1、ATX2.0、ATX2.01、ATX2.02、ATX2.03 和 ATX 12V 2.0、ATX 12V 2.2、ATX 12V 2.3 等阶段。目前市场上的电源多为 ATX 12V 2.3，如图 2-64 所示。

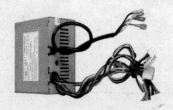
图 2-63　AT 电源

图 2-64　ATX 12V 2.3 电源

3. BTX 电源

随着 PCI Express、Prescott、Athlon64 等硬件规范的出现，显示卡、CPU 等硬件的功耗和发热量不断增大，在此基础上推出了 BTX（Balanced Technology Extended）电源，BTX 使用和 ATX 相同的电源连接，BTX 在设计理念上和 ATX 是十分相似的，只是经过一系列改进，使得该架构可以显著提高系统的散热效能并降低噪声。BTX 标准支持 ATX 12V，SFX 12V，CFX 12V 和 LFX 12V。

二、电源电缆接口

常见的源电缆接口如图 2-65～图 2-69 所示。

图 2-65　SATA 电缆接口

图 2-66　大 4pin 周边供电接口

图 2-67　6pin 显卡供电接口

图 2-68   4+4pin CPU 供电接口   图 2-69   20+4pin 主板供电接口

其中，SATA 电缆接口用于对 SATA 硬盘和 SATA 光驱等供电，大 4pin 周边供电接口常用来作为 IDE 设备的供电接口，6pin 显卡供电接口用来给专用显卡供电，4+4pin CPU 供电接口用来给 CPU 供电，20+4pin 主板供电接口用来给主板供电。

三、电源的性能指标

ATX 电源的主要指标有以下几个。

1．输出电压

计算机电源有多个输出端，ATX 12V2.0 标准规定输出电压分别为：+5V（红）、+3.3V（橙）、+12V1（黄）、+12V2（黄/黑）、+5V SB（紫）、−12V（蓝）、PS ON 线（绿）、PG 信号线（灰）、地线（黑）。

2．最大输出电流

各个输出端的最大输出电流分为两种情况：一是各端单独工作时的最大输出电流；二是各端同时工作时的最大输出电流，一般用合并输出的最大功率表示。

3．输出功率

电源的输出功率分为三种：额定功率、最大功率和峰值功率。

1）额定功率：在环境温度为−5～50℃、电压范围在 180～264V 间电源长时间平均输出功率。该功率并不能很好地反映电源的实际工作状态。

2）最大功率：即输出功率，在室温为 25℃左右，电压在 200～264V 时，长时间稳定输出的最大功率，一般比额定功率高 50W 左右，其反应的是电源实际工作中的最大负载能力。

3）峰值功率：输出电流达到峰值时电源的瞬间输出最大功率，具有瞬时性，不能作为判断电源性能的参数。

以上三项指标中最能反映一个电源实际输出能力的是最大功率。

4．安全和质量认证

业界在电源元器件的选择、材料的绝缘性、阻燃性等方面都有严格的安全标准，如国外的 UL（美国认证实验室）、CSA（加拿大标准协会）、CB（国际认证机构）等，3C 认证是中国国家强制性产品认证，它将 CCEE（长城认证）、CIB（中国进出口电子产品安全认证）、EMC（电磁兼容认证）三证合一。

5．电子干扰规格

计算机中一般通过电源外面的铁盒和机箱来屏蔽电磁干扰。电源的质量不同，防电磁干扰的规格也不同。国际上有 FCC A 和 FCC B 标准，国内也有国标 A 级（工业级）和国标 B 级（家庭电器级）标准。选购时尽量选符合国标 B 级标准的优质电源。

6．输出电压稳定性

ATX 电源的另一个重要参数是输出电压的误差范围，通常对+5V、+3.3V 和+12V 电压的误差率要求在 5%以下，对–5V 和–12V 电压的误差率要求在 10%以下。输出电压不稳定是导致系统故障和硬件损坏的罪魁祸首。

ATX 电源的主电源基于脉宽调制（PWM）原理，其中的调整管工作在开关状态，因此又称为开关电源。这种电源的电路结构决定了其稳压范围宽的特点。一般地，市电电压为 220±20%波动时，电源都能够满足上述要求。

7．PFC 电路

PFC 就是"功率因数"的意思，主要用来表征电子产品对电能的利用效率。功率因数越高，说明电能的利用效率越高。

四、电源的选购

电源担负着整个主机的能量供应，其性能直接关系到系统的稳定与硬件的使用寿命，所以对个人计算机电源的选购非常重要。在选购电源时要注意以下事项：

1）核定电源功率。电源的功率必须大于机箱内全部配件所需功率之和，并要留有一定的余量。为确保计算机能带动更多的外接设备，电源功率一般不低于 250W，且越大越好。因为一旦电源功率过小，以后挂硬盘、光驱，或对 CPU、内存超频时，就会因功率过小而无法正常启动。

采用 AMD 的 CPU 或 Intel CPU 内核为 Prescott，最好配备 300W 以上的电源。另外，要看硬盘和光驱的数量，一般每增加一个驱动器，电源最好增加 30W。

2）看电源铭牌。电源铭牌上有电源的主要性能指标。

3）外观。好的电源应包装完好，外壳加工精细，无碰伤、划伤，电源内部无异物，封条完好。

4）线材和散热。电源所使用的线材粗细，与它的耐用度有很大的关系。较细的线材，长时间使用，常常会因过热而烧毁。因此，线材不宜太细。

电源风扇转速平稳、无明显噪声、不会出现风扇被卡住的现象等。

5）品牌电源。目前市场上电源产品很多，比较知名的品牌有：航嘉（Huntkey）、长城（Greatwall）、台达（DELTA）、大水牛、金河田（GoldenField）等。

应 用 实 践

1．简述电源的主要性能指标。

2．简述电源的选购方法。

3．通过市场调研了解目前常见机箱和电源的结构、品牌、价格等。

项目11 键盘和鼠标

任务一：选购键盘

📖 **知识目标**
- ○ 熟悉键盘的常见品牌。
- ○ 掌握键盘的选购。

□ **技能目标**
- ○ 能够根据需求选购合适的键盘。

任务描述

键盘是计算机最主要的输入设备之一，通过键盘可以将英文字母、数字、标点符号等输入到计算机中，从而向计算机发出命令、输入数据等，它是用户和计算机接触最多的部件之一。那么，如何选购合适的键盘呢？

相关知识

键盘（见图2-70）是用户使用计算机时操作的主要设备。用户最关心的是使用时是否方便、舒适。

一款好的键盘，不仅能使计算机操作更加得心应手，还能有效地防止手部疲劳。在选购键盘的时候，消费者如果要挑选一款适合自己的好键盘，除了要注意传统的按键手感、工艺质量等方面外，还需要更多地考虑键盘的人性化设计以及键盘和自己整套计算机在外观上的搭配效果等。选购键盘时应从以下几个方面考虑：

图2-70 键盘

1）工艺质量。键盘工艺质量的好坏决定了键盘能否长时间稳定的工作，工艺质量较佳的键盘表面和边缘平整、无毛刺，同时键盘表面不是普通的光滑面，而是经过一定的研磨，有类似触磨砂玻璃的质感。同时还需要注意按键字母是否是使用激光刻写上去的，它可以保证按键字母字迹清晰锐利且耐磨。

2）舒适度。对于需要长时间进行文字录入的用户来说，舒适的键盘可以有效提高工作效率。除了选择人体工程学键盘外，选购普通键盘时，首先要看键盘的表面弧度，如果键盘从上到下设计成一个小弧面，使用会更舒服；其次要注意键盘下方是否提供托板，以支撑悬空的手腕；第三要注意各种键位的设计，特别是一些常用的功能键位置是否能够轻松按到。

3）按键手感。一款键盘的手感可以说是键盘的灵魂所在，毕竟键盘首先是拿来用的，如果手感不好，也就失去了其大部分使用价值。感受一款键盘的按键是否手感舒适，只要使用适当的力度敲击键盘，感觉其弹性、键程和声音即可，不过这项工作一定要自己来做，因为键盘手感是一个相对主观的感受。手感好的键盘通常弹性适中、回弹速度快而无阻碍、声音低、键位晃动幅度小。

4）接口。目前计算机键盘的接口主要有 PS/2 接口与 USB 接口两种类型。USB 接口的键盘可以热插拔，建议选择 USB 接口键盘。目前市场流行的还有 USB 接口无线键盘，如图 2-71 所示。

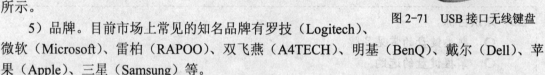

图 2-71　USB 接口无线键盘

5）品牌。目前市场上常见的知名品牌有罗技（Logitech）、微软（Microsoft）、雷柏（RAPOO）、双飞燕（A4TECH）、明基（BenQ）、戴尔（Dell）、苹果（Apple）、三星（Samsung）等。

 # 任务二：选购鼠标

┌───┐
  📖　**知识目标**
　　○　能够区分不同种类的鼠标。
　　○　掌握的鼠标选购。

  ▢　**技能目标**
　　○　能够根据需求选购合适的鼠标。
└───┘

任务描述

在 Windows 窗口操作系统流行的今天，鼠标已成为了计算机中必不可少的输入设备。由于鼠标直接与健康有关，所以鼠标的选购不容忽视。

相关知识

鼠标（见图 2-72）是目前计算机必需的输入设备，选择价廉物美的鼠标对以后的计算机操作也非常重要。在选购鼠标时，应从以下几方面考虑：

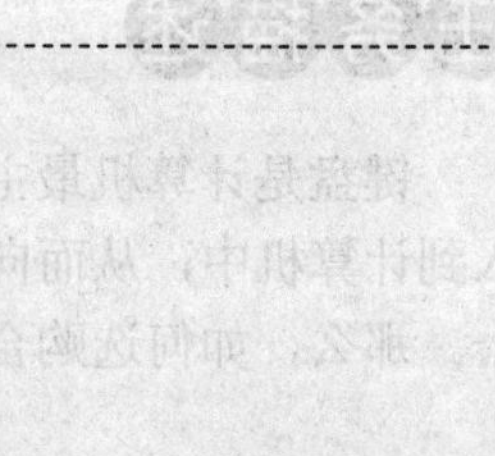

1）手感。如果长时间地使用鼠标，则应该注意鼠标的手感，长期使用手感不好的鼠标，会引起上肢的一些综合病症。好的鼠标应该具有人体工程学原理设计外形，手握舒适，按键轻松而有弹性，屏幕指标定位精确。

图 2-72　鼠标

2）接口形式。鼠标接口主要有 PS/2 接口和 USB 接口。由于计算机的外设越来越丰富，端口资源日趋紧张，特别是 USB 接口，应该避免过多的资源浪费，所以如果主板支持 PS/2 接口，应该尽可能选购 PS/2 接口的鼠标。当然，在 BTX 主板规范中，PS/2 接口是即将被淘汰掉的接口。购置时尚的 USB 鼠标也是一种好的选择，特别是无线鼠标，目前在市场上吸引了众多用户的眼光。

3）功能。对于普通计算机初级使用者，选购标准的两键或三键鼠标就完全能应付常规操作；对于搞设计的专业用户，则有必要选购一款高精度的鼠标，甚至专业的轨迹球，以便实现精密制图场合的精确定位。对多键鼠标，可以自定义部分按键的宏命令而使工作效率成倍提高；对于经常使用 Office 软件或经常浏览网页的用户，应选择带有滚轮或类似装置的鼠标，以便在 Office 软件和 IE 浏览器中使用。使用鼠标软件可以对鼠标的标准功能进行拓展，某些鼠标通过特制的驱动程序可以定义多种功能对参数进行微调，更适合个性化的需求。如果价格相当，最好选择分辨率高的鼠标。

4）外部造型。造型主要以个人的喜好为选择标准。造型漂亮、美观的鼠标一定能给人带来愉悦的心情，部分卡通造型的鼠标还能让小朋友爱不释手，提高学习计算机的兴趣。

5）灵敏度。鼠标的灵敏度是影响鼠标性能的非常重要的一个因素，用户选择时要特别注意鼠标的移动是否灵活自如、行程小、用力均匀，并且在各个方向都应呈匀速运动，按键是否灵敏且回弹快。如果满足了这些条件，则是一个灵敏度非常好的鼠标。

6）抗振性。鼠标在日常使用中难免会磕磕碰碰，一摔就坏的鼠标自然是不受欢迎的。鼠标的抗振性主要取决于鼠标外壳的材料和内部元件的质量。要选择外壳材料比较厚实、内部元件质量好的鼠标。

7）是否符合人体工程学。人们在使用鼠标时，通常是以手腕作为支撑点，如果长期操作，就容易使腕部的肌肉疲劳。因此，在购买鼠标时要选择迎合手掌弧度，使人在单击鼠标时既不费力也不容易出现误按情况，这对于长期使用是非常有好处的。

应 用 实 践

1. 键盘有哪些分类？
2. 鼠标有哪些分类？
3. 选购键盘与鼠标时应注意哪些问题？
4. 通过市场调研了解目前常见键盘与鼠标的品牌、价格、接口形式等。

项目 12 打印机和扫描仪等外部设备

任务一: 选购打印机

📖 **知识目标**
  ○ 了解不同类型打印机的特点。
  ○ 熟悉打印机的选购方法。

🔲 **技能目标**
  ○ 能够根据需求选购合适的打印机。

任务描述

打印机是计算机系统中常用的输出设备之一，利用打印机可以打印出各种资料、图形图像等。本任务将介绍如何选购适合自己的打印机。

相关知识

打印机的主要任务是接收主机传送的信息，并根据主机的要求将各种文字、图形、信息通过打印头或打印装置打印到纸上。打印机是精密的机电一体化设备，按其工作原理可分为针式打印机（见图 2-73）、喷墨打印机（见图 2-74）、激光打印机（见图 2-75）和热升华打印机四种，其中前三种打印机的应用比较广泛。

图 2-73 针式打印机

图 2-74 喷墨打印机

图 2-75 激光打印机

一、针式打印机

1. 针式打印机的工作原理

针式打印机在联机状态下，通过接口接收主机发送的打印控制命令、字符打印命令或图形打印命令，经打印机的 CPU 处理后，从字库中可找到与该字符或图形相对应的图像编码首列地址（正向打印机）或末列打印机（反向打印机），然后按顺序一列一行地调出字符或图形的编码，送往打印头控制与驱动电路送往，激励打印头出针打印。

打印头是由纵向排列或单列（如 9 针）或交叉排成双列（如 24 针）的打印针及相应的电磁线圈构成的。当电磁线圈通电激励后，相应的打印针就出针，通过击打色带，在打印机上印出所需要的字符（汉字）或图形来。

2．针式打印机的选购

针式打印机具有性能稳定、维护简单、打印成本（耗材）低、满足用户特别打印需要的特点，在银行、保险、公安、邮电、税务、交通、医疗、商业及超市等行业中被广泛应用。尤其在财务应用中，针式打印机更具有不可替代性。在选购针式打印机时应考虑以下几点：

1）针式打印机应用范围。

① 票据（通用）打印机：票据打印机是针式打印机中最为常见的一个种类。与普通打印不同，票据和统计报表往往都是要求一式多联的，因此只能通过针式打印机来实现。

② 存折打印机：存折打印机主要是应用于银行，用来替客户来打印存折的。与票据打印机相比，存折打印机最大的特点是支持的打印厚度大，这是因为存折使用的纸张一般来说都比较厚。

另外，存折和存单上一般来说都已经有预先印制好的格子和项目，而对于存折、存单来说，其内容是不能有任何的歧义的，因此存折打印机应该有精准的定位性，并且还应具有自动纠偏、自动寻边、自动定位等功能，以保证存折内容的正确。

③ 税务打印机：税务打印机的专业性更强。从基本技术层面上来看，税务打印机和票据打印机有比较多的相似之处，但税务打印机具有更强的打印复写能力，这是因为根据我国税务上的规定，最为常用的增值税发票需要一式七份，这就要求税务打印机应该具有 "1+6" 的复写能力。另外，税务打印机往往还具有税票快捷定制功能，可以预先定制好最为常用的税票格式。

2）打印速度。针式打印机的打印速度用每秒钟能打印的字符数来标识，单位为 c/s。

需要注意的是，针式打印机往往有多种打印模式的选择，如普通模式、高速模式、精密模式等，每一种模式的打印速度都不相同，而打印机标识的往往是其最快的一种模式的速度，因此在选购时应该了解一下各种模式的实际速度。

3）打印厚度。打印厚度和复写能力直接影响打印机的应用。打印厚度是针式打印机选购中需要关注的重要技术指标，它的标识单位为 mm，一般来说如果需要用来打印存折或进行多份复制式打印的，打印厚度至少应该在 1mm 以上，如果能够达到 2mm 以上那就更好了。如果仅仅用来进行普通打印或者用来打印蜡纸的，那么对这个指标则不必太在意。

4）复写能力。复写能力是指针式打印机能够在复写式打印纸上最多打出 "几联" 内容的能力，其直接关系到产品打印多联票据、报表的能力。例如复写能力标识为 "1+3"，表示打印机能够用复写式打印纸最多同时打出 "4 联"。当然，在进行复制打印的同时还需要考虑打印机的打印厚度。

5）打印噪声影响。打印噪声大历来都是针式打印机应用中的一个大问题，这是因为针式打印机是采用击打式方式进行打印，因此会产生较大的噪声。用户在选购时应该关注噪声的情况，尽可能选购噪声较低的产品，优化工作环境。同时，根据环保部门提供的数据，办公场所的工作噪声应该控制在 55 分贝以下。

6）针头使用寿命。针头的使用寿命一般有两种标识，一种是打印次数，毫无疑问次数是越多越好，目前针式打印机的使用寿命一般都达到了 2～3 亿次。另一种是保修时间，这对于打印量特别大的用户是非常重要的。即使针头因为打印次数达到或超过了使用寿命而损坏，而保修期没有到的话，厂商也是应该免费给予保修的。一般来说，保修期在两年以上。

二、喷墨打印机

1. 喷墨打印机的工作原理

当纸张通过喷墨打印机的喷头时，在打印信号的驱动下，将通过强磁场加速形成的高速墨水喷到纸上，以实现字符及图形的打印。按照墨水的喷射方式不同，可分为随机式和连续式两种。

随机式喷墨打印机又称为按需式喷墨打印机，即墨水按照需要随机地从喷头中喷出，不需要墨水泵及墨水回收装置。喷头常由多个喷嘴构成，目前大多数小型喷墨打印机都采用这种方式。连续式喷墨打印机是以电荷控制式喷墨打印机为代表，墨水连续地从喷头中喷出，故称为连续式喷墨打印机。

2. 喷墨打印机的选购

喷墨打印机具有价格低廉、用途广泛、产品丰富的特点，不足之处是图像打印难以完美、打印成本较高。在选购喷墨打印机时，可从打印用途、文字、幅面、颜色、语言和精度方面进行全面考虑。

1）用途。按用户需要，喷墨打印机可分为台式和便携式两种。目前用得最多是台式喷墨打印机。

2）幅面。按幅面大小分，喷墨打印机可分为 A3 和 A4 两种。常用幅面打印机都是 A4 幅面，是目前的主流趋势，绝大多数用户都采用这种打印机。

3）颜色。喷墨打印机按照颜色来分，可分为彩色打印机和单色打印机两种。

4）语言。按照打印机使用的控制语言，可分为 PCL 和 ESC/P 两种。目前绝大多数喷墨打印机都采用 PCL 语言。

5）精度。按照打印机精度（即分辨率）来分，可将喷墨打印机分为高、中、低档三种。通常低分辨率的打印机指 118 印点/cm（300DPI）以下，中档分辨率指 118 印点/cm（300DPI），高档分辨率指 118 印点/cm（300DPI）以上。目前市场上的喷墨打印机一般都是指 118 印点/cm（300DPI）。

6）纸张的选择与使用。喷墨打印机纸张的要求比针式打印机要高，并且只有喷墨打印机才能打印胶片。因此，对纸张的选用要考虑以下因素：

① 选用纸张的质量、重量、大小、类型都要符合喷墨打印机的要求，否则会出现卡纸的现象。

② 打印时软件的设定要和使用的纸张大小相符（如 A4、B5 等）。

③ 使用的纸张不能被撕裂，不能有皱纹、灰尘，否则会污染喷头。

④ 不能使用压杆纸。

⑤ 选用的纸张不能有纸粉。

⑥ 大多数纸张都是单面打印。使用时应选择光滑的一面为打印面，这样打印效果较好。

⑦ 要想打印精美的图片，最好使用相纸打印。

三、激光打印机

1．激光打印机的工作原理

激光打印机采用了类似复印机的静电照相技术，将打印内容转变为感光鼓上的以像素点为单位的点阵位图图像，再转印到打印纸上形成打印内容。与复印机唯一不同的是光源，复印机采用的是普通白色光源，而激光打印机采用的是激光束。它是将激光扫描技术和电子照相技术相结合的打印输出设备。

激光打印机的基本工作原理是由计算机传来的二进制数据信息，通过视频控制器转换成视频信号，再由视频接口/控制系统把视频信号转换为激光驱动信号，然后由激光扫描系统产生载有字符信息的激光束，最后由电子照相系统使激光束成像并转印到纸上。

激光打印机内部有一个叫光敏旋转的硒鼓的关键部件，当激光照到光敏旋转硒鼓上时，被照到的感光区域可产生静电，能吸起碳粉等细小的物质。激光打印机的工作步骤如下：

1）打印机以一定的方式，驱动激光扫射光敏旋转硒鼓，硒鼓旋转一周，对应打印机打印一行。

2）硒鼓通过碳粉，将碳粉吸附到感区域上。

3）硒鼓转到与打印纸接触，将碳粉附在纸上。

4）利用加热部件使碳粉熔固在打印纸上面。

彩色激光打印机的基本结构与黑白激光打印机相同，在打印控制器、接口、控制方式和控制语言方面完全相同，因此在数据传输、数据解释和打印控制流程方面也基本一样。

在打印控制器方面，由于打印内容中包含了色彩信息，同样打印一页内容，计算机在彩色激光打印机上打印生成的数据要比黑白激光打印机的大很多，这就对打印控制器的性能提出了更高的要求，所以一般彩色激光打印机的打印控制器内部处理器的速度要比黑白激光打印机高，而配置内存也要比黑白激光打印机大。

2．激光打印机的选购

激光打印机是一种高速度、高精度、低噪声的非击打式打印机，具有分辨率高、打印速度快、打印质量好的优点，缺点是耗材多，价格贵，不能用复写纸同时打印多份，且对纸张的要求较高。在购买激光打印机之前，首先要分析一下实际使用状况，主要考虑以下几点：

1）月打印量。在购买激光打印机之前，估算一下月打印量是很有必要的。一般情况下，可以用这个简单的估算公式来计算：每月平均打印量=每人每天平均打印量×每月 22 个工作日×打印用户数。有了这个基数，在采购时务必选择每月打印负荷量略高于该估算值的打印机，否则买来的打印机将因过度劳累而提前报废，也就得不偿失了。

2）打印速度。对于大多数人而言，打印速度都是一个非常重要的指标。厂商资料中提到的打印速度往往是打印机的引擎速度，而实际的打印速度还与首页输出时间、CPU 处理时间、传输时间等有很大的关系，通常它要比宣称值低很多。另外，还需要看打印机的月负荷量，乍看起来，这似乎和打印速度无关，不过如果每月的打印量超过打印机的月负荷量时，就会使机器长期处于疲劳状态，大大地降低打印速度和打印机的寿命。

3）耗材类型、容量。激光打印机使用耗材为鼓粉类耗材，分为鼓粉一体化硒鼓（如惠普硒鼓和三星硒鼓都以一体硒鼓为主），也有鼓组件和粉盒分开的（如兄弟鼓组件、兄弟粉盒、联想硒鼓等部分机型是采用鼓粉分开结构）。很多厂商都宣传分体式耗材更节约成本、更环保，其实节省成本有限，所以客户不需刻意考虑鼓粉分开还是鼓粉一体。

4）价格。很多厂商给用户的报价都只是针对其基本机型，这样的机器中是绝对不会带有双面送纸器以及大容量纸盒的。

5）可扩展性。应该选购具有一定可扩展性的打印机，能够满足未来几年内的需要。

6）品牌及售后服务。目前市场上的激光打印机品牌有佳能、惠普、施乐、OKI、爱普生、柯美、联想等。好的品牌一般在售后服务上有所保证。

任务二：选购扫描仪

知识目标

- 熟悉常见的扫描仪。
- 熟悉扫描仪的选购方法。

技能目标

- 能够根据需求选购合适的扫描仪。

任务描述

当人们想把某些照片或图片放入计算机中时，仅靠鼠标和键盘是不够的，这时还需要使用扫描仪，本任务将介绍如何选购一款合适的扫描仪。

相关知识

扫描仪（见图 2-76）是一种光机电一体化的高科技产品，其最大的优点是，将输入的对象最大程度地保留原稿的风貌，这是键盘和鼠标无法完成的。

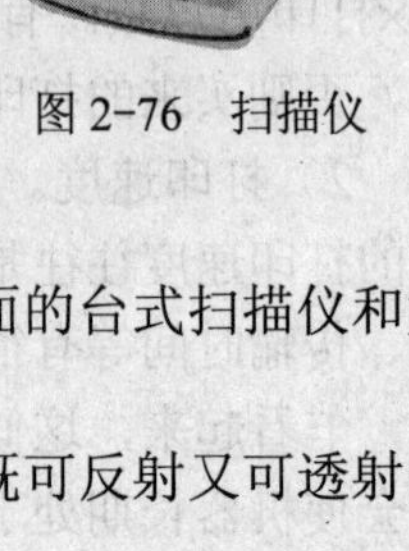
图 2-76　扫描仪

一、扫描仪的分类

目前，扫描仪的种类很多，依照不同的标准，有不同的分类。

1）按扫描工作原理，可将扫描仪分为以 CCD 为基础的平板式扫描仪、手持式扫描仪和以光电倍增管为核心部件的滚筒式扫描仪。目前，平板式扫描仪的用途最广，种类最多，同时也是销售量最大的产品。

2）按可扫描幅面的大小，可分为小幅面的手持式扫描仪、中等幅面的台式扫描仪和大幅面的工程图扫描仪。

3）按扫描图稿的介质，可分为反射式扫描仪和透射式扫描仪以及既可反射又可透射的多用途扫描仪。

4）按用途，可分为通用型扫描仪和专用于图像输入的专用型扫描仪（如条形码读入器和卡片阅读机等）。

5）按色彩方式，可分为单色扫描仪和彩色扫描仪，单色扫描仪又可分为黑白扫描仪和灰度扫描仪，一般的灰度扫描仪均可以兼容黑白扫描仪工作方式。

二、扫描仪的选购

扫描仪被用来进行图像处理、图文数据库管理、中英文文字识别、文档管理、网页制作等工作，甚至还可以完成发传真、复印和发 E-mail 等工作。扫描仪在自动化办公领域、广告设计、装饰设计、婚纱摄影、形象设计、发式设计和服装设计等艺术设计行业已得到广泛地应用，并正逐步进入家庭。使用扫描仪应根据自己的需求进行选择，如办公室用户选购时应考虑易用性和速度，以提高办公效率；艺术和技术领域的用户应考虑性能指标是否能满足设计和输出设备的要求；家庭用户应在够用的基础上考虑性价比。总之，应从以下角度考虑选购合适的扫描仪。

1．需求定位

在购买扫描仪之前，首先要进行需求定位，考虑需要什么样的机型，扫描仪主要的工作任务是扫描报纸、书本上的黑白文字、进行汉字识别，还是要扫描一些照片，用来在网上发布，还是仅仅处理办公室文件，或是用于专业的桌上排版打印或印刷。

2．价格分析

扫描仪虽不能像计算机那样可以升级，但使用寿命却很长。目前市场上扫描仪的价格一降再降，各个扫描仪厂商为满足不同层次用户的需求，投入了类型相当丰富的产品，价格不等，各具鲜明特色。

3．功能和特性分析

在确定完机型后，应充分了解产品的功能和特性、扫描方式、色彩校正以及分辨率和灰度级是多少。

4．外观的设计要求

扫描仪的外观是否符合要求，外壳是否坚固，也是选购时应考虑的因素之一。因为扫描仪内所有的运动部件都固定在扫描仪的外壳上，所以壳体的强度和刚度对扫描仪的扫描精度影响非常大。设计良好的外壳上盖有一条条明显的加强肋，而且底板有很多凹凸。金属外壳使用时间一长，可能出现变形，使扫描精度下降。建议选择质地比较稳固的外壳。

5．性能指标的衡量

扫描仪的性能参数很多，下面介绍一般用户购买时需要考虑的技术指标。

1）扫描幅面：扫描幅面通常有 A4、A4 加长、A3 等。建议家庭用户选用 A4 幅面的扫描仪，若原稿幅面较大，可以通过分块扫描后再拼接的方法实现大幅面扫描。

2）分辨率：分辨率反映扫描图像的清晰程度。分辨率越高，扫描出来的图像越清晰。扫描仪的分辨率包括水平分辨率、垂直分辨率以及插值分辨率。水平分辨率由扫描仪光学系统的真实分辨率决定，垂直分辨率由扫描仪传动机构的精密程度决定，插值分辨率是利用软件插入额外像点获得的高分辨率，插值分辨率对一般家庭用户来说意义不大。

3）色彩位数：色彩位数反映扫描图像色彩与实物色彩的接近程度，色彩位数越高，扫描出来的图像色彩越丰富。对于一般用户来说，30 位色彩的扫描仪就够用了，但如果读者是图像工作者或需要进行幻灯片的制作，就应选择 36 位色彩的扫描仪，以便输出到幻灯片上的图像能达到令人满意的效果。

4）灰度级：灰度级反映扫描图像由暗（纯黑）到亮（纯白）的层次，灰度级位数越多，扫描出的图像的层次越分明。目前，市场上销售的家用扫描仪的灰度级多为 10 位。

5）接口类型：扫描仪与计算机的连接方式，常见的有 SCSI 接口、EPP 接口和 USB 接口。目前，市场上 USB 接口扫描仪的比较多，安装方便，传输速度较快；SCSI 接口扫描仪通过 SCSI 接口卡与计算机相连，数据传输速度快，缺点是安装较为复杂，需要占用一个插槽和有限的计算机资源（中断号和地址）；EPP 接口扫描仪用电缆可连接计算机和打印机，安装简便，但其数据传输速度略慢于 SCSI 接口扫描仪。安装 EPP 接口扫描仪时，应注意在 BIOS 中将并行端口设置为 EPP 模式，否则可能出现端口错误、扫描头不能移动的故障。

6）感光元件：目前市场上的扫描仪可分为 CCD（光电耦合感应器）和 CIS（接触式图像扫描）两种。CCD 扫描仪技术成熟，通过镜头聚焦到 CCD 上直接感光，有一定景深，能进行实物扫描，性能优越，使用范围覆盖了最低档到最高档扫描仪产品。CIS 扫描仪紧贴扫描稿件表面进行接触式的扫描，景深较小，对实物及凹凸不平的原稿扫描效果极差。

6. 品牌、生产厂商的选择

不可否认，知名厂商所生产的产品的可靠性及稳定性通常要好得多，维护和配件供应等售后服务也比较完善，这些都是购买前感觉不到，但却是十分重要的问题。目前，国内市场上扫描仪品牌繁多，主要有佳能（Canon）、爱普生（EPSON）、中晶（Microtek）、惠普（HP）、汉王（HanWang）、清华紫光（Thunis）、明基（BenQ）、方正（Founder）、虹光（Avision）、富士通（FUJITSU）等品牌。购买时主要考虑销售商的信誉、售后服务和维修能力。

7. 驱动程序及附赠软件

随产品携带的相关应用软件对扫描仪的应用极为重要，因此在购买时注意比较一下各类扫描仪随机附赠软件。除驱动程序和扫描操作界面外，几乎每一款扫描仪都会随机赠送一些图像编辑软件、OCR 文字识别软件等。

应 用 实 践

1. 目前常见打印机有哪些种类？主要适用与哪些场合？
2. 简述激光打印机的工作原理、特点、分类。
3. 简述喷墨打印机的工作原理、特点、分类。
4. 简述针式打印机的工作原理、特点、分类。
5. 简述扫描仪的工作原理。
6. 观察打印机与计算机的连接方法。

学习模块三

计算机硬件系统组装

项目 13　计算机拆装的基本流程

 任务一：了解计算机组装注意事项

📖 **知识目标**
- ○ 了解组装计算机的目的。
- ○ 掌握装机的必要性。

□ **技能目标**

能够根据需求选择装机。

任务描述

根据自己组装计算机的目的正确组装性价比高的计算机。

相关知识

1．确定自己装机

装机前要反复思考清楚，装机的主要用途是什么？是不是一定要采取自己装机的方式购买计算机？购买最主要的目的是什么？如果只是用于上网、文字处理、看 DVD 等一般性用途，而且自己对计算机方面完全不懂，那么选择中低档的品牌机就已经可以满足需求了，毕竟知名品牌的计算机在品质保障、兼容性、售后服务、外观等方面有优势。采用自己装机方式难道仅仅是因为自己装机比品牌机节约几百元钱吗？当然不是，如果自己是计算机熟手，为了追求同样价格更高性能或属于游戏玩家，或专业设计人员，以及方便今后灵活升级等，那就可以选择自己组装计算机。

2．注意需求、预算

任何决定都要首先根据需求出发，要想好装机用来做什么？用途一定要清晰明确，什么是最主要的？现在计算机的功能很多，真正用得上的并不多，很多人装机的时候总想尽量周全一些，甚至想一步到位，或今后怎么升级，结果发现半年或一年后就计算机已经落后了，大大贬值。等 3～4 年后维修配件都难在市场上买到了。因此，在不实用的功能上尽量精简、节约。平常不玩游戏的，没有必须非要配 4GB 以上内存或 2GB 以上独立显卡，现在的集成显卡足以应付日常需要。又如平常很少使用多任务，则也没有必要装一台价格昂贵的六核甚至八核 CPU 的计算机。

当然装机预算是关键，钱多怎么都好配。但对于大部分用户来讲，如何尽量少花钱配置一台满意的计算机是一件很重要的事情。因此，配置时不能只讲求便宜，或追求性能最佳。实际上没有什么性价比最佳，只有根据自己的需求、预算来装得合适而已。

3．注意不要过于追新，适用即可

现在技术进步很快，产品不断更新换代，CPU、主板、显卡等生产厂家不断换接口、平台等。用户想追新技术，想升级，却永远都追不上。多年来计算机配件的价格波动规律主要是几个大的配件价格调整最频繁，价格越高的产品贬值越快，同时，换代新品上市后旧型号产品必大幅调价。因此，选择配置时要量力而行，不要过于追新、追求最高性能，只要实用、适用就好。按照现在计算机技术的换代速度，不管现在装机选配如何高端，3～5 年后照样被淘汰。根据大多数用户总结，一般人装机最好少考虑今后大升级，装一台价格适中的用上 3～5 年即可，到时再重新装机。

4．注意搭配要均衡、合理

CPU、主板、显卡、内存条等合理搭配决定了整体的性能优劣。要注意各个配件之间的兼容性、均衡性，不要有瓶颈。高功耗的 CPU、显卡配低功率的电源，甚至也有新接口的 CPU 与落后了的主板配合，给人感觉不是头重脚轻，就是"乱穿衣服"，不均衡、不合理的配置将严重制约整机的性能发挥。因此，选配主板、显卡要与 CPU 芯片的性能相当，不能因为预算有限就配置不当，装机选配的关键在于兼容性和均衡性。

5．注意大配件尽量选名牌

现在主要生产 CPU 的只有两个厂家，因此容易选择。但主板、显卡、显示器等大件选择就比较考究了。这些大件在选配时不能只图便宜，否则容易给今后造成高成本。大件选配时建议尽量选择名牌或市场占有率高的产品。例如，游戏玩家宁愿多花一定金钱选做工、售后服务好的大品牌，也不能选择二线品牌或杂牌。看似贵点儿，但最终会发现贵一点儿是值得的。又如市场中杂牌显示器很多，相对于大品牌来讲，价格便宜 1/3 甚至便宜更多，许多消费者贪图便宜，喜欢搭配低价显示器，结果往往后续问题很多。因此，凡是质量没有保证的杂牌、小品牌，尽管价格便宜，也尽量不要选配。

6．选配时要注意方便维修与升级

前面讲到不要追新，这里却说要注意方便今后换修、升级，是不是自相矛盾了。其实，这里主要指的是，装机配置时尽量选择平台新、持续时间久，这样方便今后换修、升级。毕竟自己装机难保 1～2 年后配件不出现问题，加之现在升级换代快。如果装机选配只图便宜，选配已经淘汰的平台，2～3 年后一旦需要换修、升级，在市场上买合适的配件都困难，看似现在便宜，到时才后悔却晚了。

7．是否现在急需装机

为什么许多人装机后要后悔，其中有一点就是过早急急忙忙地去装机或配置过高多花钱。随着计算机技术的飞越发展，新技术的运用让人心动。但是要明确要装的计算机是否是自己急需的？有时装机前并未深入理性思考而是匆忙决定的。上网也好、看电影也好、游戏也好，装新机刚开始时一般都很兴奋，觉得新计算机就是好，但过一段时间会发现高价装的计算机让自己沉迷于上网、游戏，对自己的家庭生活、工作的负面影响很大，至此才感觉原来的匆忙购买或高价配置并不是真正所需要的。因此，理性在装机过程中非常重要。当然，装机也要会选时候，一般如不急需，要错开平常装机旺季的时节，或将要换代的时候，因为那时一般价格偏高。关键是要弄清楚自己真正所需的，以及是否马上必须装机。

 任务二：计算机组装前准备

📖　知识目标
　　○　掌握常用工具的使用方法。
　　○　掌握环境对组装计算机的影响。
🔲　技能目标
　　○　能够使用螺钉旋具、尖嘴钳等常用工具。
　　○　能够正确选择各个配件。

任 务 描 述

　　根据自己组装计算机的目的，学习 DIY 组装计算机的理论知识，为组装高性价比的计算机做充分准备。

相 关 知 识

1．准备工具

　　1）螺钉旋具。在装机时，要用两种螺钉旋具，一种是"十"字形的，通常称为"梅花改锥"，另一种是"一"字形的，通常称之为"平口改锥"。尽量选用带磁性的螺钉旋具，这样可以降低安装的难度，因为机箱内空间狭小，用手扶螺钉很不方便，但螺钉旋具上的磁性不能过大，避免对部分硬件造成破坏，磁性的强弱以螺钉旋具能吸住螺钉并不脱离为宜。

　　2）尖嘴钳或镊子。尖嘴钳可以夹些小的螺钉或者钉子。在设置主板、硬盘等跳线时，由于机箱空间小的原因，无法直接用手进行设置跳线，所以需要借助镊子。如果有条件，还可准备一只多用电表，可用来测量各种电压是否正常，以及检查这些接线是否正确；还要准备一把电烙铁，用来焊接某些脱落的插接线。

2．计算机内部结构

　　一台打开机盖的计算机，如图 3-1 所示，包括电源、主板、网卡、显卡、内存、硬盘、光驱等各个部件，不同的部件处于不同的且又相对固定的位置，部件之间通过导线连接

图 3-1　计算机整体内部结构

在一起。

3．组装前的注意事项

准备好安装场地，最好在一个比较干净的房间内进行安装；准备一张木制的桌子或者工作台上面铺设一层防静电胶皮，把买回来的配件放在顺手的地方，将各种配件配套的螺钉和支架等放好，同时准备好带有磁性的十字螺钉旋具、尖嘴钳、镊子等工具。

要防止人体所带的静电对电子元器件造成损害。在安装之前应该消除身上的静电。例如，可以触摸一下自来水管等接地设备，如果有条件，则可佩戴防静电腕带。如果没有防静电腕带，则要尽量避免用手触及配件的金属部分。

在炎夏时，如果室温过高，如超过 30℃，最好避免开机。为了防止温度过高对计算机的影响，如果有条件，可用风扇对着计算机吹或使用室内空调装置降温。

在冬季干燥季节，为了防止静电，可以在地面上洒一些水，保持室内有相对湿度。

4．板卡安装

手持显卡、声卡、内存、CPU 等器材时，应尽量避免捏握板卡上的元件、印制电路板的线路部分和 CPU 的管脚，捏住板卡的两个边，一只手不方便时，就用两只手配合。在安装计算机元器件时，也要严禁液体流到计算机内部的板卡上，以免造成短路而使器件损坏。所以要注意，不要把饮料摆放在机器附近；对于爱出汗的朋友，也要避免头上的汗水滴落在板卡上，还要注意不要让手心的汗沾湿板卡。

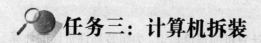

任务三：计算机拆装

> 📖　**知识目标**
> ○　掌握计算机组装基础知识。
> ○　掌握计算机组装的注意事项。
> ○　掌握计算机组装基本步骤。
> ▢　**技能目标**
> ○　能够正确安装计算机内部各配件。
> ○　能够正确连接计算机内部各种线缆。

任务描述

选购到合适的计算机配件后，需要动手将各配件组装起来，并开机调试，判断组装是否成功，如果开机调试出现问题，则应及时检查各部件的安装和各种连线的连接。

相关知识

一、组装计算机的基本步骤

组装计算机时，应按照下述的步骤有条不紊地进行：

1）机箱的安装，主要是对机箱进行拆封，并且将电源安装在机箱里。

2）主板的安装，将主板安装在机箱主板上。

3）CPU 的安装，在主板处理器插座上插入安装所需的 CPU，并且安装上散热风扇。

4）内存条的安装，将内存条插入主板内存插槽中。

5）显卡的安装，根据显卡总线选择合适的插槽。

6）声卡的安装，现在市场主流声卡多为 PCI 插槽的声卡。

7）驱动器的安装，主要针对硬盘、光驱进行安装。

8）机箱与主板间的连线，即各种指示灯、电源开关线。扬声器的连接，以及硬盘、光驱和软驱电源线和数据线的连接。

9）盖上机箱盖（理论上在安装完主机后，是可以盖上机箱盖了，但为了此后出问题时便于检查，最好先不加盖，而等系统安装完毕后再盖）。

10）输入设备的安装，连接键盘鼠标与主机一体化。

11）输出设备的安装，即显示器的安装。

12）再重新检查各个接线，准备进行测试。

13）给机器加电，若显示器能够正常显示，表明安装已经正确，此时进入 BIOS 进行系统初始设置。

进行了上述的步骤，一般硬件的安装就已基本完成了，但要使计算机运行起来，还需要进行下面的安装步骤。

14）分区硬盘和格式化硬盘。

15）安装操作系统。

16）安装驱动程序，如显卡、声卡等驱动程序。

17）进行 72h 的烤机，如果硬件有问题，在 72h 烤机中一般均能被发现。

二、组装计算机的过程

对于平常接触计算机不多的人来说，可能会觉得"装机"是一件难度很大、很神秘的事情。但其实只要自己动手装一次后，就会发现其实也非常简单。组装计算机的准备工作都准备好之后，下面就开始进行组装计算机的实际操作。

1．拆卸机箱、安装底板和挡片

从包装箱中取出机箱以及内部的零配件（螺钉、挡板等），将机箱两侧的外壳去掉，机箱面板朝向自己，平放在桌子上。

2．安装电源

如图 3-2 所示，先将电源放进机箱上的电源位，将电源上的螺钉固定孔与机箱上的固定孔对正。为了避免螺钉滑丝，固定电源时先拧上一颗螺钉（固定住电源即可），再将最后三颗螺钉孔对正位置，最后拧上剩下的螺钉即可。这些螺钉都不要拧紧，等所有螺钉都到位后再逐一拧紧。

图 3-2　安装电源

3．安装驱动器

为避免安装驱动器过程中失手掉下驱动器或螺钉旋具，砸坏主板上的配件，最好将驱动器安装到机箱后再安装主板。驱动器的安装包括硬盘、光驱。

设置硬盘跳线：硬盘的顶部跳线设置标签标识了硬盘主从跳线的设置方法，主板上有两个 IDE 接口，每个接口可以安装两个 IDE 设备，为了区分安装在同一 IDE 接口上的两个 IDE 设备，安装硬盘或光驱前均需先设置主从跳线。一般情况下，如果安装单个硬盘，就将其设为主盘（Master），如果使用两块硬盘并连接在同一条数据线上，就需要将其中一块硬盘设为从盘（Slave）。例如使用 SATA 接口硬盘，主板上用 0-N 对应编号接口，每个接口只能安装一个 SATA 接口设备，号码越小主从级越高。

固定硬盘：不同机箱的硬盘安装支架有所不同。通常硬盘固定在机箱 3.5in 驱动器支架上，安装硬盘时要先确认一下驱动器支架。在机箱中找到位置后，将硬盘带有信号和电源接口的一端朝向机箱里面，电路板一面向下，轻轻将硬盘插入支架，再通过驱动器支架侧面的条形孔用螺钉将硬盘固定，注意：在拿硬盘时要用手拿硬盘的两侧，不要拿硬盘的上下面，更不要接触到硬盘的电路板。

固定光驱：在机箱 5.25in 驱动器支架上由外向内插入光驱，使光驱前面板与机箱前面板平齐，然后通过驱动器支架旁边的条形孔，用螺钉将光驱固定，其固定方法与硬盘的固定方法相同。

4. 安装 CPU 及散热器

步骤 1：接触主板和 CPU 前，先释放静电。

步骤 2：打开主板包装盒，取出主板说明书，根据主板说明书检查附件是否齐全，是否有损坏。主板的附件一般包括用户手册、数据线、主板驱动程序与实用程序光盘、产品保证单等。仔细检查主板质量，然后将主板包装盒里的泡沫垫（或海绵垫）平放在工作台上，将主板放在绝缘的泡沫或海绵垫上，找到 CPU 插座的位置。

步骤 3：CPU 及散热器的安装

1）用手指适度用力向下推插座锁扣杆，打开锁扣杆后，将其抬起，然后将 CPU 载荷板掀起防护罩，其过程如图 3-3 所示。

2）在掀起载荷板后切勿触摸插座触点。另外，用户还需要将载荷板上的防护罩拆掉，但是不能将其丢掉。每次从插座拆卸 CPU 后，都必须重新装好插座防护罩。拆除完主板载荷板上的防护罩后，还应将 CPU 上的防护罩也拆除，如图 3-4 所示。

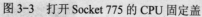

图 3-3　打开 Socket 775 的 CPU 固定盖　　　　　图 3-4　安装 CPU

3）CPU 与主板上的插槽的位置是一一对应的，不能随便放置。辨别 CPU 正确放置位置的方法就是观察 CPU 的缺口和凹槽，以及主板插槽的缺口和凸出的地方。

4）放入 CPU，对准缺口和凹槽位置将 CPU 垂直放入到主板插槽中（不可倾斜或推移），然后关闭已经拆除了防护罩的载荷板，使其重新回到原来的位置，最后把扣紧锁扣杆，使其牢牢地压紧 CPU，如图 3-5 所示。

注意：如果 CPU 的位置错误，就无法正常地放置到插槽中。此时切勿用力按压，正确的做法是改变 CPU 的安放位置使之能正确地对准插槽。

5）将风扇放到 CPU 的上面，使定位柱对准主板上的定位孔，然后逐个地按压定位柱顶部，将定位柱按压到位时会听到"喀"的一声。检查 4 个定位柱是否都已牢固到位。进行此步操作的时候主板的下面一定得有一块质地柔和的物体，因为定位柱会深入到主板的外部，如图 3-6 所示。

图 3-5　安装 CPU　　　　　　　　图 3-6　安装 LGA 775 CPU 散热器

注意：用户在按压的时候力度要适中，以免损坏主板。定位柱上面标有方向，在 CPU 风扇安装好后，按逆时针方向旋转 1/4 圈可以将 CPU 风扇拆除。当然重新安装 CPU 风扇之前需要将定位柱顺时针旋转 1/4 圈，以使定位柱复位。将 CPU 风扇的电源线插到主板上的接口中即可。

5．安装内存条

安装内存条时需要将内存条金手指的缺口与插槽分隔的位置相对应。

步骤 1：检查内存条。

步骤 2：用食指和拇指将内存插槽两端的白色塑料卡子向两边扳动，并打开。

步骤 3：用手将内存插槽两端的扣具打开，然后将内存平行放入内存插槽中，用两拇指按住内存两端轻微向下压，听到"啪"的一声响后，即说明内存安装到位，此时插槽两边的卡子自动闭合卡住内存条，如图 3-7 所示。

图 3-7　安装内存条

6．安装主板

步骤 1：对照主板说明书，将机箱提供的主板垫脚螺母安放到机箱主板托架的对应位置（有些机箱购买时就已经安装）。固定铜柱最少安装 6 颗。

步骤 2：根据主板接口情况，将机箱背面相应位置的挡板去掉。由于挡板与机箱直接连在一起，所以先用螺钉旋具将其顶开，再用尖嘴钳扳下。

步骤 3：将主板的 I/O 接口对准机箱背面的相应位置，双手平行托住主板，将主板放入机箱的底板上，使键盘口、鼠标口、串/并口及 USB 接口等和机箱背面挡板的相应插孔对齐，如图 3-8 所示。

图 3-8　将主板放入机箱

步骤 4：检查金属螺柱或塑料钉是否与主板的定位孔相对应，将金属螺丝套上绝缘垫圈，拧紧螺钉，固定好主板（在装螺钉时，注意每颗螺钉不要一次性地拧紧，等全部螺钉安装到位后，再将每颗螺钉拧紧，这样做的好处是随时可以对主板的位置进行调整），如图 3-9 所示。

7．安装显卡等接口卡

显卡、声卡和网卡等统称为卡类硬件，作用是联系计算机内部系统与外部其他设备的数据链，不过大部分的主板都集成了声卡和网卡，安装任务主要是显卡，安装前确认该卡是否与主板上的接口类型兼容。如果选择的是 PCI-E 的显示卡，则必须把它安装在 PCI-E 插槽上，然后拧上螺钉；如果是 AGP 的显卡，则需要把显示卡安装在 AGP 插槽上，然后拧上螺钉。

1）显卡的安装。

步骤 1：用手轻握显卡两端，垂直对准主板上的显卡插槽（PCI-E 槽或 AGP 槽），带有输出接口的金属挡板面向机箱后侧，然后用力平稳地将显卡向下压入插槽中，如图 3-10 所示。

图 3-9　检查金属螺柱与主板的定位孔　　　图 3-10　安装显卡

步骤 2：用螺钉固定显卡。固定显卡时，要注意显卡挡板下端不要顶在主板上，否则无法插到位。

2）声卡的安装。

步骤 1：在主板上找一条未用的 PCI 插槽，在机箱后壳上拆除此 PCI 插槽对应的挡板。

步骤 2：用手轻握声卡两端，垂直对准主板上的 PCI 插槽，带有输出接口的金属挡板面向机箱后侧，然后用力平稳地将声卡向下压入插槽中。

步骤 3：用螺钉固定声卡。固定声卡时，要注意声卡挡板下端不要顶在主板上，否则无法插到位。

步骤 4：连接音频线。音频线一般是 3 芯或 4 芯信号线，其中红色和白线分别是左右声道信号线，黑线是地线。将信频信号线的一端接入光驱的音频输出口，另一端接声卡的音频口。

8. 连接机箱内部线缆

1）连接 IDE 硬盘线。对照主板说明书，在主板上找到 FDD 接口、IDE 接口或 SATA，并找到各种接口的第 1 针引脚位置，通常标记为"Pin 1"。

2）连接 SATA 硬盘数据线。SATA 数据线两端插头没有区别，均采用单向 L 形盲插插头，一般不会插错。将数据线一端插头插入主板 SATA 1 接口，另一端连接硬盘。

3）连接电源线。需要连接的电源线有主板电源、硬盘电源、光驱电源、CPU 专用电源以及部分显卡电源。

步骤 1：给主板插上供电插头。

步骤 2：连接 CPU 专用电源。

步骤 3：连接 IDE 硬盘和光驱的电源线

步骤 4：连接 SATA 硬盘电源线

4）连接面板插针步骤。要使计算机面板上的指示灯、开关能正常发挥作用，就需要正确地连接面板插针。不同的主板在插针设计上不同，在连线前要认真阅读主板说明书，找到各个连线插头所对应的插针位置。

5）连接扩展接口。

6）连接音频线。

7）连接主板散热器。

8）COM 接口。

9．其他设备的连接

机箱内部的部件安装完毕后，就可以进行机箱外部的一些连线了。下面介绍显示器、音箱、键盘和鼠标的连接。

1）显示器的连接。显示器后侧有两条电缆，一条是显示器电源线；另一条是信号电缆，用于连接显卡。

连接显示器信号电缆。将显示器信号电缆的 D 形 15 针插头插入主机后侧显卡的 D 形 15 孔插座上，注意插头和插座的方向要对应。如 3-11 图所示，插好后，将插头上的固定螺钉拧紧在显示卡上。

图 3-11 连接显示器信号线

连接电源线。显示器的电源线为一凹形 3 针插头，把它平稳地插在主机后侧电源的相应的 3 孔插座中。有的随机配套的电源线可以直接插在电源插座上。

2）音箱的连接。有源音箱有三条电缆线，一条是连接声卡和音箱的电缆线，一条是主音箱与副音箱的连接线，还有一条是电源线，将连接线上的两个莲花形插头分别接到主音箱的两个插孔，这两个插孔分别为音箱的左右声道信号线。然后将主音箱与声卡连线的双声道插头插入到声卡的线路输出插孔，最后将主音箱上的电源插头插到电源插座上。不同的音箱的连接方法稍有不同，可根据安装说明书进行具体的连接工作。

3）鼠标的连接。目前常用的鼠标为 PS/2 接口或 USB 接口的鼠标。ATX 主板上集成有 PS/2 接口，连接 PS/2 接口鼠标时，将鼠标插头插在主板上的 PS/2 鼠标接口上即可。插接时要注意鼠标接口插头的方向，使之与主板上的 PS/2 接口中的卡口相对应，有的鼠标为 USB 接口鼠标，连接时将 USB 接口鼠标插入 USB 接口即可。

4）键盘的连接。目前常用的键盘为 PS/2 接口键盘。ATX 主板上集成有 PS/2 键盘接口，连接 PS/2 接口键盘时，将键盘插头插在主板上的 PS/2 键盘接口上即可。与插接鼠标类似，也要注意插头与插孔的对应。注意：PS/2 接口鼠标和键盘的接口形式相同，二者很容易插错，连接时要根据标记正确连接。一般情况下键盘接口是紫色，鼠标接口为蓝色，插错时计算机不能识别，但一般不会损坏机器。

10．加电自检

步骤 1： 在通电之前，务必仔细检查各种设备的连接是否正确、接触是否良好，尤其要注意各种电源线是否有接错或接反的现象。

步骤 2： 打开显示器开关，按下机箱面板上的电源开关，注意观察通电后有无异常，如冒烟、发出烧焦的异味，或者发出报警声，CPU 风扇没有转动等。一旦有问题应立即拔掉主机电源插头或关闭多孔插座的开关，然后进行检查。

步骤 3： 硬件自检通过后，关闭主机电源，关闭多孔电源插座的开关。

步骤 4：安装机箱挡板。装机箱盖时，要仔细检查各部分的连接情况，确保无误后，把主机的机箱盖盖上，将机箱挡板顺着轨道由后向前推移，使挡板与前面板咬合后，拧上机箱螺钉。

三、硬件组装的注意事项

硬件安装中容易出错的地方，特别提醒注意：

1）在安装时手注意尽量不要接触板卡的金属部分。人体的静电可以轻易损坏板卡的芯片。

2）安装 CPU 时，如果有导热硅胶，则可以在 CPU 表面涂上一些，有利于 CPU 散热。

3）安装内存条时一定要注意是否全部插入了槽中，有时候只插入了一半，但是以为全部插入了，这时有可能损坏主板或内存条。

4）主板安装一定要平稳，可以手捏主板上的扩展槽，稍微用力看是不是会晃动。

5）主板安装铜柱最好平均，即是主板前后都有，并且观察其高矮是否一致。

6）硬盘、光驱的数据线的色线一定要对准主板、设备的 1 脚，如果其中一个接反有可能导致没有显示，严重的会使主板或设备损坏。

7）现在的主板基本上都是采用 ATX，在电源开关没有打开的情况下主板仍然有电。所以，不管是在安装或是在以后的维修时，都一定得记住拔掉主机电源线，否则有可能造成损坏。

8）基本上每个设备在安装前都存放在防静电塑料袋中，所以在没有需要的时候最好不要取出。

9）硬件故障的简单检查方法。如果在装好整机后，没有任何反应，或者显示不正常，或有报警声，则应关闭计算机，进行检查。

检查方法一般是拔插法，即只留下最基本的系统，包括主板、CPU、内存、显示卡，其余都可以拔掉，再加电检查，如果正常，再依次安装其他部件。

四、计算机拆卸的具体步骤

步骤 1：拔下电源线。必须拔下主机及显示器等外设的电源线。

步骤 2：拔下外设连线。拔出键盘、鼠标、USB 电缆等与主机箱的连线时，将插头直接向外平拉即可；拔出显示器信号电缆、打印机信号电缆等连线时，先松开插头两边的固定螺钉，再向外平拉插头。

步骤 3：打开机箱盖。机箱盖的固定螺钉大多在机箱后侧边缘上，用十字螺钉旋具拧下螺钉取下机箱盖。

步骤 4：拔下面板插针插头。沿垂直方向向上拔出面板插针插头。

步骤 5：拔下驱动器电源插头。沿水平方向向外拔出硬盘、光驱的电源插头。拔下时绝对不能上下左右晃动电源插头。

步骤 6：拔下驱动器数据线。硬盘、光驱数据线一端插在驱动器上，另一端插在主板的接口插座上，捏紧数据线插头的两端，平稳地沿水平或垂直方向拔出插头。然后拔下光驱与声卡间的音频线。

步骤 7：拔下主板电源线。拔下 ATX 主板电源时，用力捏开主板电源插头上的塑料卡子。垂直主板适当用力把插头拔起，另一只手轻轻压住主板，按压时应轻按在 PCI 插槽上，不能按在芯片或芯片的散热器上，然后拔下 CPU 专用电源插座上的插头。

步骤 8：拆下接口卡。用螺钉旋具拧下固定插卡的螺钉，用双手捏紧接口卡的上边缘，垂直向上拔出接口卡。

步骤 9：拆卸内存条。轻缓地向两边掰开内存插槽两端的固定卡子，内存条自动弹出插槽。

步骤 10：取出主板。松开固定主板的螺钉，将主板从机箱内取出。

步骤 11：拆卸 CPU 和散热器。

应 用 实 践

1. 简述计算机组装的基本步骤。
2. 简述计算机组装的注意事项。
3. 打开一台计算机仔细观察内部配件的连接。
4. 打开机箱利用扎带规范整理线缆布局。

项目 14　BIOS 设置

 任务一：掌握 BIOS 和 CMOS 的基本概念

> 📖　**知识目标**
> - ○　掌握 BIOS 的基本概念。
> - ○　掌握 CMOS 的基本概念。
> □　**技能目标**
> - ○　能够正确区分 BIOS 和 CMOS。

任务描述

　　BIOS 负责解决硬件的及时需求，并按软件对硬件的操作要求具体执行，所以认识和学习 BIOS 就显得尤为重要。

相关知识

　　BIOS（Basic Input Output System，基本输入输出系统）是一组固化到计算机内主板上一个 ROM 芯片上的程序，它保存着计算机最重要的基本输入输出的程序、系统设置信息、开机后自检程序和系统自启动程序。其主要功能是为计算机提供最底层的、最直接的硬件设置和控制。

一、BIOS 概述

　　BIOS 设置程序是储存在 BIOS 芯片中的，BIOS 芯片是主板上一块长方形或正方形芯片，只有在开机时才可以进行设置。CMOS 主要用于存储 BIOS 设置程序所设置的参数与数据，而 BIOS 设置程序主要对计算机的基本输入输出系统进行管理和设置，使系统运行在最好状态下，使用 BIOS 设置程序还可以排除系统故障或者诊断系统问题。有人认为既然 BIOS 是"程序"，那它就应该是属于软件，感觉就像自己常用的 Word 或 Excel。但也有很多人不这么认为，因为它与一般的软件有一些区别，而且它与硬件的联系也是相当地紧密。形象地说，BIOS 应该是连接软件程序与硬件设备的一座"桥梁"，负责解决硬件的即时要求。

二、BIOS 相关概念

1. BIOS 系统设置程序

计算机部件配置情况是放在一块可读写的 CMOS RAM 芯片中的，它保存着系统 CPU、软硬盘驱动器、显示器、键盘、外置接口等控制信息。关机后，系统通过一块后备电池向 CMOS 供电以保持其中的信息。如果 CMOS 中关于计算机的配置信息不正确，则会导致系统性能降低、部件不能识别，并由此引发一系列的软硬件故障。在 BIOS ROM 芯片中装有一个程序称为"系统设置程序"，就是用来设置 CMOS RAM 中的参数的。这个程序一般在开机时按下一个或一组键即可进入，它提供了良好的界面供用户使用。这个设置 CMOS 参数的过程，习惯上也称为"BIOS 设置"。新购的计算机或新增了部件的系统，都需进行 BIOS 设置。

2．POST 上电自检

计算机接通电源后，系统将有一个对内部各个设备进行检查的过程，这是由一个通常称之为 POST（Power On Self Test，上电自检）的程序来完成的。这也是 BIOS 的一个功能。完整的 POST 自检将包括 CPU、640KB 基本内存、1MB 以上的扩展内存、ROM、主板、CMOS 存储器、串并口、显示卡、软硬盘子系统及键盘测试。自检中若发现问题，系统将给出提示信息或鸣笛警告。

3．BIOS 系统启动自检程序

在完成 POST 自检后，ROM BIOS 将按照系统 CMOS 设置中的启动顺序搜寻软硬盘 BIOS 驱动器及 CD-ROM、网络服务器等有效的启动驱动器，读入操作系统引导记录，然后将系统控制权交给引导记录，由引导记录完成系统的启动。

4．CMOS 与 BIOS 的区别

由于 CMOS 与 BIOS 都跟计算机系统设置密切相关，所以才有 CMOS 设置和 BIOS 设置的说法。CMOS 是计算机主机板上一块特殊的 RAM 芯片，是系统参数存放的地方，而 BIOS 中系统设置程序是完成参数设置的手段。因此，准确的说法应是通过 BIOS 设置程序对 CMOS 参数进行设置。而人们平常所说的 CMOS 设置和 BIOS 设置是其简化说法，事实上，BIOS 程序是储存在主板上一块 EEPROM Flash 芯片中的，CMOS 存储器是用来存储 BIOS 设定后的要保存数据的，包括一些系统的硬件配置和用户对某些参数的设定，比如传统 BIOS 的系统密码和设备启动顺序等。

 任务二：了解 BIOS 的设置基础

　　📖　**知识目标**
　　　　○　熟悉 BIOS 中常见功能的设置。
　　　　○　掌握 BIOS 的进入方法。
　　▢　**技能目标**
　　　　○　能够熟练使用功能键设置 BIOS 参数。

任务描述

计算机都是由一些硬件设备组成的，而这些硬件设备会由于用户的不同需要而在品牌、类型、性能上有很大差异。因此，用户在使用计算机之前，一定要确定它的硬件配置和参数，并将它们记录下来，存入计算机，以便计算机启动时能够读取这些设置，保证系统正常运行。

相关知识

一、BIOS 设置程序的基本功能

BIOS 的设置程序目前有各种流行的版本，由于每种设置都是针对某一类或几类硬件系统，所以会有一些不同，但对于主要的设置选项来说，大都相同，一般分为下面几项。

1）基本参数设置：包括系统时钟、显示器类型、启动时对自检错误处理的方式。

2）磁盘驱动器设置：包括自动检测 IDE 接口、启动顺序、软盘硬盘的型号等。

3）键盘设置：包括上电是否检测硬盘、键盘类型、键盘参数等。

4）存储器设置：包括存储器容量、读写时序、奇偶校验、ECC 校验、1MB 以上内存测试及音响等。

5）Cache 设置：包括内/外 Cache、Cache 地址/尺寸、BIOS 显示卡 Cache 设置等。

6）ROM Shadow 设置：包括 ROM BIOS Shadow、Video Shadow、各种适配卡 Shadow。

7）安全设置：包括硬盘分区表保护、开机口令、Setup 口令等。

8）总线周期参数设置：包括 AT 总线时钟（ATBUS Clock）、AT 周期等待状态（AT Cycle Wait State）、内存读写定时、Cache 读写等待、Cache 读写定时、DRAM 刷新周期、刷新方式等。

9）电源管理设置：这是关于系统的绿色环保节能设置，包括进入节能状态的等待延时时间、唤醒功能、IDE 设备断电方式、显示器断电方式等。

10）PCI 局部总线参数设置：关于即插即用的功能设置，PCI 插槽 IRQ 中断请求号、PCI IDE 接口 IRQ 中断请求号、CPU 向 PCI 写入缓冲、总线字节合并、PCI IDE 触发方式、PCI 突发写入、CPU 与 PCI 时钟比等。

11）板上集成接口设置：包括板上 FDC 软驱接口、串并口、IDE 接口的允许/禁止状态、串并口、I/O 地址、IRQ 及 DMA 设置、USB 接口、IrDA 接口等。

12）其他参数设置：包括快速上电自检、A20 地址线选择、上电自检故障提示、系统引导速度等。

二、BIOS 设置程序的进入方法

进入 BIOS 设置程序通常有三种方法。

1. 开机启动时按热键

在开机时按下特定的热键可以进入 BIOS 设置程序，不同类型的机器进入 BIOS 设置程序的按键不同，有的在屏幕上给出提示，有的不给出提示，几种常见的 BIOS 设置程序的进入方式如下。

1）Award BIOS：按<Ctrl＋Alt＋Esc>组合键，屏幕有提示。

2）AMI BIOS：按<Del>或<Esc>键，屏幕有提示。

3）COMPAQ BIOS：屏幕右上角出现光标时按<F10>键，屏幕无提示。

4）AST BIOS：按<Ctrl+Alt+Esc>组合键，屏幕无提示。

2. 用系统提供的软件

现在很多主板都提供了在 DOS 下进入 BIOS 设置程序而进行设置的程序，在 Windows 的控制面板和注册表中已经包含了部分 BIOS 设置项。

3. 用一些可读写 CMOS 的应用软件

部分应用程序，如 QAPLUS 提供了对 CMOS 的读、写、修改功能，通过它们可以对一些基本系统配置进行修改。

三、BIOS 设置程序的控制键

表 3-1 BIOS 设置程序的控制键

控 制 键	功 能	控 制 键	功 能
<↑>（向上键）	移到上一个选项	<Page Down>键	改变设定状态，或减少栏目中的数值内容
<↓>（向下键）	移到下一个选项	<F1>功能键	显示目前设定项目的相关说明
<←→>（向左键）	移到左边的选项	<F5>功能键	装载上一次设定的值
<←→>（向右键）	移到右边的选项	<F6>功能键	装载最安全的值
<Esc>键	回到主画面，或从主画面中结束 Setup 程序	<F7>功能键	装载最优化的值
<Page Up>键	改变设定状态，或增加栏目中的数值内容	<F10>功能键	储存设定值并离开 CMOS Setup 程序

 任务三：掌握 BIOS 的设置方法

📖 **知识目标**
  ○ 掌握 BIOS 中常见功能的设置。
  ○ 掌握 BIOS 错误信息的解决方法。

🖥 **技能目标**
  ○ 能够根据需求正确设置 BIOS 参数。

任务描述

对于计算机爱好者来说，BIOS 设置是最基本、最常用的操作技巧，是计算机系统最底层的设置，对计算机性能有着很大的影响。

一、BOIS 设置前期准备

1．什么时候要对 BIOS 进行设置

进行 BIOS 设置是由操作人员根据计算机实际情况而人工完成的一项十分重要的系统初始化工作。在以下情况下，必须进行 BIOS 或 CMOS 设置。

1）新购计算机：系统也只能识别一部分外围设备，而对软硬盘参数、当前日期、时钟等基本资料等必须由操作人员进行设置，因此新购买的计算机必须通过进行 CMOS 参数设置来告诉系统整个微机的基本配置情况。

2）新增设备：由于系统不一定能认识新增的设备，所以必须通过 CMOS 设置来告诉它。另外，一旦新增设备与原有设备之间发生了 IRQ、DMA 冲突，也往往需要通过 BIOS 设置来进行排除。

3）CMOS 数据意外丢失：在系统后备电池失效、病毒破坏了 CMOS 数据程序、意外清除了 CMOS 参数等情况下，常常会造成 CMOS 数据意外丢失。此时，只能重新进入 BIOS 设置程序完成新的 CMOS 参数设置。

4）系统优化：对于内存读写等待时间、硬盘数据传输模式、内/外 Cache 的使用、节能保护、电源管理、开机启动顺序等参数，BIOS 中预定的设置对系统而言并不一定就是最优的，此时往往需要经过多次试验才能找到系统优化的最佳组合。

2．BIOS 的种类

目前市面上的台式机主板基本使用的是 AMI 与 Award 两个品牌的 BIOS 程序，笔记本计算机则多采用 Phoenix 与 Insyde 甚至自主研发的 BIOS 程序。

3．怎样辨别自己主板的 BIOS 类型

方法非常简单开机在自检画面按键盘上的<Pause>键暂停画面，仔细观察自检信息，有 AMI 标识的既为 AMI 系列，Award 标识为 Award 系列。图 3-12 所示为开机自检信息判断 BIOS 种类。

图 3-12　开机自检信息判断 BIOS 种类

二、BIOS 基本设置

利用 Phoenix 公司生产的 BIOS 中的程序进行简单参数设置。

1. 启动 BIOS 设置程序

开机启动机器，根据屏幕提示按<Del>键，启动 Setup 程序，待几秒钟后，进入 BIOS 程序设置主界面，如图 3-13 所示。

2. BIOS 设置的基本原则

掌握 BIOS 设置的基本方法和原则，就能比较准确地设定各种功能项。在遇到新的功能更为强大的版本时能够举一反三，即使有较难的设置项也能够比较准确地进行设定。下面介绍一些原则和方法。

BIOS 的设置大多采用是英文界面，其设置本身专业性很强，初级用户在设置 BIOS 时一定要谨慎，在条件允许的情况下，最好按照中文说明书来操作。

在 BIOS 设置时，可以利用热键来操作。把光标移到相应的设置项上，然后单击热键，可对相应的设置项进行操作。

在系统出现兼容性问题或者其他严重错误时，可以使用 Load High Performance Defaults 功能项，使系统工作在最保守状态，便于检查出错误。

当 BIOS 设置很混乱或者被破坏时，可以使用 Load BIOS Setup Defaults 功能项，使系统以最佳化模式工作，如图 3-14 所示。

建议在系统运行正常的情况下，不要随便更改 BIOS 设置。

在 BIOS ROM 芯片中装有系统设置程序及系统配置信息，如果记录的硬件配置信息不正确，则会导致部分硬件不能被识别，将会引起系统的软、硬件故障。因此，对 BIOS 的正确配置非常重要，在分析和排除计算机故障、优化系统性能、保障系统安全性上有不可替代的作用。

图 3-13   BIOS 程序设置主界面

图 3-14   加载 BIOS 默认设置

3. 标准 CMOS 设置

在 BIOS 的标准 CMOS 设置（Standard CMOS Features）菜单中，可以设置系统一些基本的硬件配置、系统时间、显示方式、软盘驱动器的类型等系统参数。关于内存的一些基本参数是系统自动配置的。

在系统启动后，BIOS 会进行内存检测，检测完成后，按<Del>键就可以进入 Award BIOS 的设置菜单。在主菜单中选择 Standard CMOS Features 菜单项，即选中左边第一项，按<Enter>键即可进入标准设置菜单，如图 3-15 所示。

图 3-15   Award BIOS 标准设置菜单

（1）设置时间和日期　在图 3-15 所示的最上面就是时间和日期，这是首先需要设置的选项。

1）设置日期。日期的设置格式为：Date（mm:dd:yy），即月、日、年，这些可以自行设置，"星期"是随着设置自动变更的。其中，"月"可以选择 Jan（一月）～Dec（十二月）；"日"的设置原则上可以为 1～31，但不能超过当月的最高日数；"年"的设置是以公元纪年为单位的，其设置范围因主板不同而略有差异。

以公元 2006 年 1 月 7 日为例，只需要在相应的位置上输入相应的数字，或是用<+>、<->、<Page Up>、<Page Down>键递增（减）即可完成设置。

2）设置时间。时间的设置格式为：Time（hh:mm:ss），即时、分、秒。与设置日期的方法一样，可以输入相应的数字，或是用<+>、<->、<Page Up>、<Page Down>键递增（减）即可完成设置。

（2）设置硬盘参数　在图 3-15 中，在时间和日期选项的下面，就是硬盘参数设置选项，这些选项包括：IDE Primary Master、IDE Primary Slave、IDE Secondary Master、IDE Secondary Slave 选项。目前主板上都有两个 IDE 通道，分别称为 Primary（主要的）和 Secondary（次要的）；而每一个通道都可以连接两个 IDE 设备，分别为 Master（主）与 Slave（从）。只要将硬盘连接好，就可以看到硬盘的容量大小，至于硬盘的详细参数，请将高亮条移动到 IDE Primary Master 选项，然后按<Enter>键，进入下层设置画面，如图 3-16 所示。

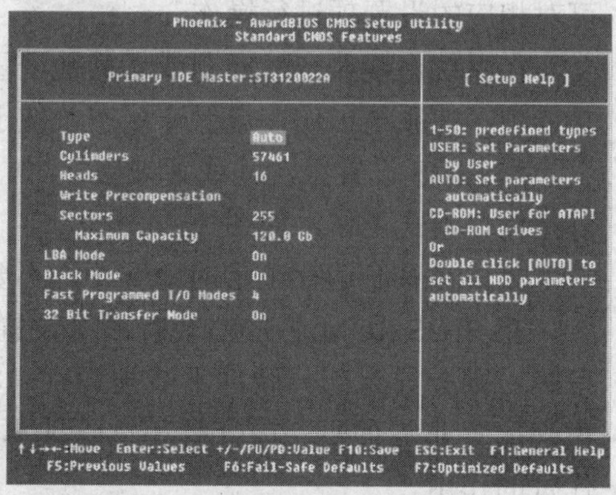

图 3-16　IDE Primary Master 设置画面

对于新主板的 BIOS，这个界面中只能设置 Type（硬盘类型）和 32 bit Transfer Mode（32 位传送模式）两个选项。其余的都显示为绿色，表示只能查看这些信息。一般将 Type 和 32 bit Transfer Mode 都设置为 Auto（自动检测），让 BIOS 自动检测硬盘。其余的参数说明如 Cylinders：柱面数；Heads：磁头数；Sectors：扇区数；Maximum Capacity：存储设备格式化后的大小；LBA Mode：逻辑块寻址方式。

（3）设置光盘驱动器　在 BIOS 设置程序中，对光盘驱动器的设置一般都是由 BIOS 系统自动检测得到。开机时，BIOS 系统会通过 POST 自检来确认光盘驱动器是否存在，并且检测出光盘驱动器的型号。

在进入 BIOS 设置程序时，可以得出光盘驱动器的参数，如图 3-17 所示。图中，Secondary IDE Master 项的值 ASUS　CRW-S232AS 即为光盘驱动器的设置参数。

如果需要屏蔽光盘驱动器，则可以将 Secondary IDE Master 项设置成 None，否则建议不要修改本项的参数值。

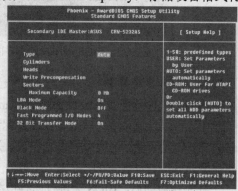
图 3-17　设置光盘驱动器

（4）内存信息显示　图 3-15 中左下角的那一部分用来显示 BIOS 检测到的内存容量，并将内存区分为两种类型显示，而总容量则显示在最下面的一行。该设置选项包括：

1）Base Memory（基本内存）。就是指固定 640KB 的大小，无论主板安装了多少内存，它永远都只有 640KB。这是沿袭当初 DOS 的设计所致，因此又称为传统内存（Conventional Memory）。

2）Extended Memory（扩展内存）。超过 1MB 以上的内存才算是扩展内存，所以显示的数字会比实际安装的内存容量少 1MB（1024KB），而在画面中的 640KB～1024KB 共 384KB 的内存，称为 Reserved Memory（保留内存），它是保留给网卡、SCSI 卡、显卡上的 ROM 使用，或者在 BIOS Features Setup 中设置相关的 Shadow 功能，BIOS 就会利用到这段内存。

在这里的参数都是由 BIOS 自动检测，用户无法干预。

（5）设置多硬盘　当系统中存在两个以上的硬盘设备时，如果硬盘连接正确，一般系统能自动找到硬盘，如图 3-18 所示。IDE Primary Master、IDE Primary Slave 接的分别是两个不同的硬盘，IDE Secondary Master 接的是刻录光驱，在连接的时候还要注意硬盘和光驱上的跳线设置要与 BIOS 里的一致。一般主板只有 4 个 IDE 口，去掉一个 IDE 接光驱后，最多还能接 3 个硬盘。

另外，还可以将硬盘参数检测一项设置为 Auto，使计算机系统每次开机时都对硬盘进行检测，并对硬盘工作状况进行检测，如图 3-19 所示。

图 3-18　设置多硬盘

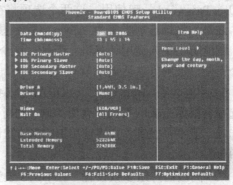

图 3-19　设置为 Auto

4. 其他 BIOS 设置

（1）高级 BIOS 特征设置　在 BIOS 设置主画面中（见图 3-13），移动高亮条到 Advanced BIOS Features 选项，然后按<Enter>键即可进入高级 BIOS 参数设置画面，如图 3-20 所示。在高级 BIOS 参数设置画面中，可以设置病毒保护、CPU 二级高速缓存奇偶校验、快速开机自检等功能。

1）Quick Boot（快速引导）。将这个选项设置为 Enabled 后，计算机在启动时将会省去一些检测工作。这样，能够加快计算机的启动速度。

2）Full Screen LOGO Show（显示全屏 LOGO）。一些著名的主板制造商在 BIOS 中加入了自己公司的标识。如果将这个选项设置为 Enabled，那么在计算机启动时将不会看见自检界面，而是主板制造商的标识。

图 3-20　Advanced BIOS Features 高级
参数设置菜单

注意：并不是每个 BIOS 都有 Full Screen LOGO Show 选项，而且选项的名称也可能不同。但是，这个选项的设置状态并不影响计算机的性能，所以不必刻意进行设置。

3）Boot Device Select（选择引导设备）。这个选项用于设置开机时启动设备的顺序，也就是告诉计算机从软盘、硬盘或其他设备上读取系统文件，以引导操作系统。可选择由 IDE0～IDE3、SCSI、光驱、软驱或由 Network（网络）开机。

一般情况下，可以将 1st Boot Device 设置为 CD-ROM，将 2nd Boot Device 设置为 HDD0（硬盘），而将 3rd Boot Device 设置为 USB-HDD（移动硬盘）。如果为了加快计算机的启动速度，也可以把 1st Boot Device 设置为 IDE0，这样，计算机就不再检测光驱，而是直接从硬盘启动。但是根据计算机所安装的设备不同，该选项提供的选择也可能不同。

4）S.M.A.R.T for Hard Disk（硬盘的智能检测）。这个选项用来开启（Enable）硬盘 S.M.A.R.T（自我监控、分析、报告技术）功能。如果硬盘支持自我监控的功能，则可以加快硬盘的反应速度。默认设置为 Disabled。

5）Password Chew（检查密码）。本项用于设置何时检查 BIOS 的 Password（密码）。若设置成 Setup，则每次进入 BIOS 设置程序时将会要求输入密码；若设置成 Always，则进入 BIOS 或系统开机时，都会要求输入密码。这个选项必须配合主界面中的 Supervisor Password 和 User Password 一起使用，这两个选项将在稍后介绍。

注意：将该选项设置为 Always 后，想要启动计算机，就必须输入预先设置的密码。这样，就能防止他人盗用计算机。但是，这个方法也不是十全十美的，也有很多方法可以破解这个密码，破解方法后面章节有介绍。

6）其他选项。Boot OS/2 for DRAM > 64MB 等选项会根据主板的不同而有所不同。同时，这些选项一般不需设置，直接使用 BIOS 的默认设置即可。

（2）高级芯片组参数设置　在 BIOS 设置主画面中，移动高亮条到 Advanced Chipset Features 选项上，然后按下回车键即可进入高级芯片组参数设置画面，如图 3-21 所示。合理设置这些选项有助于系统效率的提升，提高计算机的性能。

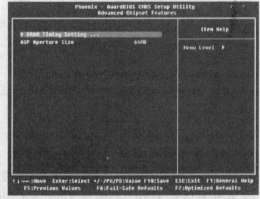

图 3-21　Award BIOS 高级芯片组参数设置菜单

1）DRAM Timing Setting（内存时钟设置）。这个选项用于设置计算机内存的时钟频率。频率越快，内存的速度就越快，同时系统的稳定性也会随之下降。一般采用系统默认设置就行了。

2）AGP Aperture Size（AGP 口径尺寸）。此项控制系统 RAM 中的多少空间可以分配给 AGP 用于视频显示。口径是指作为图形存储地址空间的一部分 PCI 存储地址范围，进入口径范围内的主时钟周期会不经过翻译直接传递给 AGP，设置值有 4MB、8MB、16MB、32MB、64MB、128MB 和 256MB。这些选项的设置直接关系到系统的性能和稳定性，如果对这里的选项不太熟悉，则保持系统默认值设置。

（3）电源管理设置　在 BIOS 设置主画面中，移动高亮条到 Power Management Setup 选项，然后按<Enter>键即可进入电源管理设置画面，如图 3-22 所示。主板的品牌和型号不同，其中的一些选项可能有所不同，但是基本的选项是一样的。

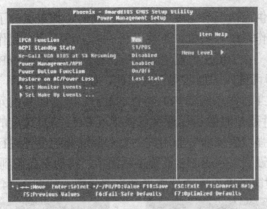

图 3-22 Award BIOS 电源管理设置菜单

该界面下的一些选项需要根据实际的操作系统而定，否则会导致计算机不能正常关机或者计算机不能稳定运行等现象。

1）ACPI Standby State（ACPI 睡眠模式）。这个选项设置 ACPI 功能的节电模式，可选项有以下两种。

① S1/POS：S1 休眠模式是一种低能耗状态，在这种状态下，所有系统环境不变，硬件（CPU 或芯片组）维持着所有的系统环境。

② S3/STR：S3 休眠模式是一种低能耗状态，在这种状态下仅对主要部件供电，比如主内存和可唤醒系统设备，并且系统环境将被保存在主内存中。一旦有"唤醒"事件发生，存储在内存中的这些信息被用来将系统恢复到以前的状态。

2）Re-Call VGA BIOS at S3 Resuming（从 S3 模式的睡眠状态唤醒）。这个选项允许使用 VGA BIOS 信息初始化显卡选项。在主板加入这个功能选项之前，系统从 S3/STR 模式被唤醒时显卡都是由显卡驱动程序对它进行初始化。这样一来，由于显卡驱动程序版本的差异性，所以会造成在使用某些显卡驱动程序版本时无法正常唤醒的现象。而允许使用 VGA BIOS 信息来初始化显卡则可以避免上述问题。当遇到类似问题时，即可将该项设为 Enabled。

3）Power Management/APM（电源管理/高级电源管理）。将该选项设置为 Enable 将启动高级电源管理进行相应的节能管理，设置值有 Disabled 和 Enabled。设为 Disabled 时，有可能会导致计算机不能软关机（即从操作系统中选择"关机"来关闭计算机），而需要按下机箱上的电源按钮来关闭计算机。

4）Power Button Function（开机按钮功能）。该项设置开机按钮的功能。设置为 On/Off（开/关），即为正常的开机关机按钮，按下按钮，计算机会立即关闭；设置为 Suspend（挂起），当按下开机按钮时，系统进入休眠或睡眠状态，按住按钮超过 4s 后，计算机关机。

5）Restore on AC/Power Loss（交流电断电修复）。这个选项决定计算机意外断电之后，电力供应恢复时系统电源的状态。设置选项如下：

① Power Off：保持计算机处于关机状态。

② Power On：重启计算机。

③ Last State：将计算机恢复到掉电或中断发生之前的状态。

通常这个选项的默认设置是 Last State，这样电力恢复后计算机会自己重新开机。但是，如果此时电力不稳定，则对计算机是很有害的。所以，一般将这个选项设置为 Power Off，关闭计算机，再根据电力供应情况确定要不要开机。同时，如果更改了以上的设置，就必须重新启动计算机引导到操作系统并关机，下次开机时以上设置才会起作用。

（4）即插即用设置　在 BIOS 设置主画面中，移动高亮条到 PnP/PCI Configurations 选项上，然后按<Enter>键即可进入即插即用设置画面，如图 3-23 所示。

此部分描述了对 PCI 总线系统和 PnP 特性的配置。PCI 即外围元器件连接，是一个允许I/O 设备在与其特别部件通信时的运行速度可以接近 CPU 自身速度的系统。此部分将涉及一些专用技术术语，在此强烈建议非专业用户不要对此部分的设置进行修改。

（5）内置外围设备设置　在 BIOS 设置主画面中，移动高亮条到 Integrated Peripherals 选项上，然后按<Enter>键即可进入内置外围设备设置画面，如图 3-24 所示。

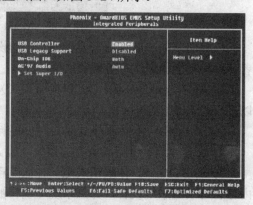

图 3-23　Award BIOS 即插即用设置菜单　　　图 3-24　Award BIOS 内置外围设备设置菜单

该选项可以设置主板上内建的外围设备——如内建的显示芯片或音效设备、IDE/FDD 设备、USB 设备、串行/并行端口、红外线传输、网络/数据卡等。

1）USB Controller（USB 控制器）。该项用于设置打开和关闭板载 USB 控制器，设置值有 All USB Port、Disabled、USB Port 0&1 和 USB Port 2&3。

现在 USB 设备已经很普遍了，有的机箱为了方便 USB 设备的插拔，提供了前置的 USB 插槽，与主板上提供的 USB Port 2&3 相连。如果想要使用这些插槽，则必须将这个选项设置为 All USB Port 或 USB Port 2&3。

如果需要使用机箱前置的 USB 插槽，则选购高质量的机箱，否则，一些劣质的前置 USB 插槽会烧毁主板上的 USB 控制器。如果机箱没有前置 USB 插槽，只需购买一根 USB 延长线插在主板自带的 USB 插槽上就可以了。

2）USB Legacy Support（USB 支持）。如果需要在不支持 USB 设备或没有安装 USB 驱动的操作系统下使用 USB 设备，如 DOS 和 UNIX，则应将此项设置为 All Device。如果只需要使用 USB 鼠标，则将此项设为 No Mice。

3）AC'97 Audio（板载 AC'97 音效芯片）。该选项设置是否启动内置的音效功能，并自动配置相关的系统资源。若设为 Auto，表示由 BIOS 自动检测并决定是否启用该功能，此为默认设置；设为 Disabled 则表示关闭内置音效功能。

这里一般都设置为 Auto。要是另外安装声卡，或是使用 AMR（Audio/Modem Riser，音效数据卡）/CNR（Communication/Network Riser，通信网卡）卡来提供音效服务，则建议设置为 Disabled。

（6）计算机健康状态 不管超不超频，PC Health Status 都是主板最好的"守护神"。该选项提供了系统即时的工作情况，以进一步了解目前计算机的整体工作情况。不过，在该设置画面中，除了 Chassis Intrusion（机箱入侵监视）外，其余的各个项目都无法修改，如图 3-25 所示。

1）Chassis Intrusion（机箱入侵监视）。此项是用来启用或禁用机箱入侵监视功能并提示机箱曾被打开的警告信息。将此项设为 Reset 可清除警告信息。之后，此项会自动回复到 Enabled 状态。设定值有：Enabled、Reset 和 Disabled。

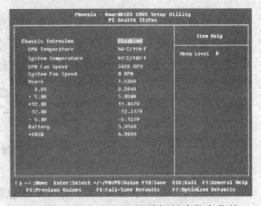

图 3-25 Award BIOS 计算机健康状态菜单

2）CPU Warn Temperature（设置 CPU 监测温度）。很多主板都有这个设置，这里简单介绍一下。这个选项用于设置 CPU 的监测温度，一旦 CPU 的温度超过此设置值，则会发出警告信息/声音，同时 BIOS 也会自动通知 CPU 暂时"减速慢行"，以避免温度继续升高。而其默认值为 Disabled，也就是不启动该选项。

在此，建议可挑选一组临界值，作为保护 CPU 的第一道关卡，目的在于多一分防护，少一分损失。尤其当更改了 CPU 的电压或是频率时，更需要这样的防护机制。

3）显示主机与 CPU 的温度。左边第二项 CPU Temperature 用于显示当前的 CPU 温度。第三项 Current System Temperature 用于显示当前主机的内部温度。

4）显示 CPU 和主机内部风扇的转速。左边第四项 CPU Fan Speed 用于显示 CPU 风扇速度。左边第五项 System Fan Speed 用于显示主机内部其他风扇速度。一般而言，上面的那些选项的多少，需要看主板提供多少个风扇连接器，另外风扇的接头本身也必须具备转速检测的线路才行。

5）显示当前主机的实际电压值。用于显示当前主机实际测得的电压值。其中，Vcore 是指 CPU 的核心电压，可由此判断出 CPU 的电压是否正常。而 3.3V、+5V、+12V 等都是系统提供给外围设备的默认电压，如内存等，可以借此判断电源的供应是否正常。如果上述电压值的变异幅度过大，那么可能是电源出了问题，此时就应该换个稳定的电源了！

（7）频率与电压控制 在 BIOS 设置主画面中，移动高亮条到 Frequency/Voltage Control 选项上，然后按<Enter>键即可进入频率与电压控制设置画面，如图 3-26 所示。

这里是超频者的舞台，通过简单的 BIOS 设置，用户可以调整 CPU 的电压、外频、倍频，轻易地从 CPU 上"压榨"出更高的性能，达到不需拆开机箱就实现"超频"的目的。

1）Spread Spectrum（频展）。当主板上的时钟振荡发生器工作时，脉冲的极值（尖峰）会产生

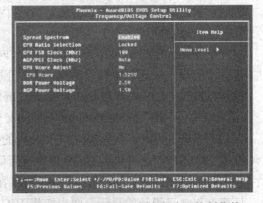

图 3-26 Award BIOS 频率与电压控制菜单

EMI（电磁干扰）。频率范围设定功能可以降低脉冲发生器所产生的电磁干扰，所以脉冲波的尖峰会衰减为较为平滑的曲线。如果没有遇到电磁干扰问题，则将此项设定为 Disabled，这样可以优化系统的性能表现和稳定性。但是如果被电磁干扰问题困扰，则将此项设定为 Enabled，这样可以减少电磁干扰。注意，如果超频使用，则必须将此项禁用。因为峰值的抖动也会引入时钟速度的短暂突发，这样会导致超频的处理器锁死。设定值为：+/–0.25%，+/–0.5%，+/–0.75%，Disabled。

2）CPU Ratio Selection（CPU 倍频选择）。用户可以在此选项中通过指定 CPU 的倍频（时钟增加器）实现超频。

3）CPU FSB Clock（CPU 前端系统总线时钟）。此项用来设置 CPU 前端系统总线时钟频率（MHz），如果打算超频处理器，则可将此项设定为较高的频率。可以在 100～400 之间选择需要的频率。

4）CPU Vcore（CPU 核心电压）。此项设定用来调节 CPU 核心电压，是用户超频的工具。但是改变 CPU 倍频和核心电压会导致系统的不稳定，因此不建议长期改变这些默认设置。

5）DDR Power Voltage（DDR 电压）。调节 DDR 电压可以提高 DDR 速度，任何改变此项默认值的设定都可能会导致系统的不稳定，因此不建议长期改变这一默认设置。

6）AGP Power Voltage（AGP 电压）。用户可在此项中调节 AGP 电压，允许超频，以提升 AGP 显示卡的性能表现，但同样会造成稳定性的问题。设定值有：Auto、1.5、1.6、1.7、1.8 等。

三、BIOS 错误信息和解决方法

1）CMOS battery failed（CMOS 电池失效）。原因：说明 CMOS 电池的电力已经不足，请更换新的电池。

2）CMOS check sum error-Defaults loaded（CMOS 执行全部检查时发现错误，因此载入预设的系统设定值）。原因：通常发生这种状况都是因为电池电力不足所造成，所以不妨先换个电池试试看。如果问题依然存在，那就说明 CMOS RAM 可能有问题，最好送回原厂处理。

3）Display switch is set incorrectly（显示形状开关配置错误）。原因：较旧型的主板上有跳线可设定显示器为单色或彩色，而这个错误提示表示主板上的设定和 BIOS 里的设定不一致，重新设定即可。

4）Press ESC to skip memory test（内存检查，可按<Esc>键跳过）。原因：如果在 BIOS 内并没有设定快速加电自检的话，那么开机就会执行内存的测试，如果不想等待，可按<Esc>键跳过或到 BIOS 内开启 Quick Power On Self Test。

5）Override enable-Defaults loaded（当前 CMOS 设定无法启动系统，载入 BIOS 预设值以启动系统）。原因：可能是在 BIOS 内的设定并不适合计算机（像内存只能跑 100MHz 但让它跑 133MH）。这时进入 BIOS 设定重新调整即可。

6）Press TAB to show POST screen（按<Tab>键可以切换屏幕显示）。原因：有一些 OEM 厂商会以自己设计的显示画面来取代 BIOS 预设的开机显示画面，而此提示就是要告诉用户可以按<Tab>键来把厂商的自定义画面和 BIOS 预设的开机画面进行切换。

7）Resuming from disk, Press TAB to show POST screen（从硬盘恢复开机，按<Tab>键显示开机自检画面）。原因：某些主板的 BIOS 提供了 Suspend to disk（挂起到硬盘）的功能，当用户以 Suspend to disk 的方式来关机时，那么在下次开机时就会显示此提示消息。

应 用 实 践

1．简述 BIOS 与 CMOS 的区别和联系。
2．简述 BIOS 的基本功能。
3．何时需要设置 BIOS 参数？设置 BIOS 参数的主要作用是什么？

学习模块四

计算机软件系统安装与调试

项目15　硬盘分区和高级格式化

 任务一：了解硬盘分区和高级格式化的概念

📖 **知识目标**

    ○ 了解硬盘分区的类型。

    ○ 了解硬盘分区的原则。

    ○ 掌握硬盘分区的方法。

    ○ 掌握硬盘分区格式化的方法。

🔲 **技能目标**

    ○ 能够使用不同的软件对硬盘进行分区。

    ○ 能够使用不同的方式格式化硬盘分区。

任务描述

    在通过 BIOS 设置程序对 CMOS 参数进行设置后，首先要对硬盘驱动器进行初始化，即划分好分区和对分区进行格式化，然后才可以部署操作系统。要实现对硬盘的分区，有很多工具软件可以选择，本次任务将选择使用 FDISK 和 Disk Manager 来详细讲解硬盘分区；对已有分区的格式化的方式也是多种多样的，既能使用 Format 命令对分区进行格式化，也可以在进入系统之后，通过磁盘管理来格式化分区。

相关知识

    计算机中存放信息的主要的存储设备就是硬盘，但是硬盘不能直接使用，必须对硬盘进行分割，分割成的一块一块的硬盘区域就是磁盘分区。

一、硬盘分区的意义

    如果硬盘的容量较大，则对它进行适当的分区可以带来很多好处。从硬盘管理上来看，分区有利于用户使用和管理分区内容，便于目录管理，使整个磁盘有条有理；从数据安全性角度考虑，硬盘分区可提高数据安全性，不会因为某个逻辑磁盘出现问题而影响到其他逻辑磁盘上的数据；从硬盘的利用率来看，使用几个较小的分区而不是大分区可以节省空间。

二、磁盘分区的类型

在传统的磁盘管理中，将一个硬盘分为两大类分区：主分区和扩展分区。主分区是能够安装操作系统、能够进行计算机启动的分区，这样的分区可以直接格式化，然后安装系统，直接存放文件。在一个硬盘中最多只能存在 4 个主分区。如果一个硬盘上需要超过 4 个以上的磁盘分区的话，那么就需要使用扩展分区了。如果使用扩展分区，那么一个物理硬盘上最多只能有 3 个主分区和 1 个扩展分区。扩展分区不能直接使用，它必须经过第二次分割成为一个一个的逻辑分区，然后才可以使用。一个扩展分区中的逻辑分区可以任意多个。

三、硬盘分区格式

磁盘分区后，必须进过格式化才能够正式使用，格式化后常见的磁盘格式有：FAT（FAT16），FAT32，NTFS，ext2，ext3 等。

1. FAT16

这是 MS-DOS 和最早期的 Windows 95 操作系统中最常见的磁盘分区格式。它采用 16 位的文件分配表，能支持最大为 2GB 的硬盘，是目前应用最为广泛和获得操作系统支持最多的一种磁盘分区格式，几乎所有的操作系统都支持这一种格式，从 DOS、Windows 95、Windows 97 到现在的 Windows 98、Windows NT、Windows 2000，甚至 Linux 都支持这种分区格式。但是在 FAT16 分区格式中，它有一个最大的缺点：磁盘利用效率低。

2. FAT32

FAT32 采用 32 位的文件分配表，突破了 FAT16 对每一个分区的容量只有 2 GB 的限制。FAT32 最大的优点：在一个不超过 8GB 的分区中，FAT32 分区格式的每个簇容量都固定为 4KB，与 FAT16 相比，提高磁盘利用率。目前，支持这一磁盘分区格式的操作系统有 Windows 97、Windows 98、Windows 2000、Windows xp、Windows 7 等。但是，这种分区格式也有它的缺点，首先是采用 FAT32 格式分区的磁盘，由于文件分配表的扩大，运行速度比采用 FAT16 格式分区的磁盘要慢。

3. NTFS

NTFS 的优点是安全性和稳定性极其出色，在使用中不易产生文件碎片。它能对用户的操作进行记录，通过对用户权限进行非常严格的限制，使每个用户只能按照系统赋予的权限进行操作，充分保护了系统与数据的安全。目前支持这种分区格式的操作系统已经很多，从 Windows NT、Windows 2000、Windows XP 直至 Windows Vista 及 Windows 7 等。

4. ext2，ext3

ext2，ext3 是 Linux 操作系统适用的磁盘格式。Linux ext2/ext3 文件系统使用索引节点来记录文件信息，作用像 Windows 的文件分配表。索引节点是一个结构，它包含了一个文件的长度、创建及修改时间、权限、所属关系、磁盘中的位置等信息。一个文件系统维护了一个索引节点的数组，每个文件或目录都与索引节点数组中的唯一一个元素对应。系统给每个索引节点分配了一个号码，也就是该节点在数组中的索引号，称为索引节点号。Linux 文件系统将文件索引节点号和文件名同时保存在目录中。因此，目录只是将文件的名称和它的索引节点号结合在一起的一张表，目录中每一对文件名称和索引节点号称为一个连接。

四、划分硬盘分区的原则

在对硬盘进行分区的时候，首先应根据硬盘的大小和实际需要对硬盘各个分区的大小进行一个合理的规划，一般来说，作为主分区的 C 盘容量不小于硬盘总容量的 10%，其余分区的大小要根据硬盘的大小和实际的需要来确定。

在新硬盘上建立分区时都要遵循以下原则：主分区在前，扩展分区在后，然后在扩展分区中划分逻辑分区；主分区的个数+扩展分区个数要控制在 4 个之内。图 4-1 所示的分区是比较好的。

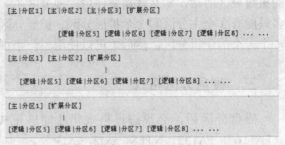

图 4-1　磁盘分区合理分区方式

五、磁盘分区方法

磁盘分区都需要适用各种软件才可以完成，最传统的磁盘分区工具 FDISK 可以实现对磁盘的各种分区的分割，但是 FDISK 是完全的文本方法，用起来不太方便，所以有了很多的其他的分区工具的出现，如 Disk Manager、PQmagic 等软件的出现。同样各种操作系统都自带分区工具方便用户使用。

 ## 任务二：使用 FDISK 进行硬盘分区

　📖　知识目标
　　○　掌握如何启动 FDISK。
　　○　熟悉 FDISK 的各项参数。

　🖥　技能目标
　　○　能够运用 FDISK 查看硬盘分区。
　　○　能够运用 FDISK 建立、删除硬盘分区。

任务描述

在理解和掌握了硬盘分区的相关知识后，开始使用 FDISK 查看并建立硬盘分区。在分区建立完毕之后，使用 Format 命令格式化各个分区。

FDISK 工具是一个基于 DOS、用于管理 DOS 分区的程序，一般的系统维护光盘中均包含这个程序。它同时支持 FAT16 和 FAT32 分区格式。启动它的方法很简单，用光盘启动到命令提示符状态，输入 "FDISK"，按<Enter>键便可运行。

1. 设置计算机从光驱或 U 盘启动

由于 FDISK 是 DOS 下的应用程序，这个时候需要一张包含 DOS 操作系统的光盘或 U 盘。然后启动计算机，按<Del>键进入 BIOS 设置，将系统的启动顺序设定为从光驱或可移动磁盘启动，如图 4-2 所示。

将启动光盘或启动 U 盘插入计算机，重新启动，进入启动选择画面。

2. FDISK 分区过程

在输入 "FDISK" 并按<Enter>键之后，如果硬盘大于 2GB，那么将会看见一个说明界面，输入 "Y"，则使用 FAT32 文件格式；输入 "N"，则使用 FAT16 格式进行分区，如图 4-3 所示。

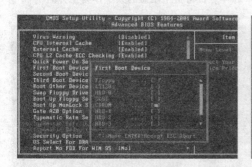

图 4-2 设置启动顺序   图 4-3 FDISK 启动界面

一般来说，在能够使用 FAT32 文件系统的情况下，应尽量避免使用 FAT16，所以在输入 "Y" 并按<Enter>键之后，即可进入 FDISK 的主界面，如图 4-4 所示。

第一项的作用是创建 DOS 分区或逻辑驱动器，第二项的作用是设置活动分区，第三项的作用是删除分区或逻辑驱动器，第四项的作用是显示分区信息，如果计算机上有两个硬盘，那么还多一项是选择哪个硬盘。在这个界面中，可以进行创建分区、激活分区、删除主分区与逻辑分区和查看分区信息等操作，可以在硬盘中未用的、未格式化过的区域中任意创建主分区与扩展分区。在扩展分区中，可以创建逻辑分区。但如果使用的是 FAT16 格式，则最大只能创建 2GB 的分区。

现在假设要对一个新硬盘进行分区，计划将这个硬盘分为 3 个区：一个主分区，两个逻辑分区。具体操作如下：

步骤一：设置主分区。

首先在 FDISK 的主界面中输入 "1" 并按<Enter>键，出现如图 4-5 所示的子界面。

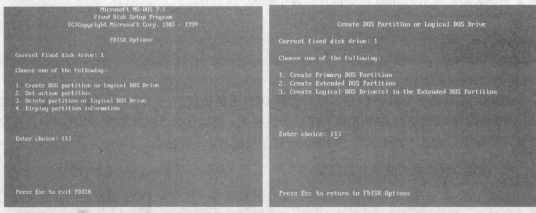

图 4-4　FDISK 主界面　　　　　　　图 4-5　选择创建主分区

再输入"1"并按<Enter>键，进行创建主分区的操作，系统就开始检测硬盘并创建主分区。主分区将被标识为 C 盘。同时程序提示是否将整个硬盘的大小都作为主分区，如图 4-6 所示。

图 4-6　选择是否将整个硬盘的大小作为主分区

按照前面的要求，要将此硬盘划分为一个主分区，两个逻辑分区，所以输入"N"并按<Enter>键，会出现主分区容量设置界面，在输入框中输入分配给 C 盘的容量大小（单位 MB），或者输入 C 盘容量所占的百分比，如 15%，按<Enter>键确认，如图 4-7 所示。完成后会出现主分区分配情况界面。

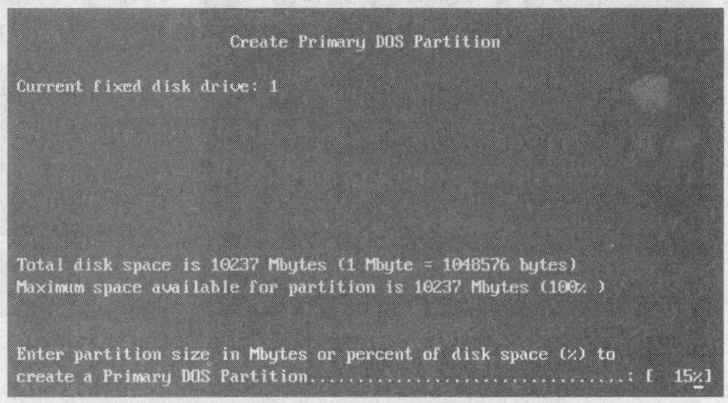

步骤二：创建扩展分区。

按<Esc>键返回到 FDISK 主菜单，输入"1"再次进入创建分区界面。接着输入"2"，创建扩展分区，如图 4-8 所示。因为逻辑驱动器是建立在扩展分区之上的，所以必须先创建扩展分区，再创建逻辑分区。

按<Enter>键确认，在接着出现的界面中输入扩展分区的大小，一般将除主分区外的所有剩余空间都分配给扩展分区。按<Enter>键确认后，出现主分区和扩展分区的容量分配比例界面，如图 4-9 所示。

图 4-7　设置主分区大小

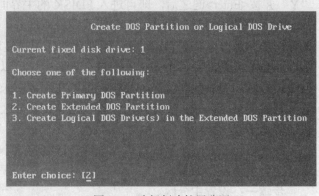

图 4-8　选择创建扩展分区

步骤三：创建逻辑分区。

按<Esc>键，出现如图 4-10 所示的界面，开始创建逻辑分区的操作。输入第一个逻辑分区的大小，按<Enter>键确认。

图 4-9　显示主分区和扩展分区大小

当第一个逻辑分区建立完成之后，系统会接着建立第二个逻辑分区，在这个见面中可以见到第一个逻辑分区的容量和比例。界面出现后，在右下角的输入框中输入第二个逻辑分区的大小，按<Enter>键确认（如果硬盘足够大，则可以创建更多的逻辑分区，重点在于输入逻辑分区数值的大小）。

步骤四：激活主分区。

当所有的扩展分区空间都分配给了逻辑分区之后，就要对主分区进行激活操作。

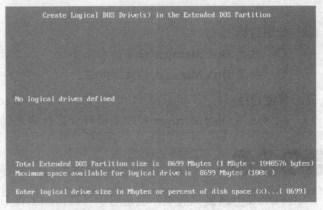

图 4-10　输入逻辑分区大小

按<Esc>键返回 FDISK 主菜单，输入"2"并按<Enter>键，进行激活主分区的操作，如图 4-11 所示。

在接着出现的如图 4-12 所示的界面中输入"1"，按<Enter>键确认，将主分区激活，然后会出现成功激活主分区的界面。

步骤五：完成分区操作。

在主分区被激活后，按两次<Esc>键退出 FDISK，将会出现一个提示，提醒用户重新启动计算机，如图 4-13 所示。

步骤六：格式化分区。

用启动盘重新启动计算机。启动完成后，输入"format c:"，按<Enter>键，输入"format d:"，按<Enter>键，输入"format e:"，

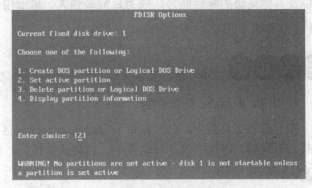

图 4-11　选择激活主分区

图 4-12　选择主分区分区标号

按<Enter>键，即可分别格式化 C、D、E 三个分区，如图 4-14 所示。

```
You MUST restart your system for your changes to take effect.
Any drives you have created or changed must be formatted
AFTER you restart.

Shut down Windows before restarting.
```

图 4-13　分区完成后重新启动计算机

```
A:\>format c:

WARNING, ALL DATA ON NON-REMOVABLE DISK
DRIVE C: WILL BE LOST!
Proceed with Format (Y/N)?_
```

图 4-14　格式化分区

任务三：使用 Disk Manager 进行硬盘的快速分区及格式化

📖 **知识目标**
   ○ 熟悉 Disk Manager 程序的各项参数。
   ○ 熟悉 Disk Manager 的使用方法。

☐ **技能目标**
   能够运用 Disk Manager 对硬盘进行分区和格式化。

任务描述

用 FDISK 分区虽然简单，但是对于目前市面上百 GB 以上的大硬盘，其速度太慢。Disk Manager 分区工具以其令人惊叹的分区速度、对大容量硬盘的强有力支持、很好的硬盘适应性以及其他高级的综合能力，成为目前最强大、最通用的硬盘分区工具之一。本任务将介绍 Disk Manager 的使用方法。

相关知识

1. Disk Manager 简要介绍

在一般的工具盘中，已经附带了 Disk Manager 分区软件，如果没有此软件，可以到网上下载，下载后，将软件放在启动盘中，启动计算机后，运行 Disk Manager 进入其主菜单，如图 4-15 所示。

图 4-15　Disk Manager 的主工作界面

菜单选择操作可以使用键盘上的 4 个方向键，或者直接按一下开头括号中对应的键。例如，进入 Easy Disk Installation 菜单，可以直接按一下<E>键。

1）Easy Disk Installation：硬盘自动分区选项，该选项是 Disk Manager 提供的硬盘自动

分区选项。选择该选项后，Disk Manager 会根据硬盘的容量自动进行分区操作。此功能一般适用于初学者，但由于自动分区无法按照指定要求对硬盘进行分区，且缺乏灵活性，所以一般很少使用该功能。

2）Advanced Options：高级选项，此选项为 Disk Manager 提供的手动分区高级选项。选择此功能菜单，然后会出现一个二级子菜单，如图 4-16 所示。

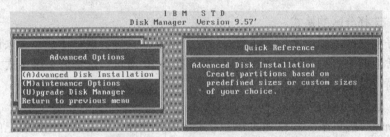

图 4-16　Disk Manager 的二级菜单

下级子菜单共有 3 个选项，这 3 个选项的功能如下：

Advanced Disk Installation 的功能是硬盘分区高级选项。

Maintenance Options 的功能是维护选项。

Upgrade Disk Manager 的功能是根据硬盘的物理参数修改升级 Disk Manager 中的硬盘驱动程序 ONTRACKD.SYS，以及当硬盘（仅限于 IBM）容量大于 8.4GB 且主板 BIOS 不能识别时把驱动程序装入硬盘，使系统能识别 8.4GB 以上的硬盘。

2．Disk Manager 分区过程

下面详细介绍如何利用 Disk Manager 对硬盘进行分区操作。

步骤一：选择要分区的硬盘。

选择 Advanced Disk Installation 选项，如图 4-17 所示，Disk Manager 会自动搜索计算机中的所有硬盘，并显示硬盘的列表。如果用户的计算机上只有一个硬盘，直接按<Enter>键即可进行下一步操作，如图 4-18 所示。如果计算机上有多个硬盘，则需要选择对哪个硬盘进行分区操作，如图 4-19 所示。

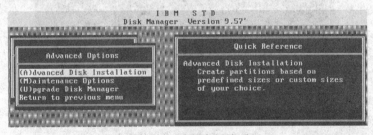

图 4-17　选择高级选项

图 4-18　选择单硬盘以进行分区

图 4-19　选择多个硬盘中要分区的硬盘

步骤二：选择分区的格式。

在选择好要分区的硬盘之后，就要对硬盘分区的格式进行选择了。一般来说，选择第二项，也就是常用的 FAT32 的分区格式即可，如图 4-20 所示。选择好分区格式之后，出现一个确认的界面，这里选择 YES。

步骤三：选择分区的大小。

Disk Manager 提供了一些自动的分区方式让用户选择，如果需要按照自己的意愿进行分区，则应选择"OPTION（C）Define your own"，手动指定各分区的大小，如图 4-21 所示。

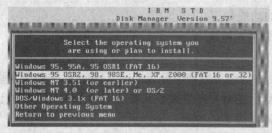

图 4-20　选择分区格式

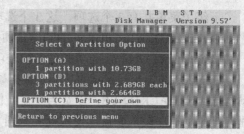

图 4-21　选择自定义分区

步骤四：设置每个分区的大小。

首先输入主分区的容量大小（见图 4-22），然后依次输入每个逻辑分区的容量大小，如图 4-23 所示。注意，与 FDISK 不同的是，Disk Manager 没有建立扩展分区这一选项。

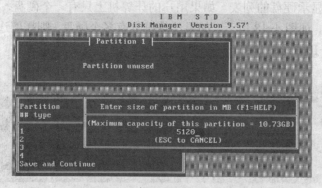

图 4-22　输入主分区的大小

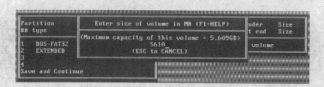

图 4-23　输入逻辑分区的大小

步骤五：查看分区显示的信息。

如图 4-24 所示，如果对分区不满意，还可以通过一些按键进行调整，如，按<Del>键删除分区；按<N>键建立新的分区。

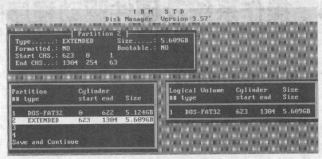

图 4-24　查看分区信息

步骤六：保存分区结果。

设置完成后，要选择"Save and Continue"选项保存设置的结果，此时会出现提示窗口，再次确认所做的设置，如果确定按<Alt+C>键继续，否则按任意键返回到主菜单，如图 4-25 所示。

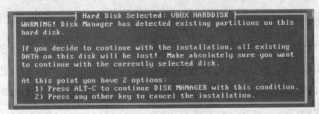

图 4-25　保存分区结果

步骤七：格式化分区。

接下来是几个提示窗口，分别是询问是否快速格式化、是否按照默认的簇进行格式化以及最终确认格式化操作的对话框。如果硬盘没有问题及特殊要求，则全部选择 YES，即可开始格式化工作。

步骤八：完成分区操作。

当格式化工作全部完成之后，会弹出一个提示窗口，这里按任意键继续。然后会出现一个提示重新启动的窗口，可以按<Ctrl+Alt+Del>组合键重新启动，也可以按<Reset>键重新启动。

Disk Manager 对硬盘进行分区格式化的工作全部完成，需要的时间相对其他分区软件大大缩短了分区时间，因此一般在进行硬盘分区的时候，推荐使用 Disk Manager 进行分区和格式化。

应 用 实 践

1. 硬盘分区有哪几种？各有什么特点？
2. 硬盘划分的一般原则是什么？
3. 什么是无损分区？无损分区的工具有哪些？
4. 如何在不丢失硬盘数据的情况下，减小逻辑分区空间扩大主分区空间？

项目16 操作系统及硬件驱动程序的安装

 任务一：安装操作系统

□ **知识目标**
　○ 熟悉操作系统的安装方式。
　○ 熟悉操作系统安装过程中的注意事项。

□ **技能目标**
　能够正确安装不同版本的操作系统。

任务描述

　　操作系统为用户能够简单地使用计算机提供了平台，目前使用最多的是 Microsoft 公司的 Windows 系列操作系统。Windows 系列操作系统以安装简单、使用方便的特点迅速占领了个人计算机操作系统领域的市场，下面就从最基本的操作出发，以 Windows 7 的安装为例，介绍操作系统的安装。

相关知识

一、硬件要求

　　Windows 7 操作系统对计算机硬件系统提出了较高的要求。如果 CPU、内存或硬盘空间达不到最低要求，则 Windows 7 安装程序会拒绝安装。因此，在安装前要先保证硬件满足以下最低硬件要求：CPU 1GHz 及以上，内存 1GB 及以上，硬盘 16GB 以上可用空间，集成显卡内存 128MB 以上，DVD-R/RW 驱动器或者 U 盘等其他储存介质安装用。推荐配置：CPU 64 位双核以上，内存 2GB 以上，硬盘 500GB 以上，显卡支持 DirectX 10/Shader Model 4.0 以上级别的独立显卡配置的计算机。

二、Windows 7 安装方法

　　Windows 7 安装方法可分为：光盘安装法、模拟光驱安装法、硬盘安装法、U 盘安装法、软件引导安装法、VHD 安装法等。不同方法各有其优缺点。安装系统之前，准备必要的应急盘和旧系统的备份是很重要的，万一安装出现问题不至于措手不及。

1. 光盘安装法

　　简述：光盘安装法可以算是最经典、兼容性最好、最简单易学的安装方法了。可升级安

装，也可全新安装（安装时可选择格式化旧系统分区），安装方式灵活。不受旧系统限制，可灵活安装 32/64 位系统。

步骤：

1）下载相关系统安装盘的 ISO 文件，刻盘备用（有光盘可省略此步骤）。

2）开机进 BIOS（一般硬件自检时按<Delete>或<F2>或<F1>键，不同计算机设定不同），设定为光驱优先启动。按<F10>键保存退出。

3）放进光盘，重启计算机，光盘引导进入安装界面。单击相应选项进行安装。选择安装硬盘分区位置时，可选择空白分区或已有分区，并可以对分区进行格式化。其他不再详述。

缺点：Windows 7 版本太多，这种刻盘安装无疑是最奢侈、最浪费、最不环保的方法了。只有在不具备或不能胜任其他安装方法的情况下才建议使用。

2．模拟光驱安装法

简述：模拟光驱安装法安装最简单，安装速度快，兼容性好，但限制较多，推荐用于多系统的安装。

步骤：在现有系统下用模拟光驱程序加载系统 ISO 文件，运行模拟光驱的安装程序，进入安装界面，升级安装时 C 盘要留有足够的空间。多系统安装最好把新系统安装到新的空白分区。

缺点：由于安装时无法对现有系统盘进行格式化，所以无法实现单系统干净安装。因旧系统文件占用空间，也比较浪费磁盘空间；因无法格式化旧系统分区，残留的病毒文件可能危害新系统的安全性；旧 32 位系统无法安装 64 位系统，旧 64 位系统无法安装 32 位系统。

3．硬盘安装法

最简单的硬盘安装法把系统 ISO 文件解压到其他分区，运行解压目录下的 SETUP.EXE 文件，按相应步骤进行，不再详述。此方法限制与缺点同模拟光驱安装法。同样不能格式化旧系统及 32/64 位不同系统不能混装。推荐用于多系统的安装。

简述：安装相对较麻烦，安装速度较快，可以实现干净安装，与模拟光驱安装法的不同之处在于不会残留旧系统文件，但同样 32/64 位不同系统不能混装。

步骤：把系统映象 ISO 文件解压到其他分区，按旧系统不同分为 Windows XP 以下系统的安装和 Windows Vista 以上系统的安装。

1）Windows XP 及以下系统的安装：复制安装目录以下文件到 C 盘根目录：BOOTMGR，BOOT、EFI 两文件夹，SOURCES 下的 BOOT.WIM（放在 C 盘 SOURCES 目录下），运行以下命令："c:\boot\bootsect /nt60 c:"；重启计算机引导进入 Windows 7 计算机修复模式，选 DOS 提示符，删除 C 盘下所有文件，运行安装目录下的 SETUP.EXE 文件进行安装。

2）Vista 以上系统的安装：不必复制以上文件，直接重启进入计算机修复模式，选 DOS 提示符，删除 C 盘下所有文件，运行安装目录下的 SETUP.EXE 文件进行安装。

缺点：32/64 位不同系统不能混装，因不同位宽的 SETUP 和 BOOTSECT 程序在异位环境下无法运行；安装过程异常中断将导致系统无法引导，所以一定备用应急盘。

4．U 盘安装法

简述：U 盘安装法与光盘安装的优点相似，但不用刻盘。与其他安装方法相比不受 32/64

位系统环境影响；U 盘可以当急救盘；随身携带方便，一次制备，多次安装。

步骤：

1）在 Windows Vista/ Windows XP 下格式化 U 盘，并把 U 盘分区设为引导分区（这是成功引导安装的关键!），方法："计算机" → "管理" → "磁盘管理" → 单击 U 盘分区，右击 → "格式化" 和 "设为活动分区"。"磁盘管理" 无法操作的用磁盘工具软件调整。传统的 DISKPART 方法不是必要的方法，因采用命令提示符操作，对大多数人不适用。

2）把 Windows 7 的 ISO 镜像文件解压进 U 盘，最简单的就是用 WinRAR 直接解压入 U 盘，或用虚拟光驱加载后复制入 U 盘。U 盘安装盘至此制作完成。

3）计算机设为 U 盘开机（老式计算机 USB-HDD 设为第一引导，新式计算机从引导硬盘中选 U 盘优先，视 BIOS 不同），按<F10>键保存退出，重启计算机按提示一步步正常安装就可以了。

4）只针对 U 盘容量不足的情况：可以只解压关键的开机文件（可参考硬盘安装方法，包括 BOOTMGR，BOOT、EFI 两文件夹，SOURCES 下的 BOOT.WIM，共 200MB 左右），并把所有映像内文件解压到硬盘其他分区上，用 U 盘引导开机成功后，选计算机修复模式，进 DOS，运行硬盘 Windows 7 安装目录下的 SETUP.EXE 文件来安装，但安装就会比较麻烦。

缺点：最大的缺点是需要一只 U 盘或移动硬盘；少数的计算机无法由 USB 引导。

5．软件引导安装法

简述：需要外部软件进行引导，没有 32 位/64 位限制，可以单系统或多系统，可以纯系统干净安装，安装过程简单。

步骤：

1）用虚拟光驱加载系统 ISO 映像复制安装文件或直接用 WinRAR 解压至硬盘非系统分区的根目录。

2）下载附件并运行，根据旧系统环境选择模式 1 或 2（提示：如最终装成多系统后需卸载 Nt6 hdd Installer 启动菜单，则最好在旧系统中进行卸载操作）。

3）重启选择 Nt6 hdd Installer 后自动进入安装界面，不再详述。装在其他分区上成双系统，格式化 C 盘为单系统。

缺点：需外部软件；特定的系统环境/引导环境可能导致引导失败。

6．VHD 安装法

简述：VHD 即 MS 的一种虚拟硬盘文件格式，Windows 7 已经从系统底层支持 VHD 格式，所以可以开机选择引导 VHD 中的操作系统。从而产生了一种全新的系统安装方法，复制 VHD，导入 VHD，修改引导文件，即可进入 Windows 7 的系统。由于这种方法用的人少，也比较抽象，不再详述。

三、光盘安装 Windows 7

用 Windows 7 安装光盘安装 Windows 7 的方法。

1）将 Windows 7 安装光盘放入光驱，在计算机启动时进入 BIOS 并把第一启动设备设置为光驱，按<F10>键保存设置并退出 BIOS。

2）计算机自动重启后出现下图提示，按键盘任意键从光驱启动计算机，如图 4-26 所示。

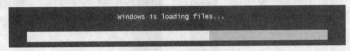

图 4-26   光驱引导启动界面

3）计算机从光驱启动后开始加载安装程序文件，如图 4-27 所示。

图 4-27   加载安装文件

4）安装程序文件加载完成后出现 Windows 7 安装界面，因为 Windows 7 安装光盘是简体中文的，所以这里全部选择默认值，单击"下一步"按钮，如图 4-28 所示。

5）单击"现在安装"按钮开始安装，如图 4-29 所示。

图 4-28   选择装语言图

图 4-29   开始安装首界面

6）出现许可协议条款，在"我接受许可条款"前面打上钩，单击"下一步"按钮，如图 4-30 所示。

7）出现安装类型选择界面，因为不是升级，所以选择自定义（高级）选项，如图 4-31 所示。

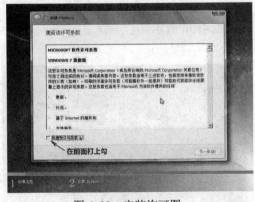

图 4-30   安装许可图

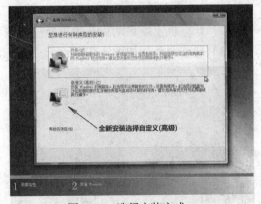

图 4-31   选择安装方式

8）出现安装位置选择界面，在这里选择安装系统的分区，如果要对硬盘进行分区或格式化操作，则单击"驱动器选项（高级）"按钮，如图 4-32 所示。

9）这里可以对硬盘进行分区，也可对分区进行格式化。选择好安装系统的分区后，单击"下一步"按钮。由于 Windows 7 在安装时会自动对所在分区进行格式化，所以这里可以无需对安装系统的分区进行格式化，如图 4-33 所示。

图 4-32　选择安装分区

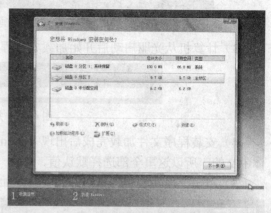

图 4-33　分区格式化

10）Windows 7 开始安装，如图 4-34 所示。

11）安装完成后，计算机需要重新启动，如图 4-35 所示。

图 4-34　开始安装

图 4-35　重新启动计算机

12）计算机重新启动后开始更新注册表设置，如图 4-36 所示。

13）启动服务，如图 4-37 所示。

图 4-36　更新注册表

图 4-37　启动服务

14）这时才进入最后的完成安装阶段，如图 4-38 所示。

15）完成安装阶段完成后，计算机需要重新启动，如图 4-39 所示。

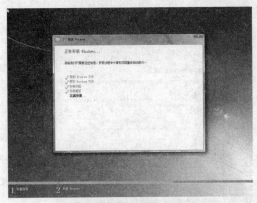

图 4-38　进入安装阶段

图 4-39　安装结束重新启动

16）计算机重新启动后，安装程序为首次使用计算机作准备，如图 4-40 所示。

17）输入用户名和计算机名称，单击"下一步"按钮，如图 4-41 所示。

图 4-40　首次启动准备

图 4-41　输入用户名和计算机名

18）为账户设置密码，如果这里不设置密码（留空），以后计算机启动时就不会出现输入密码的提示，而是直接进入系统，如图 4-42 所示。

19）设置系统更新方式，建议选择推荐的选项，如图 4-43 所示。

20）设置计算机的日期和时间，如图 4-44 所示。

图 4-42　设置用户密码

图 4-43　设置更新方式

21）设置网络位置，有家庭、工作和公用 3 个选项，其中家庭网络最宽松，公用网络最严格，根据自己的实际情况进行选择，如图 4-45 所示。

图 4-44　设置时间

图 4-45　设置网络类型

22）完成设置，如图 4-46 所示。

23）准备桌面，如图 4-47 所示。

图 4-46　配置用户设置

图 4-47　登录桌面

24）欢迎界面，开始登录系统，如图 4-48 所示。

25）进入系统桌面，如图 4-49 所示，整个安装全部结束。

图 4-48　欢迎界面

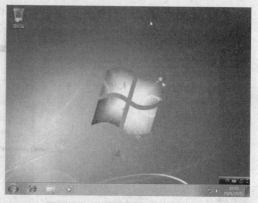

图 4-49　进入系统界面

任务二：安装硬件驱动程序

> **知识目标**
> - 理解驱动程序的概念。
> - 了解驱动程序的作用。
> - 掌握安装硬件驱动程序的方法。
> - 掌握更新硬件驱动程序的方法。
>
> **技能目标**
> - 能够正确安装计算机各种驱动。
> - 能够解决计算机兼容问题。

任务描述

在操作系统安装成功之后，为保证各硬件设备都能正常工作，并发挥其最佳性能，应该及时安装各硬件设备的驱动程序。

相关知识

一、驱动作用

驱动程序英文名为 Device Driver，全称为"设备驱动程序"，是一种操作系统与计算机硬件设备之间的联系纽带，它实际上是一段能让计算机与各种硬件设备通话的程序代码。

从理论上讲，所有的硬件设备都需要安装相应的驱动程序才能正常工作。但事实上，像CPU、内存、主板、软驱、键盘、显示器等设备却并不需要安装驱动程序也可以正常工作，而显卡、声卡、网卡等却一定要安装驱动程序，否则便无法正常工作。例如刚安装好的操作系统，桌面"图标很大且颜色难看"就是没有安装好显卡驱动的原因。

驱动程序是计算机和设备通信的特殊程序，可以说相当于硬件的接口，操作系统只有通过这个接口，才能控制硬件设备的工作，假如某设备的驱动程序未能正确安装，便不能正常工作。因此，驱动程序被誉为"硬件的灵魂""硬件的主宰"和"硬件和系统之间的桥梁"等。

二、驱动程序的存储格式

其实在 Windows 操作系统中，驱动程序一般由.dll、.drv、.vxd、.sys、.386、.inf、.cpl、.dat、.cat 等扩展名的文件组成，大部分文件都存放在 Windows System 目录下。还有的驱动程序文件存放在 Windows 和 Windows System 32 目录下。

其中，以.inf 为扩展名的文件被称为描述性文件。它是从 Windows 95 时代开始引入的专门记录、描述硬件设备安装信息文件，包括设备的名称、型号、厂商，以及驱动程序的版本、日期等，是以纯文本的方式并用特定的语法格式来记载的。通过读取这些文件信息，操作系统就知道安装的是什么设备、应当如何安装驱动程序以及要复制哪些文件等。

其余扩展名的文件被称为实体文件，这些文件是直接跟硬件设备打交道的。要注意，.cat 文件是微软数字签名文件，存放在 Windows System CatRoot 目录中。

三、安装驱动程序的安装步骤

对于一个具体的硬件设备来说，如果要安装其驱动程序，则一般可以按照以下步骤来进行。

1）确定要安装硬件的型号。

2）从硬件附带的驱动光盘或软盘中找到对应型号的驱动程序目录，运行 setup.exe 文件。如果没有 setup.exe 文件，则可以从"设备管理器"中选择对应硬件，然后在弹出的窗口中选择"更新驱动程序"，根据提示，将目标指向驱动光盘上驱动程序所在的位置。

3）根据提示重新启动计算机，即可完成驱动程序的安装。

四、驱动程序一般安装顺序

驱动程序安装的一般顺序：主板芯片组（Chipset）→显卡（VGA）→声卡（Audio）→网卡（LAN）→无线网卡（Wireless LAN）→红外线（IR）→触控板（Touchpad）→PCMCIA 控制器（PCMCIA）→读卡器（Flash Media Reader）→调制解调器（Modem）→其他（如电视卡、CDMA 上网适配器等）。不按顺序安装很有可能导致某些软件安装失败。

第一步，安装操作系统后，首先应该装上操作系统的 Service Pack（SP）补丁。驱动程序直接面对的是操作系统与硬件，所以首先应该用 SP 补丁解决了操作系统的兼容性问题，这样才能尽量确保驱动安装过程中系统和驱动程序的无缝结合。

第二步，安装主板驱动。主板驱动主要用来开启主板芯片组内置功能及特性，主板驱动一般是主板识别和管理硬盘的 IDE 驱动程序或补丁，比如 Intel 芯片组的 INF 驱动和 VIA 的 4in1 补丁等。如果还包含有 AGP 补丁，则一定要先安装完 IDE 驱动再安装 AGP 补丁。这一步很重要，也是很多造成系统不稳定的直接原因。

第三步，安装 DirectX 驱动。这里一般推荐安装最新版本，目前 DirectX 的最新版本是 DirectX 11.0。

第四步，这时再安装显卡、声卡、网卡、调制解调器等插在主板上的板卡类驱动。

第五步，最后就可以装打印机、扫描仪等外设驱动。

这样的安装顺序就能使系统文件合理搭配，协同工作，充分发挥系统的整体性能。

另外，显示器、键盘和鼠标等设备也是有专门的驱动程序，特别是一些品牌比较好的产品。虽然不用安装驱动程序它们也可以被系统正确识别并使用，但是安装上这些驱动程序后，能增加一些额外的功能并提高稳定性和性能。

五、驱动程序的安装方法

1. 使用设备管理器安装驱动程序

步骤一：在"我的电脑"上单击鼠标右键，选择"属性"命令，选择"硬件"选项卡，单击"设备管理器"按钮。

步骤二：在弹出的"设备管理器"界面上，可以看到当前计算机上安装硬件设备。若硬件图标前没有任何警示标志，则表明该设备的驱动程序已经安装且工作正常；若有黄色的问号，则表明该设备的驱动程序未能正常安装，如图 4-50 所示。

步骤三：从图 4-50 所示的"设备管理器"窗口上可以看出，当前计算机有多个硬件设备的驱动程序没有正常安装。按照驱动程序的安装原则，在未安装驱动程序的几个硬件设备中，应该优先安装显卡驱动程序，如图 4-51 所示。

图 4-50 "设备管理器"窗口

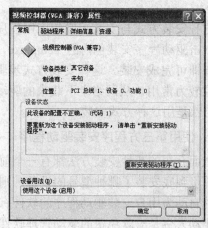

图 4-51   视频控制器属性

步骤四：通过查看该型号计算机的说明书，得知该型号计算机显卡的显示芯片为 nVIDIA GeForce 9200M。

步骤五：单击"重新安装驱动程序"按钮，在弹出的"欢迎使用硬件更新向导"界面上选择"从列表或指定位置安装"，单击"下一步"按钮。

步骤六：在出现的"请选择您的搜索和安装选项"界面上勾选"在搜索中包括这个位置"复选框后单击右边的"浏览"按钮，在"浏览文件夹"对话框上选择显卡驱动程序文件的存放位置，如图 4-52 所示。

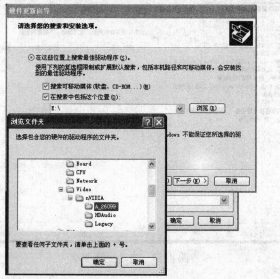

图 4-52   选择驱动文件的存放位置

步骤七：选择好之后单击"下一步"按钮，硬件安装向导会自动开始复制文件，如图 4-53 所示；在所需文件复制完毕之后，会出现安装完成界面，按照提示重新启动计算机，即可完成显卡驱动的安装。

2．通过单击驱动程序的可执行文件进行安装

这种安装方式与安装一般的应用程序类似，双击驱动程序安装包内的 setup.exe，按照向导即可完成安装。这种安装方式步骤简单而且较为常用，从网络上下载来的驱动程序通常都是用这种方式安装。

图 4-53　安装程序开始复制文件

3．使用第三方程序安装驱动程序

上面介绍的两种安装方法都有一个前提，即安装者了解计算机的硬件配置。若不清楚当前计算机到底安装了哪种型号的设备，则需要使用第三方软件进行检测。

能自动为用户安装驱动程序的软件有驱动精灵、驱动人生等，这里以驱动人生为例介绍。

驱动人生是一款免费的驱动管理软件，实现智能检测硬件并自动查找安装驱动，为用户提供最新驱动更新、本机驱动备份、还原和卸载等功能。软件具有界面清晰、操作简单、设置人性化等优点，大大方便用户管理自己计算机的驱动程序。

步骤一：打开驱动人生，选择"驱动"标签下的"自动更新"选项卡，如图 4-54 所示，可以看到有两个设备的驱动没有正常安装，单击右侧的"我要最新驱动"链接，驱动人生自动开始查找。

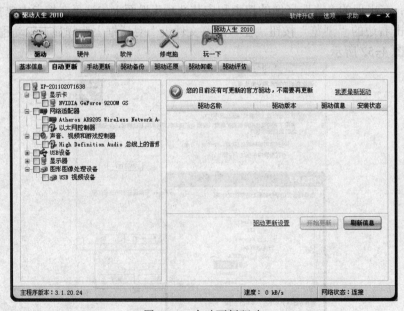

图 4-54　自动更新驱动

步骤二：当查找完毕之后，在驱动人生右侧的列表中，会显示出能够更新的驱动项目，如图4-55所示。单击"开始更新"按钮，程序自动从互联网上下载相关的驱动文件，并为用户安装。

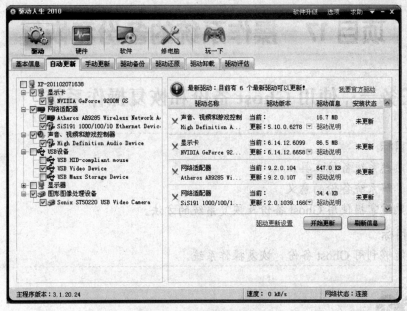

图 4-55 自动更新驱动

使用第三方软件更新驱动程序是非常方便的，而且尤其适合初学者。它不要求用户对主机内的硬件设备有充足的了解即可执行，但是因为所需的驱动是从网络自动下载，所以对网络有一定要求，不能连接到因特网或网速过慢都会影响驱动程序的更新。

应 用 实 践

1. 简述操作系统有几种方式。简述各种方式的安装过程。
2. 操作系统安装时需注意哪些事项？
3. 什么是驱动程序？作用是什么？
4. 简述驱动程序安装的顺序与安装方法。
5. 观察一台计算机检查驱动程序安装是否正确。

项目 17　操作系统的备份和恢复

 ## 任务一：使用 Ghost 备份和恢复操作系统

> 📖 **知识目标**
> ○ 熟悉系统备份工具。
> ○ 了解系统备份的意义。
> ○ 熟练掌握使用 Ghost 备份及恢复系统的方法。
>
> ☐ **技能目标**
> ○ 能够利用 Ghost 备份、恢复操作系统。

任务描述

在操作系统和驱动程序安装完毕之后应该对系统进行备份，当出现硬件故障、软件故障、误操作和病毒入侵时，能够快速地恢复到正常的工作状态，免去重新安装操作系统与驱动程序的烦琐步骤。

相关知识

前面章节中讲述了操作系统的全新安装方法，了解了要想完整地安装好一个操作系统还是需要花费比较长的时间去等待系统安装的完成。现在有工具能够让装系统一劳永逸。下面简单讲述介绍几款常用的备份还原工具，虽然工具不同，但是原理和方法都是一样的，可以根据自己的实际应用需求灵活选择备份与还原的工具。

一、系统自带还原工具使用

目前人们日常使用最多的 Windows 7 系统中也集成了备份与还原的工具，系统本身自带的备份、还原工具在默认情况下是开启状态，如果保持开启的情况，则会随着使用时间的变长，导致系统内保存备份的文件越来越大，造成硬盘空间的大量浪费，所以建议大家关闭系统自带的还原工具。

1）在"计算机"图标上单击鼠标右键，选择"属性"命令，然后选择"系统保护"项，弹出"系统属性"对话框，在"保护设置"栏中选择要关闭保护的分区，然后单击"配置"按钮，如图 4-56 所示。

图 4-56　系统还原设备界面

2）这时出现一个关闭系统保护的对话框，选择"关闭系统保护"复选框，并在下方单击"删除"按钮，把以前备份文件删除掉，以释放硬盘空间，如图 4-57 所示。

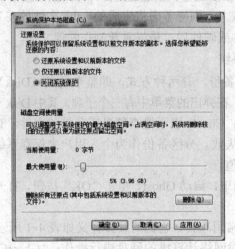

图 4-57　磁盘保护设置界面

3）确定关闭系统还原，如图 4-58 所示。

4）删除还原点，如图 4-59 所示。

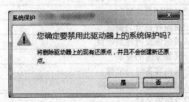

图 4-58　确认关闭系统还原

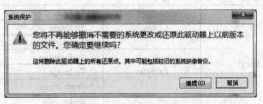

图 4-59　删除还原点

二、Ghost 系统的备份

1. Ghost 的功能

Ghost 是赛门铁克公司（Symantec）旗下的一款出色的硬盘备份还原工具，是"General Hardware Oriented Software Transfer"的英文缩写，意思是"面向通用型硬件系统传送器"。Ghost 是将硬盘的一个分区或整个硬盘作为一个对象来操作，可以完整复制对象（包括对象的硬盘分区信息、操作系统的引导区信息等），并打包压缩成为一个映像文件（Image），在需要的时候，可以把该映像文件恢复到对应的分区或对应的硬盘中。它的功能包括两个硬盘之间的复制、两个硬盘分区的复制、两台计算机之间硬盘的复制、制作硬盘的映像文件等。用得比较多的是两个硬盘分区的复制，它能够将硬盘的一个分区压缩备份成映像文件，然后存储在另一个硬盘分区中。如果原来的分区发生问题，则可以将所备份的映像文件复制回去，让分区恢复正常。这样就可以利用 Ghost 来备份系统和完全恢复系统。所以，Ghost 是实现系统快速恢复的重要软件，利用它可以使系统维护更加容易。

2. 备份及恢复时的注意事项

1）在备份系统前，删除一些无用的文件来减少 Ghost 文件的体积，加快备份速度。一般来说，无用的文件包括：Windows 的临时文件、IE 临时文件、Windows 的页面文件等，这些文件通常占用很大的内存空间。

2）在备份和恢复前，扫描磁盘和整理磁盘碎片，纠正磁盘错误，以加快备份和还原速度。

3）如果备份的原盘较大，则应考虑将生成的*.gho 文件放在 NTFS 分区上。

4）在安装了新的软件或硬件后，最好重新制作映像文件。

3. 使用 Ghost 备份系统

使用 Ghost 进行系统备份，有两种方式，即整个硬盘（Disk）和分区（Partition）。在菜单中单击 Local（本地）项，在弹出的菜单中有三个子项，其中 Disk 表示备份整个硬盘；Partition 表示备份硬盘的单个分区；Check 表示检查硬盘或备份的文件，查看是否可能因分区、硬盘被破坏等造成备份或还原失败。分区备份作为个人用户来保存系统数据，特别是在恢复和复制系统分区时具有实用价值。

步骤一：在 DOS 环境下，启动 Ghost，单击"OK"按钮，打开 Ghost 主界面，如图 4-60 所示。

在主菜单中，有以下常用项目，它们的具体释义如表 4-1 所示。图 4-61 所示的"Peer to peer"是通过点对点模式对网络计算机的硬盘进行操作；"GhostCast"是通过单播/多播或者广播方式对网络计算机上的硬盘进行操作。这两种操作需要有网络设备支持。

表 4-1　Ghost 主菜单选项

命　令			说　明
Local	Disk	To Disk	硬盘到硬盘的复制
		To Image	硬盘内容备份为镜像
		From Image	从镜像恢复内容到硬盘
	Partition	To Partition	分区到分区的复制
		To Image	分区内容备份为镜像
		From Image	从镜像恢复内容到分区
	Check	Image File	检查镜像文件
		Disk	检查磁盘

步骤二：选择"Local"→"Partition"→"To Image"对分区进行备份，如图 4-61 所示。

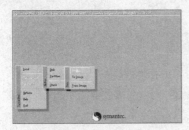

图 4-60　启动 Ghost 界面

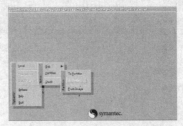

图 4-61　分区内容备份为镜像

步骤三：选择要备份的分区所在的硬盘，如图 4-62 所示。当前这台计算机仅安装了一块硬盘，直接按<Enter>键确认即可；如果计算机上安装了多块硬盘，则一定要详加确认，避免出错。

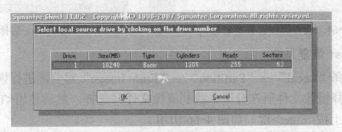

图 4-62　选择目标硬盘

步骤四：选择要备份的分区，如图 4-63 所示。这里可以使用上下方向键将蓝色定位条定位到需要的位置上，按<Enter>键即可确认。确认好以后按<Tab>键，或者按<Alt+O>组合键将焦点定位到"OK"按钮上按<Enter>键。

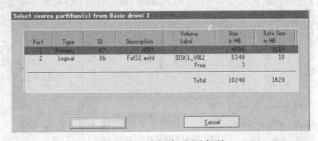

图 4-63　选择主分区备份

步骤五：设定镜像文件保存的位置，并设置要保存的名称，如图 4-64 所示。在确认好保存位置和名称之后，按<Tab>键定位到"Save"按钮上，按<Enter>键后继续。在下面的"Image file description"栏中可以填写这个镜像文件的说明信息，如创建时间、备份的分区类型等。

步骤六：选择压缩比例。这里有三个选项可以选择："No"是不压缩，这样生成的镜像文件体积最大，但是备份速度快；"Fast"是进行快速压缩，生成的镜像文件体积适中，备份所需的时间较长；"High"是进行高度压缩，所耗费的时间最长，但生成的文件体积最小。在实际的始终中，可以根据自身情况选择进行何种压缩，通常选择"Fast"，如图 4-65 所示。最后，再经过一次确认，备份过程将会开始。

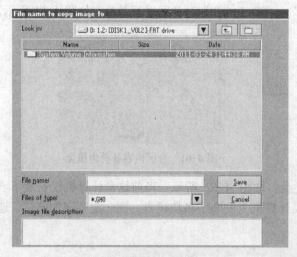

图 4-64　设置保存位置和名称

图 4-65　选择压缩方式

4. 使用 Ghost 恢复系统

步骤一：选择"Local"→"Partition"→"From Image"对分区进行恢复。

步骤二：选择镜像文件所在分区，找到镜像文件并选择，然后使用<Tab>键将焦点定位到"Open"按钮上按<Enter>键，如图 4-66 所示。

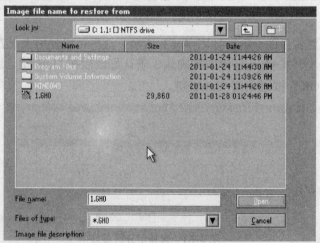

图 4-66　选择并打开已有的镜像文件

步骤三：选择目标硬盘，如图 4-67 所示。单击"OK"按钮，选择目标分区，即要把这个镜像文件恢复到的分区，如图 4-68 所示。

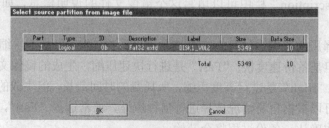

图 4-67　选择目标硬盘

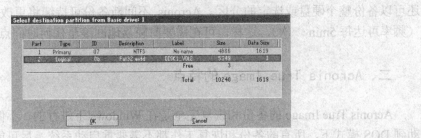

图 4-68　选择目标分区

步骤四： 在选择好目标分区之后，单击"OK"按钮，Ghost 会弹出一个最后确认的界面，这个时候单击"**Yes**"按钮，等待文件复制结束，计算机重新启动，操作系统将恢复到备份时的状态。

 任务二：使用 Acronis True Image 备份和恢复操作系统

┌───┐
│ 📖　**知识目标**   │
│ 　　○　理解系统备份、还原的意义。   │
│ 　　○　熟练掌握 Acronis True Image 的使用方法。   │
│ 🗂　**技能目标**   │
│ 　　○　能够使用 Acronis True Image 备份、还原操作系统。   │
└───┘

任务描述

大部分的品牌机都有恢复功能，如果系统崩溃或者中毒，则利用一些方法就可以把系统恢复到出厂时的状态，这非常方便。在多种恢复方法中最简单的就是一键恢复了，恢复系统需要的文件都保存在硬盘上一个特殊的隐藏分区中，平时是不可见的，但只要在启动时按下某个特定的键，系统就可以从那个隐藏分区恢复整个硬盘，这样既不用担心恢复光盘丢失，也不用担心重新安装操作系统和应用软件耗费时间和麻烦。

不过如果使用的是自己 DIY 的计算机，自然就无法享受这样的服务了，但也有软件可以完成类似的操作，那就是 Acronis True Image。这是一个跟 Ghost 类似的软件，不过相比 Ghost，这个软件更加强大。

相关知识

一、Acronis True Image 简介

Acronis True Image 是整合的软件套件，可确保计算机上所有信息的安全。它可以备份操作系统、应用程序、设置及所有数据，同时也可以安全地销毁不再需要的任何机密数据。借助该软件，可以对所选文件和文件夹、Microsoft 电子邮件客户端设置及邮件进行备份，甚至还可以备份整个硬盘或选定的分区。Acronis 不间断备份可持续将更改保存在系统和文件中（频率可达每 5min 一次），这样，可在需要时轻易地回滚至任何时间点。

二、Acronis True Image 的特点

Acronis True Image 的备份和恢复完全是在 Windows 下进行的，不像 Ghost，还需要重启动到 DOS 模式下，所有的备份和恢复工作都不需要重启动系统，尽可能不影响用户的工作。

Acronis True Image 可以在硬盘上开辟一块用于保存备份文件的名为 "Acronis 安全区" 的隐藏分区，这个分区无法直接看到，而且一般的病毒也无法侵入，甚至格式化都没用。只有在运行恢复程序的时候（可以是从 Windows 下，也可以是用恢复软盘或光盘引导，也可以在启动的时候按<F11>键）才可以看见，这样就最大可能的避免了备份文件被无意删除或者病毒破坏。只要不是硬盘发生了物理上的故障，都可以恢复。

Acronis True Image 这个软件只要在计算机启动后按下<F11>键，就可以自动运行恢复程序，并从 "Acronis 安全区" 中保存的备份文件中恢复出恰当的备份。

三、Acronis True Image 的安装

Acronis True Image 的安装跟一般的软件一样，将 Acronis True Image 的安装光盘放进光驱，在随后出现的安装向导中仔细阅读每一个界面上的信息并单击 "下一步" 按钮继续，如图 4-69 所示。

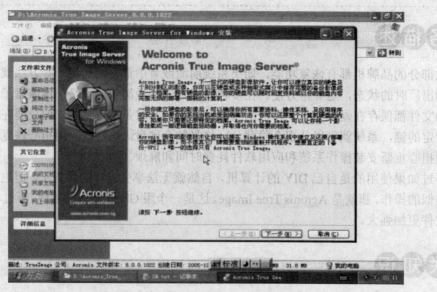

图 4-69　Acronis True Image 安装界面

在安装的最后一步，Acronis True Image 会提示重新启动计算机，单击 "确定" 按钮重新启动，如图 4-70 所示。

重新启动之后，Acronis True Image 就安装完成了。Acronis True Image 的主界面就像

Windows 的控制面板，所有可用的操作都以图标的形式分类排列在窗口中，双击每个图标就可以执行相应的任务，如图 4-71 所示。

图 4-70　Acronis True Image 安装完成

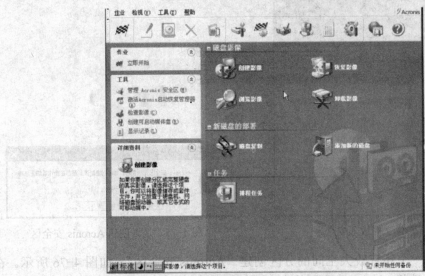

图 4-71　Acronis True Image 的主界面

四、使用 Acronis True Image 备份操作系统

步骤一：双击"创建影像"按钮，在弹出的"创建影像精灵"向导中单击"下一步"按钮。

步骤二：在弹出的"选定要制作镜像的分区"对话框中选择要创建影像的分区，如选择 C 盘，单击"下一步"按钮，如图 4-72 所示。

步骤三：随后程序会询问创建完整的备份还是增量备份，单击"确定"按钮进入下一步，如图 4-73 所示。

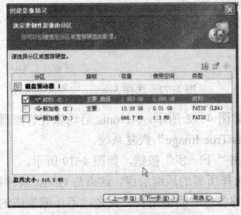

图 4-72　选择要备份的分区

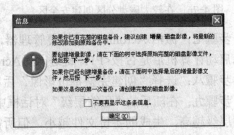

图 4-73　是否进行增量备份

步骤四：选择"Acronis 安全区"来创建备份影像文件，如图 4-74 所示。这是最安全的位置，因为"Acronis 安全区"是"Acronis True Image"创建的隐藏恢复分区，把镜像存放在这个隐藏分区里，一般软件和 Windows 都找不到，甚至格式化都没用。当然也可以自己选择存放位置、命名，不过这样创建的镜像可以被 Windows 识别和删除。

步骤五：由于还没有创建备份用的安全区，所以这时要创建安全区，单击"是"按钮，如图 4-75 所示。

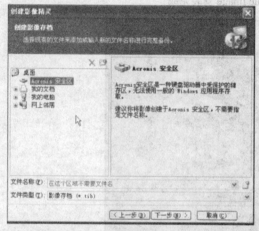

图 4-74　将影像文件放入安全区　　　　图 4-75　是否创建 Acronis 安全区

步骤六：选择一个还有较大空间的分区创建"Acronis 安全区"，如图 4-76 所示。在如图 4-77 的界面上选择 Acronic 安全区的大小，根据安装操作系统的不同而选择不同的大小。

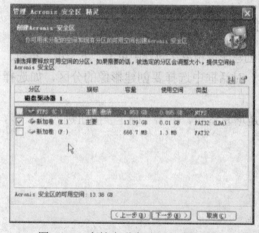

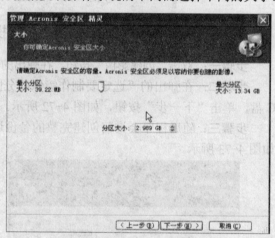

图 4-76　在较大磁盘分区创建安全区　　　　图 4-77　选择 Acronic 安全区的大小

步骤七：激活 Acronis 启动恢复管理器，如图 4-78 所示。Acronis 启动恢复管理器能够提示启动计算机后是否按<F11>键进入"Acronis True Image"恢复系统。

步骤八：选择"创建完整备份影像"后单击"下一步"按钮，如图 4-79 所示。

步骤九：在随后的"压缩层级"对话框中选择所需的压缩层级，这点与 Ghost 软件相似，压缩层级越高，生成的备份文件越小，但所需的备份时间会增长。反之，不压缩生成的文件体积最大，所需的备份时间最短。最后单击"执行"按钮便开始创建备份文件。

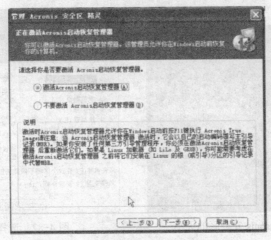

图 4-78 激活 Acronis 启动恢复管理器

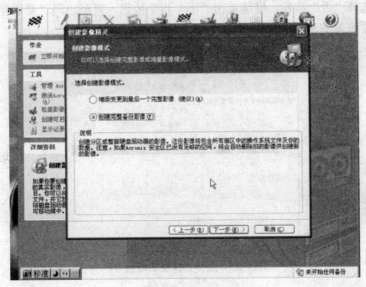

图 4-79 创建完整备份影像

五、使用 Acronis True Image 还原操作系统

步骤一：当 Windows 被破坏以至无法正常启动时，Acronis True Image 就可发挥作用了。

重新启动计算机，当出现提示后按下<F11>键。稍等片刻，进入 Acronis True Image 系统。选择"Acronis True Image 磁碟影像与灾难还原"进行还原，选"Windows"则继续启动系统，如图 4-80 所示。

步骤二：双击恢复影像，启动还原，如图 4-81 所示。单击"下一步"按钮，来到"选择影像存档"界面，选择镜像所在的位置，即选择之前备份的"Acronis 安全区"，如图 4-82 所示。

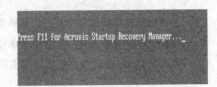

图 4-80 按<F11>键启动恢复

图 4-81 选择 Acronis 安全区的大小

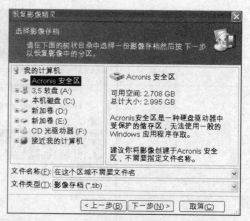

图 4-82 选择镜像所在位置

步骤三: 选择需要恢复的镜像后单击"下一步"按钮,会出现"是否检验影像文件"的对话框,一般选择"否"按钮,继续单击"下一步"按钮,直至出现"要恢复的分区或磁盘"对话框,选中要恢复的磁盘分区,如图 4-83 所示。

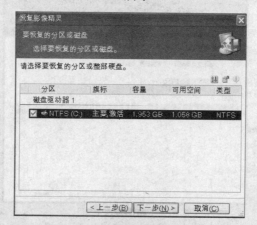

图 4-83 选择要恢复的磁盘分区

步骤四: 后面的选项不必设置,全部使用默认选项即可,单击"下一步"按钮,直至 Acronis True Image 开始恢复,恢复结束后,计算机会自动重新启动。

应 用 实 践

1. 常用的系统备份与恢复工具有哪些?
2. 系统备份与恢复时应注意哪些事项?
3. 利用 Ghost 备份当前使用计算机的系统盘。

项目18 软件的安装和卸载

 任务一：安装软件的安装和卸载

任务描述

计算机软硬件是相辅相成的，没有了软件，硬件就是一堆废铜烂铁，其存在的意义也就微乎其微了。因此，正确安装与卸载软件是让计算机发挥功用的关键步骤。

相关知识

一、相关概念

软件的安装：软件制作时把代码或者文件进行高压缩，这样文件小，便于介质的传输，如刻录进光盘或者提供下载，还有就是防止别人盗用代码等。安装时把高压缩的文件或者代码释放出来还原成计算机可以读取的文件，写入注册表。一般下载的或者没安装的软件都稍小，安装完后占用计算机硬盘要大很多。

软件卸载：指从硬盘删除程序文件和文件夹以及从注册表删除相关数据的操作，释放原来暂用的磁盘空间并使其软件不再存在于系统。

应用软件（Application Software）是用户可以使用的各种程序设计语言，以及用各种程序设计语言编制的应用程序的集合，分为应用软件包和用户程序。应用软件包是利用计算机解决某类问题而设计的程序的集合，供多用户使用。

绿色软件，或称为可携式软件（英文称为 Portable Application、Portable Software 或 Green Software），指一类小型软件，多数为免费软件，最大特点是软件无需安装便可使用，可存放于闪存中（因此称为可携式软体），移除后也不会将任何纪录（注册表消息等）留在本机计算机上。通俗讲绿色软件就是指不用安装，下载直接可以使用的软件。

二、应用软件的选择

1）根据应用需求选择软件。根据自身的实际需要选择适合自己的软件，追求安装复杂、功能专业的大型软件在很多时候未必是正确的选择,应该以实现具体的应用目标为需求。

2)根据当前计算机的配置选择软件。一般来说,后续发布的应用软件通常会比它的早期版本占用更多的系统资源,如果计算机的硬件配置较高,则可以流畅地运行;反之则应考虑使用先前的版本。

三、安装软件的安装与卸载

1. 安装软件的安装

下面以 Office 2010 的安装为例,讲述应用软件的安装过程。

步骤一:启动操作系统,把 Office 2010 的安装光盘放进光驱,如果计算机的自动运行功能未被关闭,则 Office 2010 的安装程序将自动开始执行。如果关闭了自动运行功能,则需要进入光驱的盘符,手动执行 setup.exe 以启动安装程序。安装程序启动后,会开始解压缩需要的组件,根据计算机硬件性能的不同,时间上也会有差别,如图 4-84 所示。

步骤二:在安装程序加载完毕所有的必要文件后,会出现如图 4-85 所示的界面,要求用户输入 Office 2010 的安装密钥,如果是正版用户,则这个密钥印刷在 Office 2010 的说明书上。

图 4-84　Office 2010 安装程序　　　　　图 4-85　输入产品密钥

步骤三:在成功输入产品密钥并单击"下一步"按钮之后,安装程序会弹出如图 4-86 所示的界面,要求用户阅读"Microsoft 软件许可证条款",勾选下面的"我接受此协议的条款"复选框,单击"继续"按钮。

步骤四:在出现的如图 4-87 的界面中,Office 2010 安装程序要求用户选择安装类型。如果选择"立即安装",则软件就会帮助用户按照厂商的初始设定,安装一些必要的组件;这里选择"自定义"安装方式以继续。

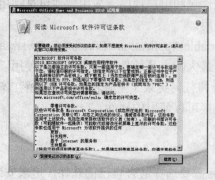

图 4-86　Office 2010 软件许可　　　　　图 4-87　Office 2010 安装方式

步骤五：在选择"自定义"安装方式后，Office 2010 安装程序要求用户自行选择将安装哪些组件到计算机，如图 4-88 所示。

步骤六：选择"文件位置"选项卡可以自行定义把 Office 2010 安装在硬盘的哪个分区上或者哪个文件夹中，如图 4-89 所示。

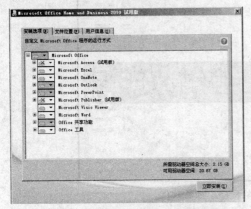

图 4-88　选择要安装的 Office 组件图

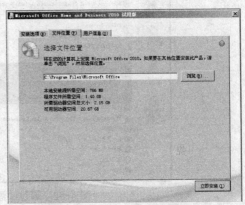

图 4-89　选择 Office 2010 的安装位置

步骤七：在全部设置好以上信息之后，单击右下角的"立即安装"按钮，将出现"Office 2010 安装进度"界面，这个过程耗时的长短，主要以安装的组件多少，硬件的性能的好坏有关。

步骤八：在等待几分钟之后，Office 2010 将完成全部安装，如图 4-90 所示。

2．安装软件的卸载

常用应用程序的卸载主要通过以下两种方法：

1）通过程序在安装时自行生成的卸载快捷方式来卸载应用程序，这种方法较为简单，如图 4-91 所示。

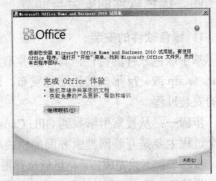

图 4-90　Office 2010 完成安装

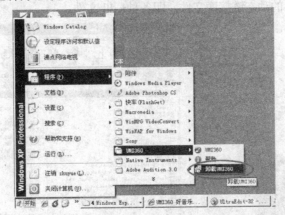

图 4-91　通过快捷方式卸载应用程序

2）通过 Windows 的"添加/删除程序"卸载应用程序。有的应用程序并未在"开始"→"程序"中留下卸载选项，这个时候就需要使用另外一种方式对其卸载。打开"控制面板"→"添加/删除程序"→"更改或删除程序",选中要卸载的软件,例如"WinRAR",单击"删除"按钮,系统会再次确认是否卸载,单击"是"按钮开始卸载,如图4-92所示。

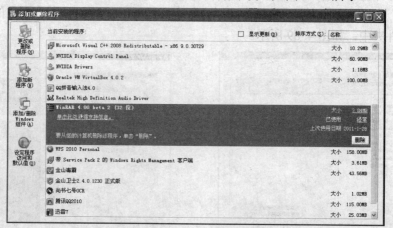

图4-92　通过"添加/删除程序"卸载软件

四、绿色软件的安装与卸载

1．绿色软件的安装

基于绿色软件的特性,其一般并不存在前面介绍的"安装"的概念,即绿色软件通常以*.rar、*.zip或*.7z形式的压缩包发布。现在以GPU Caps Viewer这个程序为例,介绍绿色软件的安装过程。

步骤一:从搜索引擎找到GPU Caps Viewer绿色版的下载地址,将其下载到本地计算机。这个过程主要是互联网搜索方面的相关应用,这里不再详述。

步骤二:下载完成后,在目标位置得到GPU Caps Viewer绿色版的压缩包,如图4-93所示。

步骤三:双击打开这个压缩包,出现如图4-94的界面,从WinRAR文件管理器中可以看出GPU Caps Viewer的大量文件。其中,包括GPU Caps Viewer的可执行文件Gpu Caps Viewer.exe以及GPU Caps Viewer的动态链接库文件,即各种*.dll文件。

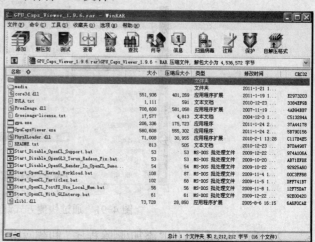

图4-93　GPU Caps Viewer绿色版压缩包　　　　　　　图4-94　压缩包内文件

步骤四：单击 WinRAR 按钮栏上的"解压到"按钮，出现如图 4-95 所示的界面，这时在上方的地址栏中输入目标位置。

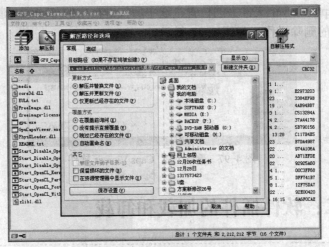

图 4-95 解压缩 GPU Caps Viewer

步骤五：在输入完合适的目标路径之后，单击下面的"确定"按钮，WinRAR 就开始解压缩过程，等待这个过程完毕，就能够在目标路径找到解压缩后的 GPU Caps Viewer 软件了，如图 4-96 所示。

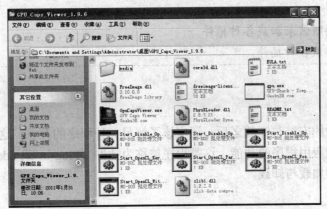

图 4-96 安装完毕后的 GPU Caps Viewer

步骤六：在安装完毕之后，双击 GPU Caps Viewer.exe 文件即可开始执行。

2. 绿色软件的删除

绿色软件的特征：不对注册表进行任何操作；不对系统敏感区进行操作，一般包括系统启动区根目录、安装目录（Windows 目录）、程序目录（Program Files）、账户专用目录；不向非自身所在目录外的目录进行任何写操作；因为程序运行本身不对除本身所在目录外的任何文件产生任何影响。

绿色软件不向非自身所在目录外的目录进行任何写操作，不对除本身所在目录外的任何文件产生任何影响，所以它的删除是非常容易的。只要把它本身的目录删除，就完成了整个软件的删除；当然，如果在使用绿色软件时在桌面创建了这个软件的快捷方式，这个时候也需要把它的快捷方式一并删除。

这里以删除 GPU Caps Viewer 为例，简要介绍一下绿色软件的删除。

找到 GPU Caps Viewer 文件夹的位置，选中后按键盘上的<Delete>键，确认后，即完成 GPU Caps Viewer 的删除操作，如图 4-97 所示。

图 4-97　删除 GPU Caps Viewer 软件

 任务二：软件插件的加载和卸载

知识目标
○ 了解什么是插件。
○ 熟悉插件的加载方法。
○ 熟悉插件的卸载方法。

技能目标
○ 能够按照需求加载各种插件。
○ 能够卸载各种插件。

任务描述

在讲解过软件的安装与卸载之后，还应该了解另一种程序的存在，这种程序能够和应用程序互动，以加强应用程序的功能，这类程序被称为插件（Plug-in 或 add-on）。本任务将介绍一些常用插件的加载与卸载。

相关知识

1. 插件概述

插件是一种遵循一定规范的应用程序接口编写出来的程序。很多软件都有插件，插件有无数种。例如在 IE 浏览器中，安装相关的插件后，Web 浏览器能够直接调用插件程序，用于处理特定类型的文件。

应用程序之所以支持插件的使用，原因很多，主要包括：使得第三方的开发者可以对应用程序进行扩充、精简，或者将源代码从应用程序中分离出来，去除因软件使用权限而产生的不兼容。

2. 使用插件技术的好处

使用插件技术能够在分析、设计、开发、项目计划、协作生产和产品扩展等很多方面带来好处：

1）结构清晰、易于理解。

2）易修改、可维护性强。

3）结构容易调整。系统功能的增加或减少，只需相应的增删插件，而不影响整个体系结构，因此能方便地实现结构调整。

4）插件之间的耦合度较低。由于插件通过与宿主程序通信来实现插件与插件，插件与宿主程序间的通信，所以插件之间的耦合度更低。

3. 常见插件

1）网页浏览器插件。Netscape 各版本的浏览器、Mozilla Firefox 浏览器、Opera 浏览器都允许用户使用插件，以增强浏览器功能。最常安装的有 Adobe Flash 播放器和 Java 运行时刻环境（JRE），还有使浏览器能调用 Adobe Acrobat 的插件、RealPlayer 的插件等。

在 Internet Explorer（IE）浏览器上，主要使用 ActiveX。ActiveX 是从 VBX 发展而来的，面向微软的 Internet Explorer 技术而设计的以 OCX 为扩展名的 OLE 控件。

2）媒体播放器插件。Winamp 音频播放器、foobar2000 音频播放器都支持插件，用来读取更多的音频格式、显示更多的音频文件信息（如编码器信息、专辑封面等）。

4. IE 上 Adobe Flash 的安装

Adobe Flash Player 是一个集成的多媒体播放器，能够让用户在 Web 上享受更广泛的多媒体体验，它显示和播放多媒体内容，从数以千计的高度交互性的游戏到有音频流要求的多媒体用户界面，包括实况音乐会和广播。Flash 以强大的动画与向量画效果来弥补 HTML 4 指令的不足。

下面以安装 Adobe Flash Player 为例，介绍 IE 浏览器上 ActiveX 控件的安装。ActiveX 是 IE 浏览器上广泛使用的插件，它为 IE 功能的扩展提供了极大帮助。

步骤一：当未安装 Adobe Flash 插件的 IE 浏览器访问到包含 Flash 内容的页面时，在 IE 浏览器的地址栏下方，就会出现如图 4-98 所示的界面，提醒用户安装 Adobe Flash Player。

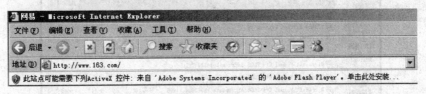

图 4-98　提醒安装 Adobe Flash Player

步骤二：单击地址栏下方的白色区域，选择"安装 ActiveX 控件"，如图 4-99 所示。

图 4-99　选择安装 ActiveX 控件

步骤三：在弹出的"Internet Explorer—安全警告"对话框上确认是否是用户请求安装的 ActiveX 空间，确认无误，单击"安装"按钮，如图 4-100 所示。

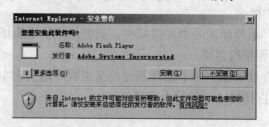

图 4-100 ActiveX 安装时安全警告

步骤四：单击"安装"按钮后稍等片刻，即可完成 Adobe Flash Player 的安装，关闭浏览器再次打开，能够发现 IE 已经可以正常显示 Flash 内容。

5. IE 上插件的卸载

在一段时间的使用之后，用户可能想要删除一些插件，或是要更新插件版本，这时就需要卸载插件。

这里仍以前文提到的 Adobe Flash Player 为例，介绍插件的卸载。

卸载 Adobe Flash Player 的方法与卸载一般应用程序类似，即通过 Windows 的"添加/删除程序"卸载。打开"控制面板"→"添加/删除程序"→"更改或删除程序"，选中要卸载的软件，即"Adobe Flash Player 10 ActiveX"和"Adobe Flash Player Plugin"，单击"删除"按钮，系统会再次确认是否卸载，单击"是"按钮开始卸载，如图 4-101 所示。

图 4-101 卸载 Adobe Flash Player

对于另外一些插件，并未在 Windows 的"添加/删除程序"中存有卸载选项，这时就需要第三方软件的帮助来实现卸载操作。下面这个例子显示了使用金山卫士卸载 QQ 旋风下载组件的过程。

打开金山卫士的主界面，依次单击"查杀木马"→"插件清理"，随后金山卫士会自动开始查找计算机上安装的插件信息，查找完毕后显示在下面的插件信息列表中，如图 4-102 所示。

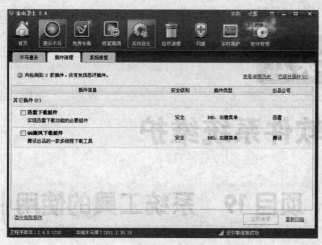

图 4-102   金山卫士插件扫描结果

选中要清理插件前面的复选框，这里选择"QQ 旋风下载组件"前面的复选框，单击右下角的"立即清理"按钮，等待几秒钟后，"QQ 旋风下载组件"即被成功清理，再次运行插件扫描，发现列表中已无"QQ 旋风下载组件"的选项，如图 4-103 所示。

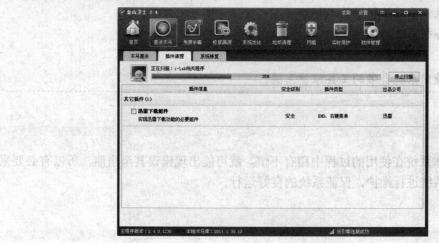

图 4-103   金山卫士插件清理结果

应 用 实 践

1. 软件的安装与卸载方式有哪些？
2. 什么是插件？使用插件的好处是什么？
3. 简述卸载插件的方法与过程。

学习模块五

计算机软件系统维护

项目 19 系统工具的使用

 任务一：运用系统工具维护系统

> 📖 **知识目标**
> ○ 了解软件系统维护的基本知识。
> ○ 掌握各种系统工具的使用。
>
> 🖵 **技能目标**
> ○ 能够使用系统自带的工具维护系统。

任务描述

　　Windows 操作系统在使用的过程中稍有不慎，就可能出现错误甚至崩溃，所以有必要采取一定的措施对系统进行维护，保证系统的良好运行。

相关知识

一、操作系统的维护和优化

　　现在的操作系统的功能越来越多，而内部结构也变得庞大而复杂，增大了出问题的可能性，为保证系统的正常运行，必须在使用的过程中定期对系统进行维护，以降低其出问题的概率。所谓的维护，就是通过不同方法加强对系统使用过程的管理，以保护系统的正常运行；而优化是通过调整系统设置，合理进行软硬件配置，使得操作系统能正常、高效地运行。

二、系统优化和维护工具的种类

　　基于对系统性能提升的考虑和基本维护的需要，Windows 本身提供了几个简单而实用的系统维护工具。在 Windows XP 操作系统中，这些工具大部分可以在"开始"菜单的"附件"中找到。使用这些工具之前，一定要对这些程序的功能多加了解。

1）磁盘清理程序。磁盘清理程序是用来清理磁盘上的垃圾文件而设计的。磁盘清理程序在工作时以单个分区为基本单位，可以清理该分区上的"Internet 临时文件"、"已下载的程序文件"、"回收站"、"临时文件"等。

2）磁盘检查程序。当计算机遭遇非法关机等问题时，可能造成磁盘扇区损坏或文件系统错误，这时需要运行磁盘检查程序。磁盘检查程序能够发现并修复这些错误。若出错的卷被格式化为 NTFS，Windows 还将自动记录所有的文件事务、替换坏簇。

3）磁盘碎片整理程序。磁盘碎片整理程序将计算机硬盘上的碎片文件和文件夹合并在一起，以便每一项在卷上分别占据单个和连续的空间。这样，系统就可以更有效地访问文件和文件夹，更有效地保存新的文件和文件夹。通过合并文件和文件夹，磁盘碎片整理程序还将合并卷上的可用空间，以减少新文件出现碎片的可能性。

4）系统配置实用程序。系统配置实用程序（msconfig.exe）本是 Microsoft 工程师诊断 Windows 配置问题时所用的常规解答步骤。可以利用该工具来修改系统配置，其中的设置项包括计算机的启动方式、自动启动程序的管理以及系统服务的加载方式等。

三、磁盘清理程序的应用

步骤一：打开磁盘清理程序的步骤为"开始"→"程序"→"附件"→"系统工具"→"磁盘清理"，或者在"运行"对话框中输入"cleanmgr"也可打开。在磁盘清理程序打开之后，会出现"选择驱动器"对话框，如图 5-1 所示。

图 5-1   选择驱动器

步骤二：选择要进行清理的驱动器，单击"确定"按钮，清理程序先扫描磁盘，找到需要清理的内容。稍后便列出清单，每一项内容前有一个方框，其中都标有对勾，表明接下来的操作就是要删除这些内容，如果不想删除某项内容，可以单击项目前的方框，将对勾取消，如图 5-2 所示。

步骤三：选择好要清理的项目之后，单击"确定"按钮，随后会出现一个对话框要求确认，单击"是"按钮后开始真正的磁盘清理，如图 5-3 所示。

图 5-2   选择要清理的选项

图 5-3   执行清理

四、磁盘检查程序

步骤一：在要检查磁盘错误的驱动器上单击鼠标右键，选择"属性"命令，在"属性"对话框中选择"工具"选项卡，如图 5-4 所示。

步骤二：在图 5-4 的对话框上单击"开始检查"按钮，出现如图 5-5 所示的检查本地磁盘界面。这里建议勾选"自动修复文件系统错误"和"扫描并试图恢复坏扇区"两个复选框，单击"开始"按钮以继续。随后系统将自动开始磁盘检查，结束时弹出提示信息。

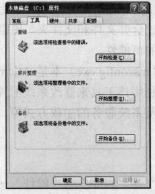

图 5-4 磁盘属性对话框

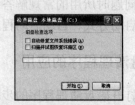

图 5-5 开始检查磁盘分区

五、磁盘碎片整理程序

当中间的扇区内容被删除后，新写入一个较小的文件，这样在这个文件两边就会出现一些空间，这时候再写入一个文件，两段空间的任意一部分都不能容纳该文件，这时候就需要将文件分割成两个部分，碎片便产生了。磁盘碎片对于正常工作影响并不大，但是会显著降低硬盘的运行速度，这主要是硬盘读取文件需要在多个碎片之间跳转，增加了等待盘片旋转到指定扇区的潜伏期和磁头切换磁道所需的寻道时间，所以定期整理硬盘是非常必要的。

下面开始使用磁盘碎片整理程序整理硬盘分区。

步骤一：在图 5-4 所示的对话框中，单击"开始整理"按钮，弹出如图 5-6 所示的磁盘碎片整理程序界面。也可以从"开始"→"所有程序"→"附件"→"系统工具"中打开磁盘碎片整理程序。

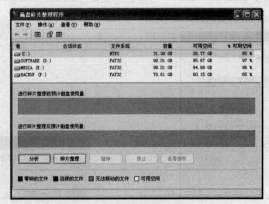

图 5-6 磁盘碎片整理程序

步骤二： 在正式开始整理前，一般要先单击"分析"按钮，对每个分区上的文件进行分析。执行分析的过程是非常快速的，执行完毕后，磁盘碎片整理程序会给出建议，可以根据建议决定是否进行磁盘碎片整理，如图 5-7 所示。

图 5-7　分析结果

步骤三： 如果分析结果建议进行碎片整理，这个过程耗时多少视该分区上碎片文件的多少而定，一般都需要等待一段时间。

整理磁盘碎片虽然能够提高文件访问速度，但也不宜频繁进行，因为在整理磁盘碎片的过程中硬盘一直在进行频繁地读写。整理磁盘碎片的频率要控制合适，过于频繁的整理也会缩短磁盘的寿命，推荐三四个月整理一次。另外，在磁盘碎片整理时，请关闭屏幕保护程序，并且不要执行其他的操作。

六、系统配置实用程序

系统配置实用程序是 Windows 操作系统提供的一个对系统进行深入设置的工具，此工具使用不当会对系统造成较大影响，所以 Microsoft 公司要求必须以管理员或 Administrators 组成员的身份登录才能完成操作。

打开系统配置实用程序步骤如下：选择"开始"→"运行"命令，在弹出的"运行"对话框中输入"msconfig"，单击"确定"按钮，就会弹出如图 5-8 所示的"系统配置实用程序"对话框。在"一般"选项卡上，可以设置启动方式。默认情况下，Windows 采用的是正常启动模式（即加载所有驱动和系统服务），但是有时候由于设备驱动程序遭到破坏或服务故障，常常会导致启动出现一些问题，这时可以利用 msconfig 命令的其他启动模式来解决问题。在"启动选择"选项组中选择"诊断启动"，这种启动模式有助于快速找到启动故障原因。诊断启动是指系统启动时仅加载基本设备驱动程序，如显卡驱动，而不加载 Modem、网卡等设备，服务也仅是系统必须的一些服务。这时系统是最干净的，如果启动没有问题，则可以依次加载设备和服务来判断问题出在哪里。

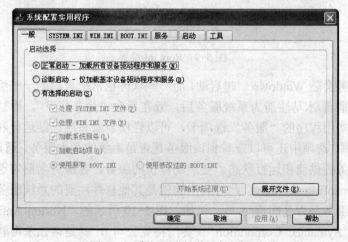

图 5-8　系统配置实用程序主界面

SYSTEM.INI 和 WIN.INI 两个选项卡提供对 system.ini 和 win.ini 文件的编辑功能。system.ini 包含整个系统的信息，是存放 Windows 启动时所需要的重要配置信息的文件。win.ini 控制 Windows 用户窗口环境的概貌（如窗口边界宽度、加载系统字体等）。通过 msconfig 命令可以快速地查看和编辑这两个 INI 文件，如单击主界面的"win.ini"文件，可以看到该文件的详细内容，如果要禁止某一选项的加载，只要选中目标后单击"禁用"按钮即可；同理，选中目标后单击"编辑"按钮可以对该项目进行编辑操作（单击<Backspace>键可以删除该项目），system.ini 的操作同上。

在 BOOT.INI 选项卡中，主要提供对多操作系统启动方式的管理。在 Windows NT 内核的操作系统中，都存在一个特殊文件"boot.ini"，它可以管理多操作系统启动，但是它默认具有隐藏、系统、只读属性。要查看和编辑它，需要打开"我的电脑"，选择"工具"→"文件夹""选项"→"查看"→"高级设置"命令，将文件夹视图设置为"显示所有文件和文件夹"，同时取消"隐藏受保护的操作系统文件"选择，最后还要去除它的"只读"属性。

而利用 msconfig 命令操作就简捷很多。若安装了 Windows XP+Windows 98 双系统，默认启动系统是 Windows XP，等待时间是 30s，现在想把默认启动系统更改为 Windows 98、等待时间缩短为 10s。选择主界面的"BOOT.INI"选项卡，选中"C:\Microsoft windows98"这一行，单击"设为默认"按钮，然后将"超时"的时间设置为 10s，如图 5-9 所示。最后单击"确定"按钮重启后即可生效。这样无需进行其他操作，在 msconfig 命令中即能轻松实现对该文件的编辑。

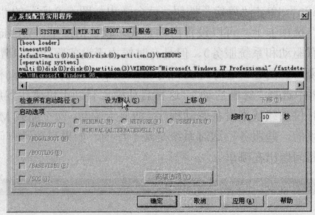

图 5-9 Boot.ini 设置

很多系统服务会随 Windows 一起启动，而一些软件也常把自己的一些组件注册为系统服务，特别是一些病毒/木马注册为系统服务后，躲在后台"为非作歹"，而且不容易被察觉。而通过系统配置实用程序的"服务"选项卡，可以轻松查看系统已经运行和其他软件注册了的服务。在"基本"选项中还可以查看到该服务是否是系统的基本服务，通过"制造商"、"状态"可以知道服务提供商和运行状态。要启动停止的服务，在服务名前勾选即可启动。勾选"隐藏所有 Microsoft 服务"选项，此时列出的就是其他软件注册的系统服务，通过"制造商"大体可以判断出服务是否是病毒/木马。例如，图 5-10 所示的"Norton Antivirus 自动防护服务"，制造商为"Symantec Corporation"（赛门铁克公司），就是诺顿杀毒软件注册的服务，而"YZW"这个服务则极为可疑。

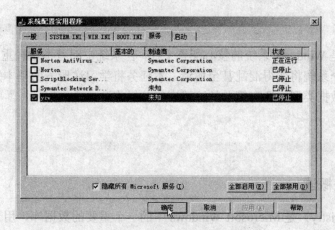

图 5-10　"服务"选项卡

通过系统配置实用程序的"启动"选项卡，能够管理自启动程序。自启动程序是随 Windows 一起启动的各种程序，它们开机后即可被自动加载。单击主界面的"启动"便可列出计算机中所有的自启动项目。如图 5-11 所示，这里列出启动项目名称、程序所在路径和启动位置，对于加载在注册表启动的程序，它还给出了详细的键值提示而无需打开注册表编辑器。

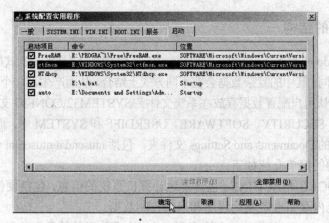

图 5-11　"启动"选项卡

 任务二：运用注册表优化系统

📖　**知识目标**
　　○　了解 Windows 系统中注册表的作用。
　　○　掌握利用注册表优化系统的方法。
🔲　**技能目标**
　　○　能够利用注册表编辑器优化系统性能。

任务描述

注册表一直是 Windows 系统的核心配置文件，在系统中起着举足轻重的作用，一旦注册表出现问题，整个系统将变得混乱甚至崩溃。本任务将学习注册表的基本知识，包括基本结构、文件结构、数据类型，还有简单的注册表修改操作。

相关知识

一、注册表概述

注册表（Registry）是 Microsoft Windows 中的一个重要的数据库，用于存储系统和应用程序的设置信息。早在 Windows 3.0 推出的时候，注册表就已经出现。

二、注册表的作用

注册表是为操作系统中所有硬件/驱动和应用程序设计的数据文件。所有设备都通过注册表来控制，一般这些注册表是通过 BIOS 来控制的。在没有注册表的情况下，操作系统不会获得必需的信息来运行和控制附属的设备和应用程序及正确响应用户的输入。

三、注册表的结构

注册表是 Windows 程序员建造的一个复杂的信息数据库，它是多层次式的。在不同系统上注册表的基本结构相同。其中的复杂数据会在不同方式上结合，从而产生出一个绝对唯一的注册表。

系统设置和默认用户配置数据存放在系统文件夹\SYSTEM32\CONFIG 文件夹下的 6 个文件，DEFAULT、SAM、SECURITY、SOFTWARE、USERDIFF 和 SYSTEM 中，而用户的配置信息存放在系统所在磁盘的\Documents and Settings 文件夹，包括 ntuser.dat ntuser.ini ntuser.dat.log。

注册表各主键的简单介绍如下。

1）HKEY_LOCAL_MACHINE：包含本地计算机系统的信息，包括硬件和操作系统数据，如总线类型、系统内存、设备驱动程序和启动控制数据。

2）HKEY_CLASSES_ROOT：包含各种 OLE 技术使用的信息和文件类型关联数据。

3）HKEY_CURRENT_USER：包括当前以交互方式登录用户的用户配置文件，包括环境变量、桌面设置、网络连接、打印机和程序首选项。

4）HKEY_USERS：仅包含了默认用户设置和登录用户的信息。

5）HKEY_CURRENT_CONFIG：包含计算机当前的硬件配置信息。

四、注册表的打开方法

注册表一般通过注册表编辑器打开，具体操作步骤如下：选择"开始"→"运行"命令，在弹出的"运行"对话框中输入"regedit"，单击"确定"按钮，即可打开注册表编辑器，如图 5-12 所示。

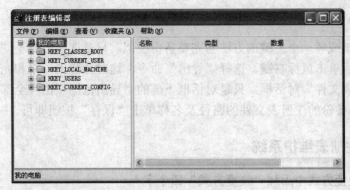

图 5-12　注册表编辑器

五、注册表的备份

正确的备份注册表可以在注册表遭到破坏后对其进行恢复，保证系统的正常运行。注册表的备份分为完整备份和部分备份两种。

1. 完整备份

在 Windows XP 中如果要完全备份注册表，可以在"运行"对话框中输入"regedit"打开注册表编辑器，选中"我的电脑"，选择"文件"→"导出"命令，在弹出的"导出注册表文件"对话框的下部选择"导出范围"为"全部"，然后给出备份的注册表文件的路径及名称即可，如图 5-13 所示。恢复注册表的方法同上，只需要单击"注册表"菜单下的"导入注册表文件"，然后选择磁盘上相应的注册表备份文件即可。

因为 Windows XP 是多用户操作系统，所以在保存某些主键或子键时，由于执行操作的用户不同，或者是该主键或子键正在被系统使用，会出现禁止访问的警告，如"权限不足、无法保存项"等消息提示。这时应使用 Administrators 组身份的账户选择"安全"菜单下的"权限"命令，对这些主键或子键的用户赋予"完全控制"的权限，然后就可以保存该项了。

图 5-13　完整备份

2．分支备份

保存一个根键或者一个主键的方法与完整备份类似，只是选择范围不同。选择要保存的主键或子键，然后单击鼠标右键，选择"导出"命令，这时会弹出一个和完整备份时一模一样的"导出注册表文件"对话框，只是对话框下部的"导出范围"由"全部"变成了"所选分支"，然后给出备份的注册表文件的路径及名称单击"保存"按钮即可。

六、使用注册表维护系统

1．禁止在快捷方式中添加"快捷方式"四个字

在新建的快捷方式图表中，常常会出现"快捷方式"四个字，影响了图标及桌面的美观，因此需要去掉这四个字。下面详细介绍去掉这几个字的方法，也通过这个例子讲述注册表的编辑方法。

打开注册表编辑器。找到如下操作子健，根据表 5-1 所示编辑其键值项（如果没有此子键或键值请自行新建）。

表 5-1　禁止出现"快捷方式"

操作子键	[HKEY_CURRENT_USER\Software\Microsoft\Windows\CurrentVersion\Explorer]
键值项（数据类型）	link（二进制值）
键值（说明）	00 00 00 00

备注：如果想取消该功能，只需删除该键值即可。

2．在右键菜单中添加"用记事本打开"项

虽然现在的文字处理软件功能已经非常强大，但有时候还是离不开小巧的记事本软件。例如编辑*.bat 或*.ini 文件，记事本仍然是最佳的选择。

打开注册表编辑器。找到 HKEY_LOCAL_MACHINE\SOFTWARE\Classes*\shell，如果没有"shell"项则新建一个，再用鼠标右键单击"shell"，新建一个叫做"notepad"的项，并将右边窗口中的默认项的值改为"用记事本打开"。在"notepad"下新建"command"项，修改右边窗口中的默认项的值为"notepad.exe %1"。关闭注册表编辑器，注销系统后再登录，在任意文件上单击鼠标右键，就会发现右键菜单上多出了"用记事本打开"，如图 5-14 所示。

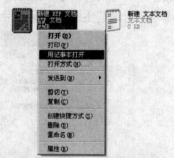

图 5-14　新建右键菜单

3．关闭自动运行功能

一旦将媒体插入驱动器，自动播放便开始从驱动器读取数据。因此，程序的安装文件和音频媒体上的音乐会立即开始。在 Windows XP SP2 之前，可移动驱动器（如软盘驱动器）和网络驱动器上的自动播放在默认情况下是禁用的。从 Windows XP SP2 开始，为可移动驱动器启用了自动播放，这包括 ZIP 驱动器和某些 USB 大容量存储设备。但是，这会造成安全性问题，现有的 U 盘病毒多是利用系统的这一特性进行感染、传播。通过修改注册表，可以禁用自动运行功能。

运行注册表编辑器，打开已有的或新建如表 5-2 所示的操作子键，并根据表中数据编辑其相应键值项（如果没有此子键或键值请自行新建）。

表 5-2 禁用自动运行

操作子键	HKEY_LOCAL_MACHINE\SOFTWARE\Microsoft\Windows\CurrentVersion\policies\Explorer
键值项（数据类型）	NoDriveTypeAutoRun（DWORD 值）
键值（说明）	0（开启自动运行）；1（关闭自动运行）

4．禁止运行命令解释器和批处理文件

通过修改注册表，可以禁止用户使用命令解释器（cmd.exe）和运行批处理文件。

运行注册表编辑器，打开已有的或新建如表 5-3 所示的操作子键，并根据表中数据编辑其相应键值项（如果没有此子键或键值请自行新建）。

表 5-3 禁止运行命令解释器

操作子键	HKEY_CURRENT_USER\Software\Policies\Microsoft\Windows\System\
键值项（数据类型）	DisableCMD（DWORD 值）
键值（说明）	1（仅禁止命令解释器）；2（禁用命令解释器和批处理文件）

在使用这个方法禁用命令解释器和批处理文件之后，尝试在“运行”对话框中输入“cmd”，则会显示如图 5-15 的界面，证明命令解释器已被禁用。

图 5-15 禁用命令解释器

注册表中有许多关于系统的设置，合理地使用注册表编辑器优化注册表项目可以有效地提升系统的性能。但是，在设置前一定要详细了解各个键值的改变对系统造成的影像，并且一定要在改动前执行备份操作。

应 用 实 践

1．计算机软件系统日常维护的工具有哪些？主要的作用是什么？
2．注册表的作用是什么？
3．注册表内主要包含哪些内容？何时需要优化注册表？
4．如何利用注册表加快开关机速度？

项目 20 常见工具软件的使用

 任务一：使用压缩/解压工具——WinRAR

📖 **知识目标**
- ○ 了解压缩文件的意义与格式。
- ○ 掌握压缩文件的方法。

🔲 **技能目标**
- ○ 能够熟练使用压缩/解压软件。

任务描述

在进行文件传送时，为了减少传送的数据量，往往需要将一个或多个文件进行打包压缩，这样既方便了传输，又提高了传送速度。在向 U 盘或移动硬盘传送数据时，将许多零碎的文件压缩成一个压缩包发送，也可以大大减少发送时间。

相关知识

一、压缩软件的定义

压缩软件是利用算法将文件有损或无损地处理，以达到保留最多文件信息，而令文件体积变小的应用软件。压缩软件一般同时具有解压缩的功能。

压缩软件的基本原理是查找文件内的重复字节，并建立一个相同字节的"词典"文件，并用一个代码表示，比如在文件里有几处有一个相同的词用一个代码表示并写入"词典"文件，这样就可以达到缩小文件的目的。

二、文件压缩的基本原理

由于计算机处理的信息是以二进制数的形式表示的，所以压缩软件就是把二进制信息中相同的字符串以特殊字符标记来达到压缩的目的。例如，一个文本文件的内容是 $111000\cdots0001111$（中间有 10^{13} 个零），如果要完全写出来的话，数字会变的会很长很长，文件体积也会变大，但如果写 "$111\times10^{17}+1111$" 来描述它，也能得到同样的信息，但却只有几个字，这样就减小了文件体积。在具体应用中很少有这样的文件存在，那些文件都相当复杂，但根据一定的数学算法，权衡把哪段字节用一个特定的更小字节代替，就可以实现数据最大程度的无损压缩。

　　压缩又可以分为有损压缩和无损压缩两种。如果丢失个别的数据不会造成太大的影响，这时忽略它们就是个好主意，这即是有损压缩。有损压缩广泛应用于动画、声音和图像文件中，典型的代表就是影碟文件格式*.mpeg、音乐文件格式*.mp3 和图像文件格式*.jpg。但是更多情况下压缩数据必须准确无误，人们便设计出了无损压缩格式，如常见的*.zip、*.rar 等。压缩软件利用压缩原理压缩数据的工具，压缩后所生成的文件称为压缩包，体积只有原来的几分之一，甚至更小。当然，压缩包已经是另一种文件格式了，如果想使用其中的数据，首先得用压缩软件把数据还原，这个过程称为解压缩。

　　压缩软件的种类有很多，WinRAR、好压（Haozip）、WinZip、7-Zip、WinMount、UHARC等各自适应于不同的系统平台，压缩率也不尽相同，而且有的是商业软件，有的是免费软件，压缩文件的扩展名一般为 rar、zip、lha、arj 等。其中，WinRAR 是目前使用较为广泛的压缩软件，支持的压缩文件格式较为丰富，能够满足一般用户的日常使用需要。下面以 WinRAR 4.0 Beta5 为例介绍该软件的使用方法。

三、WinRAR 软件的使用

1. WinRAR 的安装和简要介绍

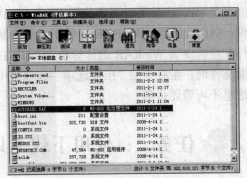

　　WinRAR 是个小软件，它的安装包不足 2MB，安装过程也非常简单，几秒内即可完成安装。打开 WinRAR，它的主界面如图 5-16 所示。

图 5-16　WinRAR 主界面

2. 建立新压缩文件

　　在 WinRAR 安装时，默认向系统的右键菜单写入 4 个选项内容，在一个非压缩文件上单击鼠标右键，可以看到如图 5-17 所示的界面。选择"添加到压缩文件"命令，系统自动以现有文件的文件名作为新压缩文件的文件名，在如图 5-18 所示的"压缩文件名和参数"对话框上，可以设置压缩文件的文件名、格式、是否分卷以及是否锁定等信息。

图 5-17　WinRAR 右键菜单

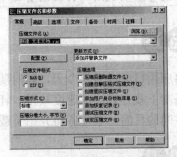

图 5-18　压缩文件名和参数

　　压缩格式有 RAR 和 ZIP；压缩方式有 6 种可以选择，可以通过单击下拉列表进行选择，通常都使用默认的"标准"方式。为了防止在解压缩时的 CRC 校验失败，在压缩重要文件时，还可以勾选右边"压缩选项"选项组中的"添加恢复记录"复选框。恢复记录是 RAR 压缩文件格式，支持一种特殊的附加信息类型，这样做之后，在数据物理损坏或数据丢失和其他任何类型时，它可以尝试修复。

3．解压缩文件

压缩文件的目的是为了减小文件体积，或是为了将多个文件打包在一起便于保存。但是在真正使用文件时还需要将压缩包解开，还原成原来的样子，解压缩的过程和压缩过程类似。

首先，选中压缩文件，然后单击鼠标右键，选择"解压文件"命令，弹出如图5-19的界面。然后，在"目标路径"栏中选择要解压到的目标地址，单击"确定"按钮即可。

图 5-19　WinRAR 解压缩

4．创建自解压缩文件

单击鼠标右键，选择"添加到压缩文件"命令并采用默认参数，制作成的压缩文件的扩展名是 rar，在使用时需要使用 WinRAR 软件对其解压缩，如果计算机没有安装 WinRAR 软件，则比较麻烦。WinRAR 提供了一种自解压缩功能，它允许将 rar 文件转换为 exe 文件，这样在没有安装 WinRAR 的计算机上可以直接单击释放。它的创建方法较为简单，即在创建压缩文件时，在右方的"压缩选项"选项组中，选择"创建自解压格式压缩文件"复选框即可，这里不再赘述步骤。

 ## 任务二：使用下载工具——迅雷

📖　**知识目标**
　　○　了解下载工具的下载原理。
　　○　掌握网络下载使用方法。
□　**技能目标**
　　○　能够正确使用工具协助资源下载。

任务描述

在网络应用日渐增多的今天，随时随地都有可能需要从网络中下载各种资源，直接下载作为一种基本下载方式往往速度较慢，耗时较长；借助下载工具，能够达到加快下载速度、节省等待时间的目的。本任务将介绍下载工具的使用方法。

相关知识

下载（DownLoad）是通过网络进行传输文件，把互联网或其他电子计算机上的信息保存到本地计算机上的一种网络活动。下载可以显式或隐式地进行，只要是获得本地计算机上所没有的信息的活动，都可以认为是下载，如在线观看。

与下载相反，把本地计算机上的信息传递到互联网或其他电子计算机上的操作，称为上传（UpLoad）。

一、网络下载方式

1．使用浏览器下载

这是最常用的下载方式，它操作简单方便，在浏览过程中，只要单击下载的链接（一般是*.zip、*.exe 之类），浏览器就会自动启动下载，只要给下载的文件找个存放路径即可正式下载了。若要保存图片，只要右击该图片，选择"图片另存为"命令即可。

这种方式的下载虽然简单，但也有它的弱点，那就是功能太少、不支持断点续传、下载速度太慢。

2．使用专业软件下载

专业的下载软件使用文件分切技术，就是把一个文件分成若干份，同时进行下载，这样使用下载软件时就会感觉比浏览器下载快多了。更重要的是，当下载出现故障断开后，下次下载仍旧可以接着上次断开的地方下载。这方面的代表软件有网络蚂蚁、Internet Download Manager 等。

3．使用特殊客户端下载

这是一种较为特殊的情形，通常由于下载源服务器使用了特殊的文件传输格式导致的。例如文件的发布服务器使用了 FTP，这时的下载操作就要借助 FTP 文件传送工具完成，代表软件是 FlashFXP；再如通过 P2P 传送文件的 ED2K 方式，则要使用 Emule 或 Edonkey 等 P2P软件才能进行下载。

二、下载软件迅雷的使用

1．迅雷的特点

迅雷使用先进的超线程技术基于网格原理，能够将存在于第三方服务器和计算机上的数据文件进行有效整合，通过这种先进的超线程技术，用户能够以更快的速度从第三方服务器和计算机获取所需的数据文件。这种超线程技术还具有互联网下载负载均衡功能，在不降低用户体验的前提下，迅雷网络可以对服务器资源进行均衡，有效降低了服务器负载。

迅雷的缺点就是比较占内存，将迅雷配置中的"磁盘缓存"选项设置得越大，那么内存就会占的更大。

2．迅雷的使用

下面以迅雷 7.2.4 版本为例，介绍迅雷的使用方法。

步骤一：设置迅雷的下载目录。依次打开"工具"→"配置"，或者按<Alt+O>组合键打开迅雷的配置界面。在"配置面板"对话框中选中"任务默认属性"，出现如图 5-20 所示的界面。在"常用目录"下有两个选项，选中"使用指定的存储目录"。

步骤二：如图 5-21 所示，在 "配置面板"对话框中选中"常用设置"，可以设置迅雷是否随计算机启动、是否自动开始未完成的任务、同时运行的任务数以及磁盘缓存。一般用户维持迅雷的默认设置即可。

步骤三：如图 5-22 所示，在"配置面板"对话框中选中"网络设置"，这个界面提供下载模式设置和连接管理功能。下载模式设置中包含 3 个选项，用户可以根据自己的需要进行选择。

在"连接管理"选项组中，建议用户把"全局最大连接数"设置为 512 或以上，以便是迅雷获得更好的效能。

图 5-20 设置"任务默认属性"

图 5-21 常用设置

图 5-22 网络设置

步骤四：如图 5-23 所示，在"配置面板"对话框选中"下载安全"，迅雷 7 可以自行识别计算机上已经安装的大部分杀毒软件。这台计算机上安装的金山毒霸版被识别出来，并自动加上了扫描时的程序参数。如果要开启病毒扫描功能，则可以勾选"下载后自动杀毒"复选框。

其余的选项维持默认即可，如果有特殊的需求，也可以自行设置。在"BT 设置"和"eMule 设置"中，都有有关上传管理的选项。在 P2P 下载方式中，每台用户机都是服务器，每台用户机在自己下载其他用户机上文件的同时，还提供被其他用户机下载的作用。基于这种设计，如果用户计算机连接的网络带宽不很富裕，则过大的上传速度会影响用户使用。这时可以选择关闭上传，或上传较短一段时间，如图 5-24 所示。

图 5-23 "下载安全"设置

图 5-24 设置 BT 任务的上传时间

迅雷默认接管了大部分的下载操作，但有些时候使用迅雷并不能获得真正的下载地址，而必须使用 IE 下载，这时可以先按住<Ctrl>键再用鼠标左键单击下载链接，迅雷就会忽略这个下载。

 任务三：使用分区调整工具——Partition Magic

📖 **知识目标**
- ○ 掌握硬盘分区的原则与步骤。
- ○ 掌握无损分区工具的使用。

□ **技能目标**
- ○ 能够使用分区工具调整硬盘分区大小。

任务描述

Partition Magic 是一个分区管理软件，能够在不破坏硬盘数据的前提下改变分区大小、拆分合并分区或改变分区格式。这对于想要更改已有数据的分区的大小提供了极大便利，传统的分区工具在更改硬盘的分区表之后，必须要对各个分区进行格式化才能够正常使用。

相关知识

Partition Magic 可以说是目前硬盘分区管理工具中最容易使用的，其最大特点是允许在不损失硬盘中原有数据的前提下对硬盘进行重新设置分区、分区格式化以及复制、移动、格式转换和更改硬盘分区大小、隐藏硬盘分区以及多操作系统启动设置等操作。

1. 创建分区

对于一块新的硬盘，为了有效地利用它的空间，在使用之前都要对它执行分区、格式化操作，分区的意义在学习项目 15 中已有讲述，这里只进行 Partition Magic 使用方法的介绍。

打开 Partition Magic，可以看到一块未经初始化的硬盘（见图 5-25），首先要对其执行分区操作。

步骤一：选择"作业"菜单中的"建立"命令，打开"建立分割磁区"对话框，如图 5-26 所示。需要选择的项目主要有：将要建立分区的类型（有"主要分割磁区"和"逻辑分割磁区"两种，对应主分区和逻辑分区）、要格式化的文件系统类型（可以选择"FAT"、"FAT32"、"NTFS"以及 Linux 操作系统使用的各种文件系统）、卷标和分区大小等。

步骤二：建立 5GB 的主分区。在如图 5-25 所示的主界面上，选中要建立分区的磁盘，单击鼠标右键，在弹出的菜单上选择"建立"命令。在随后出现的如图 5-26 所示的界面上将"建立为"选项设置为"主要分割磁区"，分割磁区类型设置为"FAT32"，"标签"为空，"大小"设置为 5120，即 5GB。单击"确定"按钮继续。

步骤三：在返回主界面之后，可以发现已经成功创建了 C 盘，如图 5-27 所示。再次右键单击"未分配"区域，选择"建立"命令，出现如图 5-28 所示的界面。将"建立为"设置为"逻辑分割磁区"，"分割磁区类型"设置为"FAT32"，"标签"为空，"大小"设置为保持默认，单击"确定"按钮继续。

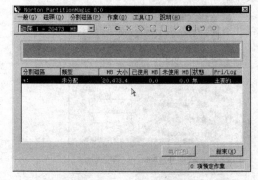

图 5-25　Partition Magic 主菜单

图 5-26　建立磁盘分区

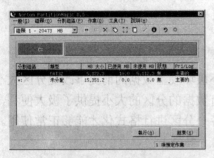

图 5-27　主分区创建完毕

图 5-28　建立逻辑分区

步骤四：在主界面单击"执行"按钮，会弹出如图 5-29 所示的对话框，询问是否执行变更。在前三步中，执行的分区与格式化操作并未真实地执行，而只是一种规划，这里单击"是"按钮，Partition Magic 才会将分区信息写入分区表，并执行格式化操作，如图 5-30 所示。

图 5-29　是否执行变更

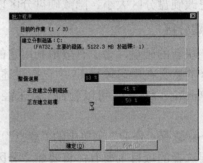

图 5-30　正在执行

2. 调整分区大小

虽然在分区前都经过了一番考虑，但难免会出现考虑不周或应用中出现新的问题等原因，需要对磁盘分区进行重新规划，使用 Partition Magic 可以方便地解决这类问题。

下面的操作将把 D 盘的容量减少 1GB。

步骤一：在 Partition Magic 的主界面中，选择要操作的分区按右键，从弹出菜单中选择"调整大小/移动"命令，如图 5-31 所示。

步骤二：在弹出的"调整分割磁区大小/移动分割磁区"对话框上有三个主要选项，"释放之前的空间"、"新的大小"、"释放之后的空间"。在"释放之前的空间"后填入 1024，即 1GB，如图 5-32 所示。单击"确定"按钮返回主菜单。

图 5-31　调整分区容量

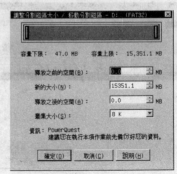

图 5-32　正在执行

步骤三：在主界面单击"执行"按钮，对磁盘大小的调整将开始写入分区表，如图 5-33 所示。

3. 合并分区

在 Partition Magic 的主界面中，识别到三个分区，如图 5-34 所示。由于 D 盘的容量较小，可以考虑将其合并到 C 盘使用。

步骤一：在 C 盘上单击鼠标右键，在弹出的菜单中选择"合并"选项，如图 5-35 所示。

步骤二：在弹出的"合并相邻的分割磁区"对话框上，软件提示可以将 D 盘作为 C 盘的一个文件夹，并要求输入文件的名称，如图 5-36 所示。在输入之后，单击"确定"按钮即可。

步骤三：在单击"确定"按钮返回到主界面后，仍旧需要单击"执行"按钮，等待执行过程结束。

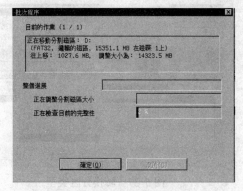

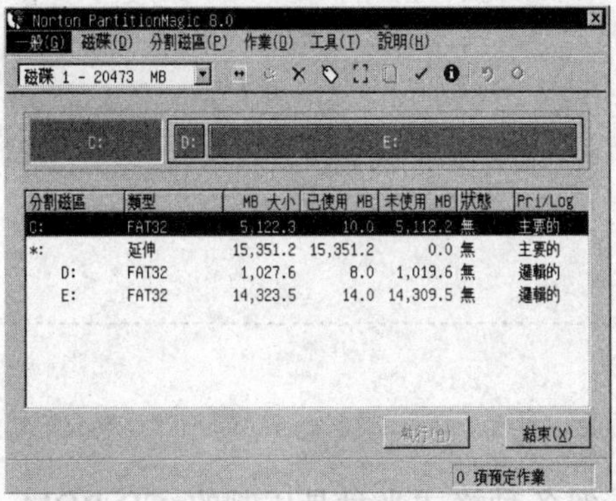

图 5-33　开始执行

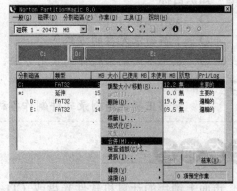

图 5-34　各分区信息

图 5-35　合并磁盘分区

4. 分区转换和隐藏分区

硬盘分区分为两种类型，主分区和逻辑分区。使用 Partition Magic 的分区转换功能可以很方便地将主分区转换为逻辑分区，也可将逻辑分区转换为主分区。但是分区转换存在一定的风险，建议不要轻易使用。

选中要进行转换的分区，单击鼠标右键，选择"转换"命令，即可找到转换的项目。如果原始分区为逻辑分区，则"逻辑转换成主要"就会显示，如图 5-37 所示。

除了转换分区类型之外，还能够对分区执行隐藏操作。隐藏的分区在操作系统中是无法访问的，这有助于保存一些重要数据，如操作系统的备份文件。

选中要隐藏的分区，单击鼠标右键，选择"进阶"→"隐藏分割磁区"命令，如图 5-38 所示，即可完成隐藏操作。

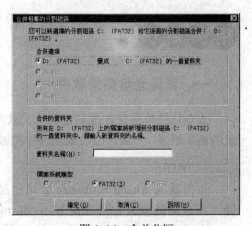

图 5-36　合并分区

图 5-37　转换分区类型

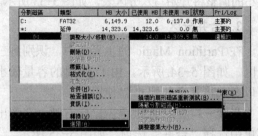

图 5-38　隐藏磁盘分区

 ## 任务四：使用刻录工具——Nero

📖 **知识目标**

   ○　了解光盘的种类。

   ○　了解刻录光盘的方式。

   ○　熟悉不同刻录软件的使用方法。

☐ **技能目标**

   ○　能够正确使用刻录软件制作各种光盘。

任务描述

市面上销售的计算机软件光盘或 CD、VCD 等各种格式光盘是压制的 CD-ROM 光盘（Compact Disc-Read Only Memory），刻录机所使用的刻录盘是 CD-R 盘和 CD-RW 盘。压制盘与刻录盘的制造方式不同，盘片结构略有差异，但数据存储原理是一样的。

相关知识

一、常见光盘刻录软件

大众化的价格让光盘刻录机几乎成为计算机的标准配置，大体积的数据保存也让平时刻录的需求增多，一款好用的刻录软件能够让用户省时省心。下面简单介绍几款免费刻录工具。

1. Nero

作为德国 Ahead Software 公司出品的老牌刻录软件，Nero Burning Rom 不仅性能优异，而且功能强大。可以说 Nero Burning Rom 是目前支持光盘格式最丰富的刻录工具之一，它可以制作数据 CD、Audio CD 或是包含音轨和数据两种模式的混合 CD，还可以制作 Video CD、Super Video CD、可引导系统的启动光盘、Hybrid 格式 CD 和 UDF 格式 CD 等。

2. Alcohol 120%

光盘刻录软件的完整解决方案,能完整地仿真原始光盘片,优点是不必将光盘映像文件刻录出来便可以使用虚拟光驱执行虚拟光盘且其效能比实际光驱更加强大。另外,Alcohol 120%可支持多种映像档案格式,可以利用其他软件所产生的光盘映像文件直接挂载 Alcohol 120%的虚拟光驱中,便可直接读取其内容;可以直接将 CD、DVD 或光盘映像文件刻录至空白 CD-R/CD-RW/DVD-R/DVD-RW/DVD-RAM/DVD+RW 之中,方便对光盘及映像文件的管理。

3. UltraISO

UltraISO 软碟通是一款光盘映像 ISO 文件编辑制作工具,它可以图形化地从光盘、硬盘制作和编辑 ISO 文件。

4. StarBurn

StarBurn 是一个功能强大的 CD/DVD/蓝光刻录及管理工具,它除提供刻录功能之外,还集成了许多实用功能,如 ISO 镜像制作、镜像抓取、CD 翻录和压缩、盘片擦除和虚拟光驱,还支持换肤等功能。

5. InfraRecorder

InfraRecorder 是开源的 CD/DVD 刻录软件,同时支持刻录与 ISO 镜像制作。主要功能包括:CD 抓轨、多轨道刻录、超刻、DVD 视频光盘、支持双层 DVD 等。软件操作简便,拖拽即可完成准备,当然也支持向导方式。

6. CDBurner XP

免费刻录软件,安装文件仅有 2MB,但是功能非常强大。

二、Nero 的使用

1. Nero 的安装

Nero 的安装方式与多数 Windows 平台下的应用程序相同,双击安装包打开,按照向导进行一步一步地确认,在输入产品密钥之后等待一段时间,便可完成 Nero 的安装。

安装完成后,打开 Nero StartSmart,如图 5-39 所示,这是一个向导式的界面,帮助用户快速完成刻录任务。

图 5-39　Nero 的主界面

2. 刻录视频光盘

因为 Nero 的功能非常多,所以在这里选取刻录视频光盘这一常用功能来介绍。

步骤一:单击"翻录和刻录"面板中的"刻录视频光盘"按钮,如图 5-40 所示。

步骤二:在"刻录视频光盘"界面,有三种视频格式可以选择,Video CD、Super Video CD 和 DVD 视频文件,这些视频文件格式各有不同,这里选择 Super Video CD,进入 Super Video CD 视频文件窗口,如图 5-41 所示。当然,用户可以根据自己的需要自行选择视频格式。

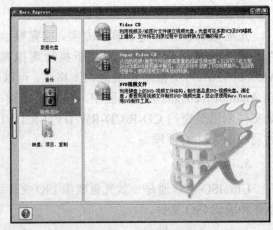

图 5-40　翻录和刻录　　　　　　　　　　　　　　　图 5-41　刻录视频光盘

　　步骤三：如图 5-42 所示，在弹出的 Super Video CD 视频文件窗口上添加要刻录的视频文件，单击窗口右上方的"添加"按钮。在弹出的"添加文件和文件夹"对话框中为光盘添加视频文件。

　　步骤四：添加完成后，可以单击"播放"按钮，检查视频文件能够正常播放。无误后单击"下一步"按钮。

　　步骤五：在弹出的"我的超级视频光盘菜单"界面上，视频预览时的布局、背景和文字等信息如图 5-43 所示。一般保持默认即可，再单击"下一步"按钮，选择刻录机、设置光盘名称、设置好要刻录的份数以及在刻录结束后是否校验光盘，单击"刻录"按钮便可正式开始。

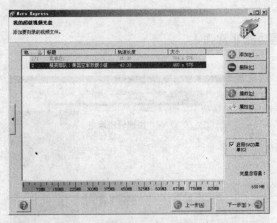

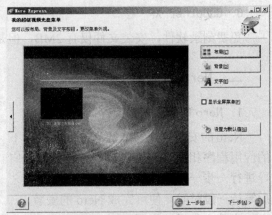

图 5-42　添加视频文件　　　　　　　　　　　　　　图 5-43　刻录视频光盘

应 用 实 践

　　1．常见的文件压缩工具软件有哪些？各有什么特点？

　　2．简述利用工具下载的优点。

　　3．常见的工具下载软件有哪些？各有什么特点？

　　4．简述利用 Nero 制作系统盘的过程。

项目 21　硬盘数据恢复

 任务一：了解硬盘数据恢复的原理

> 📖　**知识目标**
> ○　了解数据存储的原理。
> ○　了解数据丢失的原因。
> ○　熟悉数据恢复的必要性。
> ▢　**技能目标**
> ○　能够利用正确方法减少数据丢失。

任务描述

在计算机的使用过程中，有很多丢失数据的可能性，如人为的错误操作、硬盘的错误分区、断电造成的磁盘逻辑损坏等，了解一些磁盘数据恢复的原理，对于找回有用的数据具有积极的意义。

相关知识

一、数据丢失的原因

1. 软件故障

软件故障的原因包括：受病毒感染、误格式化或误分区、误克隆、误删或覆盖、黑客软件人为破坏、零磁道损坏、硬盘逻辑锁、操作时断电、意外电磁干扰造成数据丢失或损坏、系统错误或瘫痪造成文件丢失或破坏。

软件故障一般表现为操作系统丢失、无法正常启动、磁盘读写错误、找不到所需的文件、文件打不开、文件打开后乱码、硬盘没有分区、提示某个硬盘分区没有格式化等。

2. 硬件故障

硬件故障的原因包括：磁盘划伤、磁头变形、磁头放大器损坏、芯片组或其他元器件损坏。

硬件故障一般表现为系统不认硬盘，常有一种"咔嚓咔嚓"的磁组撞击声或电动机不转、通电后无任何声音、磁头定位不准造成读写错误等现象。一些具体的表现如下：

1）开机时，系统没有找到硬盘，同时也没有任何错误提示。注意有的主板在硬盘出现故障时会给出相应的提示信息和提示代码。在排除硬盘的供电正常，电源线连接无误，数据线安装正确，数据线没有质量问题时，也就可以确定是硬盘坏了。

2）启动系统时间特别长，或读取某个文件、运行某个软件时经常出错，或者要经过很长时间才能操作成功，其间硬盘不断读盘并发出刺耳的杂声，这种现象意味着硬盘的盘面或硬盘的定位机构出现问题。

3）经常出现系统瘫痪或者死机蓝屏，但是硬盘重新格式化后，再次安装系统一切正常。这种情况是因为硬盘的磁头放大器和数据纠错电路性能不稳定，造成数据经常丢失。

4）开机时系统不能通过硬盘引导，软盘启动后可以转到硬盘盘符，但无法进入，用 SYS 命令传导系统也不能成功。这种情况比较严重，因为很有可能是硬盘的引导扇区出了问题。或者是无法重新分区，也可能是重新分区后的信息无法写入主引导扇区。

5）一直能够正常使用，但是突然有一天，硬盘在正常使用过程中出现异响，接着找不到硬盘。但是在停机一段时间以后，再次开机时还能找到硬盘，并且能够正常启动系统。当出现这种情况时，如果硬盘上有重要数据，则一定在最短的时间内把数据备份出来，防止硬盘彻底报废时丢失重要数据。

二、磁盘数据存储的格式

上述的各种原因都可能导致硬盘或软盘上的数据损坏或丢失，使部分或全部数据无法读出和使用。数据恢复就是使用各种软件和硬件的技术方法把数据重新找回，使重要的信息得以重新获得。

数据恢复，离不开硬盘的数据结构、文件的存储原理，甚至操作系统的启动流程，这些是在恢复硬盘数据时必须使用的基本知识。新购买的硬盘需要分区、格式化，然后安装上操作系统才可以使用。一般要将硬盘分成主引导扇区、操作系统引导扇区、FAT 表、DIR 目录区和 Data 数据区等五部分。通常所说的主引导扇区（MBR）在一个硬盘中是唯一的，MBR 区的内容只有在硬盘启动时才读取其内容，然后驻留内存。其他几项内容随硬盘分区数的多少而异。

1. 主引导扇区（MBR）

主引导扇区位于整个硬盘的 0 磁道 0 柱面 1 扇区，包括硬盘主引导记录（Main Boot Record，MBR）和分区表（Disk Partition Table，DPT）。其中主引导记录的作用就是检查分区表是否正确以及判别哪个分区为可引导分区，并在程序结束时把该分区的启动程序（也就是操作系统引导扇区）调入内存加以执行。主引导区的数据结构如图 5-44 所示。

图 5-44　主引导区的数据结构

2. 分区表（DPT）

在主引导区中，从地址 BE 开始，到 FD 结束为止的 64 个字节中的内容就是通常所说的分区表。分区表以 80H 或 00H 为开始标志，以 55AAH 为结束标志，每个分区占用 16 个字节，一个硬盘最多只能分成四个主分区，其中扩展分区也是一个主分区。随着硬盘容量的迅速扩大，引入的扩展分区可以不受四个主分区的限制，把硬盘分区数扩展到"Z"。

值得一提的是，MBR 是由分区程序（如 DOS 的 Fdisk.exe）产生的，不同的操作系统可能这个扇区的内容代码不相同，但是实现的功能只有一个，使其中的一个活动分区获得控制区，正常启动系统。

主分区是一个比较单纯的分区，通常位于硬盘的最前面一块区域中，构成逻辑 C 磁盘。在主分区中，不允许再建立其他逻辑磁盘。也可以通过分区软件，在分区的最后建立主分区，或在磁盘的中部建立主分区。

扩展分区的概念比较复杂，也是造成分区和逻辑磁盘混淆的主要原因。由于硬盘仅仅为分区表保留了 64 个字节的存储空间，而每个分区的参数占据 16 个字节，所以主引导扇区中总计可以存储 4 个分区的数据。操作系统只允许存储 4 个分区的数据，如果说逻辑磁盘就是分区，则系统最多只允许 4 个逻辑磁盘。对于具体的应用，4 个逻辑磁盘往往不能满足实际需求。为了建立更多的逻辑磁盘供操作系统使用，系统引入了扩展分区的概念。

所谓扩展分区，严格地讲它不是一个实际意义的分区，它仅仅是一个指向下一个分区的指针，这种指针结构将形成一个单向链表。这样在主引导扇区中除了主分区外，仅需要存储一个被称为扩展分区的分区数据，通过这个扩展分区的数据可以找到下一个分区（实际上也就是下一个逻辑磁盘）的起始位置，以此起始位置类推可以找到所有的分区。无论系统中建立多少个逻辑磁盘，在主引导扇区中通过一个扩展分区的参数就可以逐个找到每一个逻辑磁盘。

需要特别注意的是，由于主分区之后的各个分区是通过一种单向链表的结构来实现链接的，所以若单向链表发生问题，将导致逻辑磁盘的丢失。

3．操作系统引导扇区（OBR）

操作系统引导扇区（OS Boot Record，OBR）通常位于硬盘的 0 磁道 1 柱面 1 扇区（这是对于 DOS 来说的，对于那些以多重引导方式启动的系统则位于相应的主分区/扩展分区的第一个扇区），它是操作系统可直接访问的第一个扇区，它也包括一个引导程序和一个被称为 BPB（BIOS Parameter Block）的本分区参数记录表。其实每个逻辑分区都有一个 OBR，其参数视分区的大小、操作系统的类别而有所不同。

4．BPB 参数块

BPB 参数块记录着本分区的起始扇区、结束扇区、文件存储格式、硬盘介质描述符、根目录大小、FAT 个数、分配情景（Allocation Unit，以前也称之为簇）的大小等重要参数。OBR 由高级格式化程序产生（如 DOS 的 Format.com）。

在 Windows 下，C 盘的数据结构如图 5-45 所示。

图 5-45　Windows 系统下 C 盘数据结构

5．文件分配表（FAT）

文件分配表（File Allocation Table，FAT）是 DOS/Windows 9x 系统的文件寻址系统。为了防止意外损坏，FAT 一般做两个（也可以设置为一个），第二 FAT 为第一 FAT 的备份。FAT 区紧接在 OBR 之后（对于 FAT32 格式，从引导扇区开始的第 32 个扇区就是第一个 FAT 表的位置），其大小由这个分区的空间大小及文件分配情景的大小决定。

随着硬盘容量的迅速发展，Microsoft 的 DOS 及 Windows 也先后采用人们所熟悉的 FAT12、FAT16 和 FAT32 格式。不过 Windows NT、OS/2、UNIX/Linux、Novell 等都有自己的文件管理方式，不同于 FAT 文件格式。

6．数据区（DATA）

数据存储区在目录区之后，占据硬盘的绝大部分空间，但若没有了前面的各部分，它对于人们来说，也只能是一些枯燥的二进制代码，没有任何意义。

硬盘分区时，只是修改了 MBR 和 OBR，绝大部分的 DATA 区的数据并没有被改变，这也是许多硬盘数据能够得以修复的原因。但即便如此，如果 MBR、OBR、FAT、DIR 之一被破坏，则数据也无法正常读取。

如果经常整理磁盘，那么数据区的数据可能是连续的，这样即使 MBR/FAT/DIR 全部坏了，也可以使用磁盘编辑软件（如 DOS 下的 DiskEdit 或 EasyRevoery 等），只要找到一个文件的起始保存位置，那么这个文件就有可能被恢复。

三、数据恢复的原理

在了解了数据在磁盘上存储格式后，就会明白为什么数据在被删除后还能够再次被找回来的原因。

一块新的硬盘在买回来后，必须首先分区，再用 Format 命令对相应的分区实行格式化，这样才能在这个硬盘存储数据。硬盘的分区就象是对一块地方建仓库，每个仓库就好比是一个分区。格式化就好比是为了在仓库内存放东西，必须有货架来规定相应的位置。人们有时接触到的引导分区就是仓库大门号，上面要记载这个分区的容量的性质及相关的引导启动信息。FAT 表就好比是仓库的货架号，目录表就好比是仓库的账簿。如果需要找某一物品，则需要先查找账目，再到某一货架上取东西。正常的文件读取也是这个原理，先读取某一分区的 BPB 参数至内存，当需要读取某一文件时，就先读取文件的目录表，找到相对应文件的首扇区和 FAT 表的入口后，再从 FAT 表中找到后续扇区的相应链接，移动磁臂到对应的位置进行文件读取，就完成了某一个文件的读写操作。

删除操作却相对简单，当需要删除一个文件时，系统只是在文件分配表内在该文件前面写一个删除标志，表示该文件已被删除，他所占用的空间已被"释放"，其他文件可以使用他占用的空间。因此，当删除文件后又想找回它（数据恢复）时，只需用工具将删除标志去掉，数据就被恢复回来了。当然，前提是没有新的文件写入，该文件所占用的空间没有被新内容覆盖。

格式化操作和删除相似，都只操作文件分配表，不过快速格式化是将所有文件都加上删除标志，或干脆将文件分配表清空，系统将认为硬盘分区上不存在任何内容。快速格式化操作并没有对数据区做任何操作，目录空了，内容还在，借助数据恢复知识和相应工具，数据仍然能够被恢复回来。

 ## 任务二：使用硬盘数据恢复软件

> 　　知识目标
> 　　　○　熟悉硬盘数据恢复注意事项。
> 　　　○　熟悉常见的数据恢复软件。
> 　　技能目标
> 　　　○　能熟练运行数据恢复软件恢复丢失的文件。

任务描述

　　在出现意外情况丢失数据后，用户往往不知所措，其实在很多情况下，硬盘中丢失的数据都可以通过一定的技术手段找回。本任务将介绍数据恢复软件的使用方法。

相关知识

一、数据恢复注意事项

　　数据恢复过程中最忌误操作从而造成二次破坏，导致恢复难度陡增。因此，数据恢复过程中禁止向源盘写入任何新数据。

　　1）不要做磁盘检查。一般文件系统出现错误后，系统开机进入启动画面时会自动提示是否需要做磁盘检查，默认 10s 后开始进行磁盘检查操作，这个操作有时候可以修复一些小损坏的目录文件，但是很多时候会破坏数据。因为复杂的目录结构它是无法修复的。修复失败后，在根目录下会形成 FOUND.000 这样的目录，里面有大量的以.CHK 为扩展名的文件。有时候这些文件改个名字就可以恢复，大部分时候则完全不能修复，特别是 FAT32 分区或者是 NTFS 分区上比较大的数据库文件等。

　　2）不要再次格式化分区。用户第一次格式化分区后分区类型改变，造成数据丢失，比如原来是 FAT32 分区格成 NTFS 分区，或者原来是 NTFS 的分区格式化成 FAT32 分区。数据丢失后，用一般的软件不能扫描出原来的目录格式，就再次把分区格式化会原来的类型，再来扫描数据。第二次格式化回原来的分区类型是严重的错误操作，很可能把本来可以恢复的一些大的文件给破坏了，造成永久无法恢复。

　　3）不要把数据直接恢复到源盘上。很多用户删除文件后，用一般的软件恢复出来的文件直接还原到原来的目录下，这样破坏原来数据的可能性非常大，所以严格禁止直接还原到源盘。

　　4）不要进行重建分区操作。分区表破坏或者分区被删除后，若直接使用分区表重建工具直接建立或者格式化分区，很容易破坏掉原先分区的文件分配表（FAT）或者文件记录表（MFT）等重要区域，造成恢复难度大大增加。

5）阵列丢失后不要重做阵列。在服务器崩溃后强行让阵列上线，即使掉线了的硬盘也强制上线，或者直接做 rebuilding，这些操作都是非常危险的，任何写入盘的操作都有可能破坏数据。

6）数据丢失后，要严禁往需要恢复的分区里面存新文件。最好是关闭下载工具，不要上网，不必要的应用程序也关掉，再来扫描恢复数据。若要恢复的分区是系统分区，当数据文件删除丢失后，若这个计算机里面没有数据库之类的重要数据，建议直接把计算机断电，然后把硬盘挂到别的计算机来恢复，因为在关机或者开机状态下，操作系统会往系统盘里面写数据，可能会破坏数据。

二、日常处理数据时需要注意的问题

1）尽量不要剪切文件。剪切一个目录到另外一个盘，中间出错，源盘目录没有，目标盘也没复制进数据，这看起来是一个系统的 BUG，偶尔会出现。所以建议如果数据重要，那么先复制数据到目标盘，没有问题后再删除源盘里面的目录文件，不要图省事造成数据丢失。

2）尽量不要用第三方工具调整分区大小。调整分区大小过程中也很容易出错（如断电等），一出错也很难恢复，因为数据被挪来挪去覆盖破坏很严重。建议在重新分区之前，备份好数据，再使用 Windows 自带的磁盘管理里面来分区，安全性高一些。

3）定期备份数据，确保数据安全，最好是刻盘备份，比存在硬盘里面更安全。

三、影响数据恢复成功率的相关因素

1）FAT 或者 FAT32 分区，删除或者格式化后，比较大的文件或者经常编辑修改的文件，恢复成功率要低一些，比如经常编辑修改的 XLS 或者 DOC 文件就很难完整恢复。那些文件复制进去后就不动的文件，恢复成功率比较高，比如 PDF 或者 JPG、MPG 等不经常修改的文件。这是因为 FAT 和 FAT32 分区使用文件分配表来记录每个文件的簇链碎片信息，删除或者格式化后簇链碎片信息就被清空了，那些经常编辑修改的文件由于它们的文件长度动态增长，在文件系统中一般都不会连续存放，所以文件碎片信息就无法恢复，文件恢复也就不完整了。

2）NTFS 分区的恢复概率比较高，一般删除或者格式化后绝大部分都可以完整恢复。某些文件有时候无法恢复，例如文件长度非常大或者文件在编辑使用很长时间，这文件会形成很多的碎片信息，在删除文件后，这个文件就无法知道文件长度，因此很难恢复。例如，一些使用很多年的数据库文件，删除后用数据恢复软件扫描到的文件长度是 0，则无法恢复。定期进行磁盘碎片整理可以减少这种情况的发生，但是直接进行磁盘碎片整理也有风险。

3）重新分区或者删除分区或者分区表破坏，一般后面的分区基本能完整恢复，越靠后的分区被破坏的可能性越低，所以重要数据最好放在比较靠后的分区里面，不要放在 C、D 盘里。

4）经过回收站删除的文件，有时候会无法找到文件。NTFS 下，从回收站中删除的文件，文件名会被系统自动修改成 De001.doc 之类的名字，原来的文件名被破坏。当数据丢失后，不能直接找到文件名，恢复时记得别漏过这些被系统改名过的文件。直接按<Shift+Del>组合键删除的则不会破坏文件名。

四、常用数据恢复软件

1. Easy Recovery

Easy Recovery 是一个非常著名的数据恢复软件，该软件的功能非常强大。无论是误删除/格式化还是重新分区后的数据丢失，都可以轻松解决，甚至可以不依靠分区表按照簇进行硬盘扫描。但不通过分区表来进行数据扫描，很可能不能完全恢复数据，原因是通常大文件被存储在很多不同的区域的簇内，即使找到了这个文件的一些簇上的数据，很可能恢复之后的文件是损坏的。所以这种方法并不是万能的，但其提供给一个新的数据恢复方法，适合分区表严重损坏使用其他恢复软件不能恢复的情况下使用。

Easy Recovery 最新版本加入了一整套检测功能，包括驱动器测试、分区测试、磁盘空间管理以及制作安全启动盘等。这些功能对于日常维护硬盘数据来说，非常实用，可以通过驱动器和分区检测来发现文件关联错误以及硬盘上的坏道。

2. Final Data

Final Data 是一个由日本人开发的数据恢复软件。Final Data 自身的优势就是恢复速度快，可以免去搜索丢失数据漫长的时间等待。它不仅恢复速度快，而且其在数据恢复方面功能也十分强大，不仅可以按照物理硬盘或者逻辑分区来进行扫描，还可以通过对硬盘的绝对扇区来扫描分区表，找到丢失的分区。Final Data 在对硬盘扫描之后会在其浏览器的左侧显示出文件的各种信息，并且把找到的文件状态进行归类，如果状态是已经被破坏，那么也就表明即使执行数据恢复也不能完全找回数据，这样方便了解恢复数据的可能性。

3. R-Studio

R-Studio 是损坏硬盘上资料的救星。它能针对各种不同版本的 Windows 操作系统的文件系统进行恢复，甚至连非 Windows 系列的 Linux 操作系统，R-Studio 软件也照样能进行操作，而在 Windows NT、Windows 2000 等操作系统上所使用的 NTFS 文件系统，R-Stduio 也具有处理的能力，而且 R-Studio 甚至也能处理 NTFS 文件系统的加密与压缩状态，并将发生问题的文件复原。除了本地磁盘以外，R-Studio 还能透过网络去检测其他计算机上硬盘的状况，且在挽救资料损毁的文件以外，R-Studio 也包括了误删文件的复原能力，对于未使用回收站或是已清空回收站的文件，都照样能够找回来。最特别的一点是在标准的磁盘安装方式以外，R-Studio 也能支持 RAID 磁盘阵列系统。

五、Easy Recovery 的使用

Easy Recovery 是数据恢复公司 Ontrack 的产品，它是一个硬盘数据恢复工具，能够帮助恢复丢失的数据以及重建文件系统。

Easy Recovery 不会向原始驱动器写入任何东西，它主要是在内存中重建文件分区表使数据能够安全地传输到其他驱动器中，可以从被病毒破坏或是已经格式化的硬盘中恢复数据。

Easy Recovery 可以恢复大于 8.4GB 的硬盘，支持长文件名。被破坏的硬盘中像丢失的引导记录、BIOS 参数数据块、分区表、FAT 表、引导区都可以由它来进行恢复。

步骤一：启动 EasyRecovery Professional 进入软件主界面，如图 5-46 所示。选择数据恢复会出现如图 5-47 所示的界面，可以根据自己的需要来选择应用。

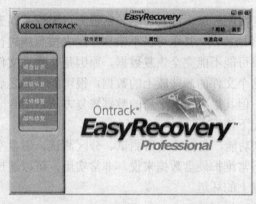

图 5-46　Easy Recovery 主界面

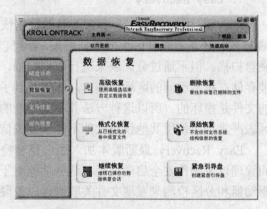

图 5-47　数据恢复界面

　　步骤二：进入数据恢复界面，在右侧选择任何一种数据修复方式都会出现相应的用法提示，例如使用"删除恢复"项来查找并恢复已删除的文件时，就会在界面右侧出现相应的使用提示，如图 5-48 所示。

　　步骤三：选择想要恢复的文件所在驱动器进行扫描，如图 5-49 所示。也可以在文件过滤器下直接输入文件名或通配符来快速找到某个或某类文件。如果要对分区执行更彻底的扫描，则可以勾选"完整扫描"复选框。

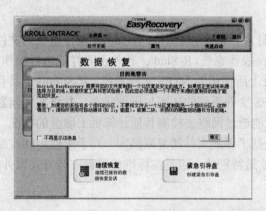

图 5-48　删除恢复

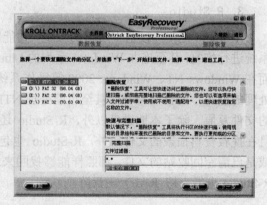

图 5-49　选择要进行数据恢复的分区

　　步骤四：扫描之后，曾经删除的文件及文件夹会全部呈现出来，如图 5-50 所示。现在需要的就是耐心地寻找、勾选，因为文件夹的名称和文件的位置会发生一些变化，所以要细心的查看。

步骤五：如果不能确认文件是否是想要恢复的，可以通过"查看文件"命令来查看文件内容，这样会很方便地知道该文件是否是自己需要恢复的文件。

步骤六：选择好要恢复的文件后，单击"下一步"按钮，软件会提示选择一个用以保存恢复文件的逻辑驱动器，此时应存在其他分区上，如图 5-51 所示。所以最好准备一个大容量的分区。

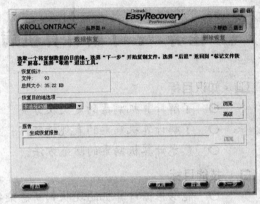

图 5-50 扫描结果   图 5-51 选择保存位置

步骤七：在选择恢复目的地，这个位置不能和原始位置处在同一个分区，选择之后单击"下一步"按钮。

步骤八：Easy Recovery 开始尝试恢复数据，如图 5-52 所示。在恢复完毕之后，显示恢复过程中的相关信息。

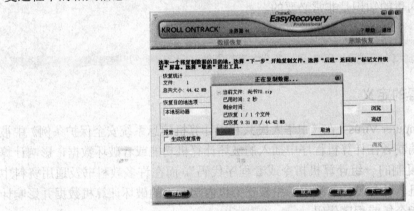

图 5-52 开始恢复

应 用 实 践

1．简述数据恢复的原理。

2．常见数据恢复软件有哪些？

3．硬盘数据恢复需要注意哪些事项？

项目 22　计算机病毒和木马

 任务一：了解计算机病毒的概念

> 　　📖　**知识目标**
> 　　　　○　了解计算机病毒的定义及分类。
> 　　　　○　了解计算机病毒的表现特征。
> 　　　　○　熟悉计算机病毒的防范方法。
> 　　　⬜　**技能目标**
> 　　　　○　能够根据计算机的现状判断感染病毒情况。

任务描述

　　随着计算机及计算机网络的普及，其在人类生活的各个领域中已经成为不可缺少的工具。同时，计算机病毒也接踵而至，给计算机系统和网络带来巨大的潜在威胁和破坏。因此，了解一些关于计算机病毒的知识是非常必要的。

相关知识

一、计算机病毒的定义

　　计算机病毒（Computer Virus）在《中华人民共和国计算机信息系统安全保护条例》中被明确定义，病毒指"编制者在计算机程序中插入的破坏计算机功能或者破坏数据，影响计算机使用并且能够自我复制的一组计算机指令或者程序代码"。而在许多教科书及通用资料中被定义为：利用计算机软件与硬件的缺陷，由被感染机内部发出的破坏计算机数据并影响计算机正常工作的一组指令集或程序代码。

　　计算机病毒最早出现在 20 世纪 70 年代 David Gerrold 的科幻小说《When H.A.R.L.I.E. was One》。1960 年年初，美国麻省理工学院的一些青年研究人员，在做完工作后，利用业务时间玩一种他们自己创造的计算机游戏。做法是某个人编制一段小程序，然后输入到计算机中运行，并销毁对方的游戏程序，而这也可能就是计算机病毒的雏形。

二、计算机病毒的特点

　　1）寄生性。病毒程序的存在不是独立的，而是依附于其他宿主程序的。当病毒程序入侵到其他程序中，就会把它作为宿主，并进行一些修改。一旦宿主程序执行，病毒就会被激活。

2）隐蔽性。病毒通常附着在正常程序中或者磁盘上比较隐秘的区域，例如系统的引导扇区、硬盘的分区表等处，还会以隐藏文件形式或系统文件形式出现，让一般用户难以发现。

3）非法性。病毒程序执行的是未经授权的操作，即非法操作。

4）传染性。传染性是病毒的基本特征，计算机病毒通过各种渠道从已被感染的计算机扩散到未被感染的计算机，在某些情况下造成被感染的计算机工作失常甚至瘫痪。

5）破坏性。计算机中毒后，可能会导致正常的程序无法运行，病毒会把计算机内的文件删除或进行不同程度的损坏，通常表现为对文件的增、删、改、移等行为。

6）可触发性。病毒因某个事件或数值的出现，诱使病毒实施感染或进行攻击的特性称为可触发性。

三、计算机病毒的分类

1）引导区病毒。这类病毒隐藏在硬盘或软盘的引导区，当计算机从感染了引导区病毒的硬盘或软盘启动，或当计算机从受感染的软盘中读取数据时，引导区病毒就开始发作。一旦它们将自己复制到机器的内存中，马上就会感染其他磁盘的引导区，或通过网络传播到其他计算机上。

2）文件型病毒。文件型病毒寄生在其他文件中，常常通过对它们的编码加密或使用其他技术来隐藏自己。文件型病毒劫夺用来启动主程序的可执行命令，用作它自身的运行命令。同时还经常将控制权还给主程序，伪装计算机系统正常运行。一旦运行被感染了病毒的程序文件，病毒便被激发，执行大量的操作，并进行自我复制，同时附着在系统其他可执行文件上伪装自身，并留下标记，以后不再重复感染。

3）宏病毒。宏病毒是一种特殊的文件型病毒，一些软件开发商在产品研发中引入宏语言，并允许这些产品在生成载有宏的数据文件之后出现。

4）脚本病毒。脚本病毒依赖一种特殊的脚本语言（如 VBScript、JavaScript 等）起作用，同时需要主软件或应用环境能够正确识别和翻译这种脚本语言中嵌套的命令。脚本病毒在某方面与宏病毒类似，但脚本病毒可以在多个产品环境中进行，还能在其他所有可以识别和翻译它的产品中运行。脚本语言比宏语言更具有开放终端的趋势，这样使得病毒制造者对感染脚本病毒的机器可以有更多的控制力。

5）网络蠕虫程序。网络蠕虫程序是一种通过间接方式复制自身非感染型病毒。有些网络蠕虫拦截 E-mail 系统向世界各地发送自己的复制品；有些则出现在高速下载站点中同时使用两种方法与其他技术传播自身。它的传播速度相当惊人，成千上万的病毒感染造成众多邮件服务器先后崩溃，给人们带来难以弥补的损失。

四、感染病毒后可能出现的现象

1）屏幕显示异常，屏幕显示出不是由正常程序产生的画面或字符串，屏幕显示混乱。

2）程序装入时间增长，文件运行速度明显下降。

3）用户没有访问的设备出现工作信号。

4）磁盘出现莫名其妙的文件和坏块，卷标发生变化。

5）系统自行引导。

6）丢失数据或程序，文件字节数发生变化。

7）内存空间、磁盘空间减小。

8）异常死机。

9）磁盘访问时间比平时增长。

10）系统引导时间增长。

五、计算机病毒的防范

1）养成及时下载最新系统安全漏洞补丁的安全习惯，从根源上杜绝黑客利用系统漏洞攻击用户计算机的病毒。同时，升级杀毒软件、开启病毒实时监控。

2）定期做好重要资料的备份，以免造成重大损失。

3）选择具备"网页防火墙"功能的杀毒软件，定期升级杀毒软件病毒库，定时对计算机进行病毒查杀，上网时开启杀毒软件全部监控。

4）不要随便打开来源不明的 Excel 或 Word 文档，如果确实要打开，则应该做到先检查、后使用。

5）上网浏览时，不要随便浏览不安全陌生网站，以免遭到病毒侵害。

6）及时更新计算机的防病毒软件、安装防火墙。

7）在上网过程中要注意加强自我保护，避免访问非法网站，这些网站往往潜入了恶意代码，一旦用户打开其页面时，即会被植入木马与病毒。

8）将应用软件升级到最新版本，其中包括各种即时通信工具、下载工具、播放器软件、搜索工具条等；不要登录来历不明的网站，避免病毒利用其他应用软件漏洞进行木马病毒传播。

 # 任务二：利用金山毒霸查杀病毒

> 📖 **知识目标**
> - ○ 熟悉计算机病毒的检测。
> - ○ 熟悉计算机病毒的清除方法。
>
> ☐ **技能目标**
> - ○ 能够查杀各类计算机病毒。

任务描述

在使用计算机的过程中，用户很可能遭遇病毒感染等影响正常使用的情况。对于已经感染病毒的计算机，使用金山毒霸查杀计算机中的病毒，并合理设置监控防御，可以有效改善系统的安全状况，保证计算机系统的安全和稳定运行。

相关知识

金山毒霸（Kingsoft Antivirus）是金山软件股份有限公司研制开发的高智能反病毒软件，

融合了启发式搜索、代码分析、虚拟机查毒等经业界证明成熟可靠的反病毒技术，使其在查杀病毒种类、查杀病毒速度、未知病毒防治等多方面达到世界先进水平。同时，金山毒霸具有病毒防火墙实时监控、压缩文件查毒、查杀电子邮件病毒等多项先进的功能，紧随世界反病毒技术的发展，为个人用户和企事业单位提供完善的反病毒解决方案。从 2010 年 11 月 10 日起，金山毒霸简体中文版的杀毒功能和升级服务永久免费。

一、金山毒霸的使用

1．功能介绍

金山毒霸界面保持了一贯的清爽风格，界面如图 5-53 所示。顶部标签栏包括五个选项卡，单击可以展开对应的功能页面；界面右上方提供了"日志"、"论坛"的查看入口以及各项功能设置的"设置"入口；界面右下方有客服的联系方式，方便用户随时咨询产品相关的问题。

2．病毒查杀

根据不同用户的需要，金山毒霸提供了 3 种常用的病毒查杀模式，在"病毒查杀"页面可以直接进行选择。

1）全盘扫描：此模式将对计算机的全部磁盘文件系统进行完整扫描。选择此模式将对用户的计算机系统中全部文件逐一进行过滤扫描，彻底清除非法侵入并驻留系统的全部病毒文件，并可强力修复系统异常问题。

2）快速扫描：此模式只对计算机中的系统文件夹等敏感区域进行独立扫描，针对性地扫描此区域即可发现并解决大部分病毒问题，同时由于扫描范围较小，扫描速度会较快，通常只需若干分钟。可快速查杀木马及修复系统异常问题。

3）自定义扫描：此模式将只对指定的文件路径进行扫描，可以根据扫描需求任意选择一个或多个区域。

在首次安装金山毒霸后，金山毒霸会提示用户计算机处于风险状态界面上，用黄色感叹号提示用户"您的电脑处于风险状态"，要求用户"立即查看"。单击"立即查看"按钮，会显示需要修复的选项，如图 5-54 所示。

图 5-53　金山毒霸主界面　　　　　　　　　图 5-54　风险修复

　　在开启了实时监控并升级了病毒库之后，可以单击"立即扫描"按钮，金山毒霸会对计算机执行一次快速扫描，如图 5-55 所示。在快速扫描执行完毕后，主界面上的黄色感叹号提示就会变为一个蓝色提示，告知用户的计算机处于安全状态。

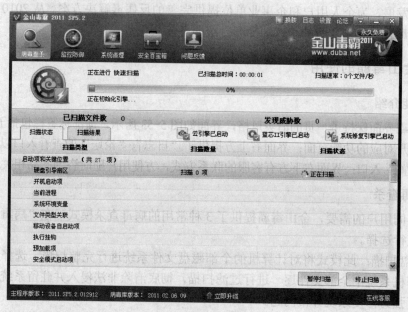

图 5-55　执行快速扫描

　　在金山毒霸中，使用了流行的"云查杀"技术。"云查杀"有别于传统杀毒软件将病毒木马库写入用户计算机内存的方式，充分运用开放安全服务平台资源的优势，只要用户计算机连接到网络，检测信息将推送到服务端"云端"进行自动分析和处理，最后把病毒和木马的解决方案返回到客户端。通过这种方式，不但可以解决"占资源"、"耗流量"的问题，还可以快速完成病毒查杀。

3. 监控防御

　　顶部标签栏的第二个选项，是金山毒霸实时监控的相关设置，如图 5-56 所示。金山毒霸提供"文件实时防毒"、"程序行为防护"、"云安全防御"、"上网安全防护"、"U 盘实时保护"、"下载与聊天保护"、"自我保护"共 7 个大类的实时保护功能，在计算机配置允许的情况下，建议打开全部监控选项。

　　其中的"上网安全防护"和"下载与聊天保护"需要和金山卫士一起协同工作才能发挥最佳效果，金山公司目前正在进行产品整合，逐渐的将这些功能都引入金山毒霸中来。

　　文件实时防毒可以监控对文件的一切操作，发现并拦截带毒文件的访问并停止该文件访问的进程活动。文件实时防毒开启后，在用户开机时即抢先加载并驻留于内存中，在用户使用计算机的过程中于后台默默运行，全程对病毒及木马等危害进行监控。

　　U 盘病毒免疫，可有效阻止病毒通过 U 盘运行、复制、传播，保证系统文件不被感染或破坏。金山毒霸默认开启了"U 盘病毒免疫"功能，当计算机插入 U 盘等移动存储设备时，会自动弹出对该设备进行病毒扫描的提醒，如图 5-57 所示。

图 5-56　监控防御界面

图 5-57　U 盘实时保护

自保护可有效保护金山毒霸自身的文件进程和运行毒霸所需的资源文件，以确保计算机始终处于毒霸的全面保护之中。为了保证杀毒软件本身不受恶意软件的侵犯，大多数的杀毒软件都有"自保护"功能，不允许对软件本身的进程进行访问或其他控制。

4．系统清理

顶部标签栏的第三个选项，是金山毒霸附带的一个小功能。可以对系统进行"一键清理"、"清理垃圾"、"清理痕迹"和"清理注册表"操作，如图 5-58 所示。

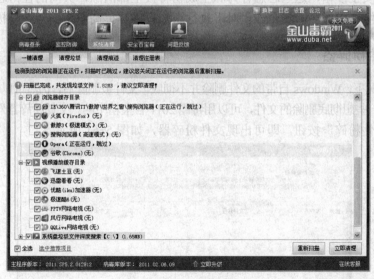

图 5-58　清理痕迹

5．安全百宝箱

安全百宝箱界面中提供了多种工具，如较为常用的"清理垃圾"、"清理痕迹"和"时间保护助手"等。下面介绍"金山安全沙箱"和"文件粉碎"的使用。

二、金山金山安全沙箱

金山安全沙箱是通过虚拟化技术创建的系统隔离环境，结合金山云安全系统，当未知文件（包括病毒木马）在沙箱中运行时，智能分析恶意行为，帮助用户鉴定该程序的安全性。在沙箱中运行的文件不会影响和修改用户的真实系统。

使用金山安全沙箱运行病毒程序 soft.exe 的结果如下。

在运行前，金山安全沙箱已经侦测到该文件是病毒文件，如图 5-59 所示。

在沙箱中运行这个文件后，可以看出该文件从互联网上下载了多个病毒文件，并尝试写入到计算机的自动启动菜单。这些恶意行为，都被金山安全沙箱记录，如图 5-60 所示。

图 5-59　金山安全沙箱对判别文件信息

图 5-60　病毒生成物和恶意行为

关闭金山安全沙箱，这些恶意行为和生成物将被全部清除，其间的任何恶意行为都不会对真实使用环境造成损坏。安全沙箱对于执行未知程序、提高系统安全性有极大的帮助。

三、文件粉碎器

大多数情况下，Windows 自带的文件删除并不彻底，文件被删除后，仍然可以通过一些工具进行恢复。对于一些想彻底删除的文件，可以用毒霸 2011 百宝箱中的"文件粉碎器"进行彻底删除。

单击"文件粉碎"按钮，即可出现文件粉碎器，如图 5-61 所示。

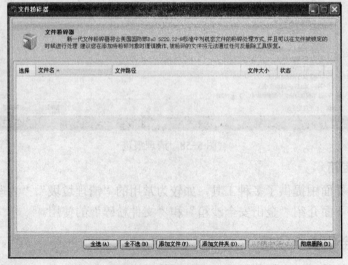

图 5-61　文件粉碎

步骤一：单击"添加文件"或"添加文件夹"按钮，在弹出的对话框中找到需要粉碎的文件。

步骤二：单击"确定"按钮后，需要粉碎的文件就列在粉碎器的任务栏中。

步骤三：如果出现误选，可以单击该项，然后单击"从列表中移除"按钮。

步骤四：如果确认需要删除，单击"彻底删除"按钮即可。

使用文件粉碎器删除的文件，即使使用反删除工具也无法恢复。

四、金山毒霸的设置

金山毒霸提供丰富的高级设置选项，通过这些设置可以让杀毒软件工作的更加符合用户需要，如图 5-62 所示。

1）在"杀毒设置"选项中，提供"手动杀毒"、"屏保杀毒"和"定时杀毒"的设置。金山毒霸默认的设置已经能够满足大多数用户的需要，可以不作更改。如果想让计算机在空暇时间自动进行病毒扫描，则可以勾选"屏保杀毒"上的"启动屏保杀毒"复选框。

2）在"防毒设置"→"文件实时防毒"中，建议硬件配置较高的用户将监控模式从默认的"快速监控"更改为"标准监控"。标准监控可以对所有文件类型进行严密监控。这种模式下的实时防毒，会使系统运行速度轻微变慢；快速监控可以对计算机系统中较易受到病毒攻击的程序文件及文档文件进行实时监控，这种模式的实时监控完全不会影响计算机的运行速度。

3）在"信任设置"中可以添加对本地文件的信任和对网址的信任。杀毒软件进行手动扫描和实时监控的时候，就会跳过这些文件或区域。在对文件的信任中，可以添加文件或文件夹；也可以按照文件扩展名添加，排除一类文件；还可以按照文件大小进行排除，如图 5-63 所示。

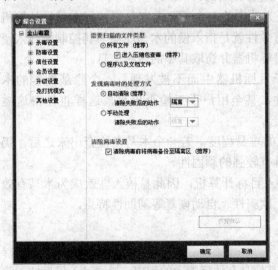

图 5-62　综合设置

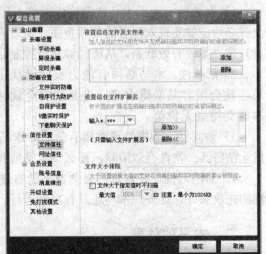

图 5-63　设置文件信任

任务三：了解计算机木马的特点

> 📖 **知识目标**
> ○ 了解木马的特点。
> ○ 熟悉木马的预防。
>
> ❑ **技能目标**
> ○ 能够正确防范木马入侵。

任务描述

在针对病毒的清理结束后，另一类安全威胁也值得所有计算机用户注意。有别于传统病毒的特征，木马主要用来窃取信息，在某些环境下，木马造成的损失远超一般病毒。

相关知识

木马在计算机领域中指的是一种后门程序，是黑客用来盗取其他用户的个人信息，甚至是通过远程控制对方的计算机而加壳制作，然后通过各种手段传播或者骗取目标用户执行该程序，以达到盗取密码等各种数据资料等目的。与病毒相似，木马程序有很强的隐秘性，随操作系统启动而启动。

一、木马的特点

一个典型的木马程序通常具有有效性、隐蔽性、顽固性和易植入性四个特点。木马程序的危害大小和清除难易程度也从这四个方面来进行评估的。

1）有效性。由于木马常常构成网络入侵方法中的一个重要内容，它运行在目标计算机上就必须能够实现入侵者的某些企图，所以有效性就是指入侵的木马能够与其控制端（入侵者）建立某种有效联系，从而能够充分控制目标机器并窃取其中的敏感信息。

2）隐蔽性。木马必须有能力长期潜伏于目标机器中而不被发现。一个隐蔽性差的木马往往会很容易暴露自己，进而被安全软件，甚至用户手工检查出来，这样将使得这类木马变得毫无价值。

3）顽固性。顽固性通常指有效清除木马的难易程度。若一个木马在检查出来之后，仍然无法将其一次性有效清除，那么该木马就具有较强的顽固性。

4）易植入性。任何木马必须首先能够进入目标计算机，因此易植入性就成为木马有效性的先决条件。此外，木马还具有自动运行、欺骗性、自动恢复等辅助性特点。

二、木马的危害

木马利用自身所具有的植入功能，或依附其他具有传播能力的程序，或通过入侵后植入等多种途径，进驻目标计算机，搜集其中各种敏感信息，并通过网络与外界通信，发回所搜集到的各种敏感信息，接受植入者指令，完成其他各种操作，如修改指定文件、格式化硬盘等。

三、木马的分类

根据传统的数据安全模型，木马程序的企图也可对应分为 3 种：试图访问未授权资源木马、试图阻止访问木马、试图更改或破坏数据和系统木马。

从木马技术的功能角度可分为破坏型木马、密码发送型木马、远程访问型木马、键盘记录木马、DoS 攻击木马、代理木马、FTP 木马、程序杀手木马和反弹端口型木马。

四、木马的实现原理与攻击技术

1．木马的原理

计算机木马大多都是网络客户/服务器（Client/Server）模型，常由一个可由攻击者用来控制被入侵计算机的客户端程序和一个运行在被控计算机端的服务端程序组成。

当攻击者要利用木马进行网络入侵，一般都需完成如下环节：向目标主机植入木马；启动和隐藏木马；客户端和服务器端建立连接；进行远程控制。

2．木马的植入技术

木马植入技术可以大概分为主动植入与被动植入两类。

所谓主动植入，就是攻击者主动将木马程序种到本地或者是远程主机上，这个行为过程完全由攻击者主动掌握。

而被动植入，是指攻击者预先设置某种环境，然后被动等待目标系统用户的某种可能的操作，只有这种操作执行，木马程序才有可能植入目标系统。

主动植入一般需要通过某种方法获取目标主机的一定权限，然后由攻击者自己动手进行安装。按照目标系统是本地还是远程的区分，这种方法又有本地安装与远程安装之分。由于在一个系统植入木马，不仅需要将木马程序上传到目标系统，还需要在目标系统运行木马程序，所以主动植入不仅需要具有目标系统的写权限，还需要可执行权限。如果仅仅具有写权限，只能将木马程序上传但不能执行，这种情况属于被动植入，因为木马仍然需要被动等待以某种方式被执行。

就目前的情况，被动植入技术主要是利用以下方式将木马程序植入目标系统：网页浏览植入、利用电子邮件植入、利用网络下载植入、利用即时通工具植入、利用恶意文件植入、利用移动存储设备植入。

3．自动加载技术

木马程序在被植入目标主机后，不可能寄希望于用户双击其图标来运行启动，只能不动声色地自动启动和运行，攻击才能以此为依据侵入被侵主机，完成控制。

针对 Windows 系统，木马程序的自动加载运行主要有以下一些方法：修改系统文件、修改系统注册表、修改文件打开关联、修改任务计划、修改组策略、修改启动文件夹、替换系统自动运行的文件、替换系统 DLL 文件。

4．隐藏技术

想要隐藏木马的服务端，可以是伪隐藏，也可以是真隐藏。伪隐藏是指程序的进程仍然存在，只不过是让它消失在进程列表里。真隐藏则是让程序彻底的消失，不以一个进程或者服务的方式工作。具体可以表现为：设置窗口不可见（从任务栏中隐藏）、把木马程序注册为服务（从进程列表中隐藏）、欺骗查看进程的函数（从进程列表中隐藏）、使用可变的高端口（端口隐藏技术）、使用系统服务端口（端口隐藏技术）、替换系统驱动或系统 DLL 文件（真隐藏技术）。

5．木马的连接技术

在网络客户/服务工作模式中，必须具有一台主机提供服务（服务器），另一台主机接受服务（客户端），这是最起码的硬件要求，也是木马入侵的基础。

建立连接时，作为服务器的主机会打开一个默认的端口进行侦听（Listen），如果有客户机向服务器的这一端口提出连接请求（Connect Request），则服务器上的相关程序（木马服务器端）就会自动运行，并启动一个守护进程来应答客户机的各种请求。

传统的木马都是由客户端（控制端）向服务端（被控制端）发起连接，而反弹窗口木马是由服务端主动向客户端发起连接。这种连接技术与传统的连接技术相比，更容易通过防火墙，因为它是由内向外发起连接。

五、防范木马的方法

虽然木马程序隐蔽性强，种类多，攻击者也设法采用各种隐藏技术来增加被用户检测到的难度，但由于木马实质上是一个程序，必须运行后才能工作，所以会在计算机的文件系统、系统进程表、注册表、系统文件和日志等中留下蛛丝马迹，用户可以通过"查、堵、杀"等方法检测和清除木马。

其具体防范技术方法主要包括：检查木马程序名称、注册表、系统初始化文件和服务、系统进程和开放端口，安装防病毒软件，监视网络通信，堵住控制通路和杀掉可疑进程等。

以下提出的是防范木马程序的一般方法：不到不受信任的网站上下载软件运行；不随便单击来历不明邮件所带的附件；及时安装相应的系统补丁程序；为系统选用合适的正版杀毒软件，并及时更新相关的病毒库；为系统所有的账户设置合适的用户口令。

 任务四：利用金山卫士查杀木马

📖 **知识目标**
  ○ 熟悉木马的入侵途径。
  ○ 熟悉木马的查杀方法。
🖥 **技能目标**
  ○ 能够使用工具查杀木马。

任务描述

运用金山卫士可以查杀计算机中潜藏的木马程序，开启网页防护可以有效减少木马从网络上感染本地计算机的可能，加强对系统的保护。

相关知识

在了解了木马惯用的隐藏和驻留方法之后，可以有针对性地、手动地检查计算机上是否被感染了木马程序。

一、木马的防御技术

根据木马工作的原理，木马的检测一般有以下一些方法：端口扫描；检查系统进程；检查 ini 文件、注册表和服务；监视网络通信。

1. 端口扫描

扫描端口是检测木马的常用方法。大部分的木马服务端会在系统中监听某个端口，因此通过查看系统上开启了那些端口能有效地发现远程控制木马的踪迹。操作系统本身就提供了查看端口状态的功能，在命令行下输入 "netstat -an" 命令可以查看系统内当前已经建立的连接和正在监听的端口，同时可以查看正在连接的远程主机 IP 地址，如图 5-64 所示。

对于 Windows 系统，有一些很有用的工具用于分析木马程序的网络行为。例如 fport，它不但可以查看系统当前打开的所有 TCP/UDP 端口，而且可以直接查看与之相关的程序名称，为过滤可疑程序提供了方便，如图 5-65 所示。

图 5-64 监听端口和网络连接情况

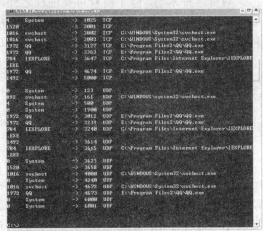

图 5-65 fport 运行界面

2. 检查系统进程

既然木马的运行会生成系统进程，那么对系统进程列表进行分析和过滤也是发现木马的一个方法。

虽然现在也有一些技术使木马进程不显示在进程管理器中，不过很多木马在运行期都会在系统中生成进程。因此，检查进程是一种非常有效的发现木马踪迹的方法。使用进程检查的前提是需要管理员了解系统正常情况下运行的系统进程。这样当有不属于正常的系统进程出现时，管理员能很快发现。

3．检查 ini 文件、注册表和服务

Windows 系统中能提供开机启动程序的几个地方：

1）开始菜单的启动项，这里非常明显，几乎没有木马会用这个地方。

2）win.ini/system.ini，有部分木马采用，不太隐蔽。

3）注册表，隐蔽性强且实现简单，多数木马采用。

4）服务，隐蔽性强，部分木马采用。

在查找系统的自动启动项目时，推荐使用 Autoruns 这个第三方程序，它可以详细罗列系统的所有启动项目，包括注册表、服务、驱动、计划任务等，并且允许用户有选择地禁用或删除它们，如图 5-66 所示。

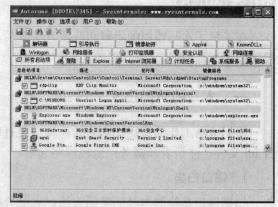

图 5-66　Autoruns 主界面

4．监视网络通信

一些特殊的木马程序，如通过 ICMP（Internet 控制报文协议）通信，被控端不需要打开任何监听端口，也无需反向连接，更不会有什么已经建立的固定连接，使得 netstat 或 fport 等工具很难发挥作用。

对付这种木马，除了检查可疑进程之外，还可以通过 Sniffer 软件监视网络通信来发现可疑情况。首先关闭所有已知有网络行为的合法程序，然后打开 Sniffer 软件进行监听，若在这种情况下仍然有大量的数据传输，则基本可以确定后台正运行着恶意程序。

这种方法并不是非常的准确，并且要求对系统和应用软件较为熟悉，因为某些带自动升级功能的软件也会产生类似的数据流量。

二、木马的清除

1．清除木马

知道了木马加载的地方，首先要做的是将木马启动项删除，这样木马就无法在开机时启动了。不过有些木马会监视注册表，一旦被删除，它立即就会恢复回来。因此，在删除前需要将木马进程停止，然后根据木马登记的目录将相应的木马程序删除。随着木马编写技术的不断进步，很多木马都带有了自我保护的机制，木马类型不断变化。因此，不同的木马需要有针对性的清除方法。对于普通用户来说，清除木马最好的办法是借助专业杀毒软件或是清除木马的软件来进行。由于普通用户不可能有足够的时间和精力没完没了地应付各种有害程序；分析并查杀恶意程序是各大安全公司的专长，所以对于大多数用户来说，安装优秀的杀病毒和防火墙软件并定期升级，不失为一种安全防范的有效手段。

2．处理遗留问题

检测和清除了木马之后，另一个重要的问题出现了：远程攻击者是否已经窃取了某些敏感信息？危害程度多大？要给出确切的答案很困难，但可以通过下列问题确定危害程度。

首先，确定木马存在多长时间，文件创建日期不一定值得完全信赖，但可供参考。利用 Windows 资源管理器查看木马执行文件的创建日期和最近访问日期，如果执行文件的创建日期很早，最近访问日期却很近，那么攻击者利用该木马可能已经有相当长的时间了。

其次，确定攻击者在入侵机器之后有哪些行动。是否访问了机密数据库、发送 E-mail、访问其他远程网络或共享目录？是否获取了管理员权限？仔细检查被入侵的机器寻找线索，如文件和程序的访问日期是否在用户的办公时间之外。

三、金山卫士查杀木马

前面讲到对于普通用户来说，清除木马最好的办法是借助专业杀毒软件或是清除木马的软件来进行。专业的防木马软件有很多，现今的各种知名杀毒软件对木马程序都有着较高的检出率，如 ESET NOD 32、McAfee、Avira AntiVir、Norton AntiVirus 和 Kaspersky Internet Security 等。

下面利用金山卫士对计算机进行木马检查。金山卫士是金山公司推出的一款免费的安全辅助型软件，可以从金山公司的网站上下载。金山卫士可以快速全面检查系统存在的风险，检查系统是否存在木马程序、高危系统漏洞、恶意插件等。

金山卫士使用云安全技术，能够查杀多种已知木马，比传统杀毒软件查杀速度快，清除木马病毒更省时。

进入查杀木马界面，"快速扫描"和"全盘扫描"无需设置，单击后自动开始；选择"自定义扫描"后，可根据需要选择扫描目录，如图 5-67 所示。

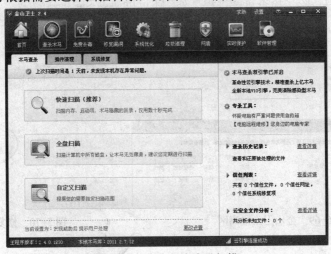

图 5-67　金山卫士木马扫描

在扫描结束后，若系统中发现木马，可单击"立即清除"按钮，执行清除木马操作，如图 5-68 所示。

若用户认为该文件不是木马，则可以在清除之后，单击木马查杀界面上的"查杀历史记录"后的"查看详情"，把隔离区中的文件恢复，如图 5-69 所示。

除了对已感染的系统进行木马查杀外，更要注意防范。而防范木马的重点之一就是及时更新系统补丁，及时有效地修复系统、软件漏洞，可避免被黑客利用控制计算机窃取账号、密码等重要信息。使用金山卫士可以方便地检测系统漏洞，及时修复这些安全隐患。

进入漏洞修复，单击"漏洞修复"按钮自动开始扫描漏洞；选择要修复的漏洞，单击"立即修复"按钮，执行自动下载补丁并修复漏洞操作，如图 5-70 所示。

高危漏洞会直接导致黑客入侵上网用户的计算机，从而进行植入木马或窃取隐私，建议一定要修复；其他漏洞和可选补丁一般不容易导致计算机产生安全风险，普通用户可以不修复，建议有计算机经验的用户选择性修复。

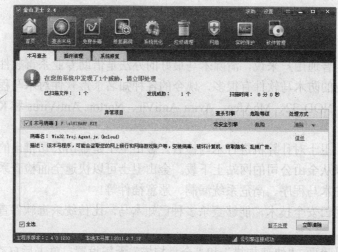

图 5-68　清除木马

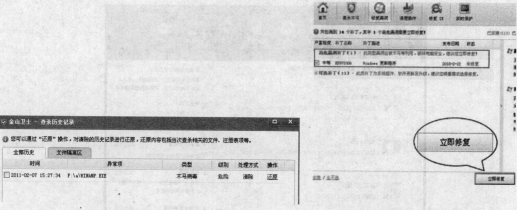

图 5-69　金山卫士隔离区

图 5-70　修复系统漏洞

应 用 实 践

1. 简述病毒的特点。
2. 如何防范计算机病毒？
3. 什么是木马？木马的特点有哪些？
4. 木马侵入计算机的途径有哪些？如何防范木马？

学习模块六

计算机硬件系统维护

项目 23　计算机硬件的日常维护和保养

 ### 任务一：了解计算机的日常维护方法

> 📖 **知识目标**
> ○ 熟悉计算机硬件维护的基本方法。
> ○ 熟悉计算机软件维护的基本常识。
> ▯ **技能目标**
> ○ 能够正确维护软、硬件，提高计算机的稳定性。

任务描述

对一台家用台式计算机各主要部件进行基本的维护操作，以保证计算机长期稳定的工作。

相关知识

一台计算机如果维护的好，它就会一直处于比较好的工作状态，可以尽量地发挥它的作用；相反，一台维护得不好的机器，它可能会处于不好的工作状态，操作系统可能会三天两头的出错，预定的工作无法完成，更重要的是可能导致数据的丢失，造成无法挽回的损失。因此，做好计算机的日常维护是十分必要的。

一、计算机的硬件维护

硬件维护是指在硬件方面对计算机进行的维护，包括计算机使用环境和各种器件的日常维护和工作时的注意事项等。

1. 电源要求

保持电源插座包括多用插的接触良好，摆放合理不易碰绊，尽可能杜绝意外掉电，一定要做到关机后再离开。

2．做好防静电工作

静电有可能造成计算机芯片的损坏，为防止静电对计算机造成损害，在打开计算机机箱前应当用手接触暖气管等可以放电的物体，将本身的静电放掉后再接触计算机的配件；另外在安放计算机时将机壳用导线接地，可以起到很好的防静电效果。

3．计算机的安放

计算机主机的安放应当平稳，保留必要的工作空间，留出用来放置磁盘、图纸等常用备件的空间以方便工作。要调整好显示器的高度，位置应保持显示器上边与视线基本平行，太高或太低都会使操作者容易疲劳。

4．硬盘的日常维护和使用时的注意事项

硬盘是计算机的仓库，用户的劳动成果都储存在仓库中，其重要性不言而喻。在使用时应当注意以上几点：

1）硬盘正在进行读、写操作时不可突然断电。现在的硬盘转速很高，通常为 7200r/min，在硬盘进行读、写操作时，硬盘处于高速旋转状态，若突然断电，则可能会使磁头与盘片之间猛烈摩擦而损坏硬盘。如果硬盘指示灯闪烁不止，则说明硬盘的读、写操作还没有完成，此时不宜强行关闭电源，只有当硬盘指示灯停止闪烁，硬盘完成读、写操作后方可重启或关机。

2）硬盘的防振措施。当计算机正在运行时最好不要搬动，硬盘在移动或运输时最好用泡沫或海绵包装保护，尽量减少振动。

3）硬盘的拿放。硬盘拿在手上时千万不要磕碰，另外还需注意防止静电对硬盘造成的损坏。在气候干燥时极易产生静电，若不小心用手触摸硬盘背面的电路板，静电就有可能伤害到硬盘的电子元件，导致硬盘无法正常运行。用手拿硬盘的正确方法应该是用手抓住硬盘的两侧，并避免与其背面的电路板直接接触。

5．显示器的设置

显示器如使用不当，效果会较差，并对眼睛造成损伤。正确地设置分辨率和刷新率会使用户感觉舒适，17in 显示器合适的分辨率为 1024×768，刷新率在 85Hz 时效果最好（液晶显示器除外）。

6．键盘的日常维护

1）保持清洁。过多的灰尘会给电路正常工作带来困难，有时造成误操作，杂质落入键位的缝隙中会卡住按键，甚至造成短路。在清洁键盘时，可用柔软干净的湿布来擦拭，按键缝隙间的污渍可用棉签清洁，不要用医用消毒酒精，以免对塑料部件产生不良影响。清洁键盘时一定要在关机状态下进行，湿布不宜过湿，以免键盘内部进水产生短路。

2）不要将液体洒到键盘上。一旦液体洒到键盘上，会造成接触不良、腐蚀电路造成短路等故障，损坏键盘。因此，一般不要边喝茶边坐在计算机前，这样一不小心茶可能就洒在键盘上。

3）按键要注意力度。在按键的时候一定要注意力度适中，动作要轻柔，强烈的敲击会减少键盘的寿命，尤其在玩游戏时按键更应注意，不要使劲按键，以免损坏键帽。

4）不要带电插拔。在更换键盘时不要带电插拔，否则危害是很大的，轻则损坏键盘，重则有可能会损坏计算机的其他部件，造成不应有的损失。

7. 鼠标的日常维护

在所有的计算机配件中，鼠标最容易出故障。

1）避免摔碰鼠标和强力拉拽导线。

2）单击鼠标时不要用力过度，以免损坏弹性开关。

3）最好配一个专用的鼠标垫，既可以大大减少污垢通过橡皮球进入鼠标中的机会，又增加了橡皮球与鼠标垫之间的磨擦力。

4）使用光电鼠标时，要注意保持感光板的清洁使其处于更好的感光状态，避免污垢附着在发光二极管和光敏晶体管上，遮挡光线接收。

8. 定期进行磁盘碎片整理

磁盘碎片的产生是因为文件被分散保存到整个磁盘的不同地方，而不是连续地保存在磁盘连续的簇中所形成的。虚拟内存管理程序频繁地对磁盘进行读写、IE 浏览器在浏览网页时生成的临时文件是它产生的主要原因。文件碎片一般不会对系统造成损坏，但是碎片过多的话，系统在读文件时来回进行寻找，就会引起系统性能的下降，导致存储文件丢失，严重的还会缩短硬盘的寿命。因此，对于计算机中的磁盘碎片也是不容忽视的，要定期对磁盘碎片进行整理，以保证系统正常稳定地进行，用户可以用系统自带的"磁盘碎片整理程序"来整理磁盘碎片。

9. U 盘的维护

以前用的软盘容量太小，现已逐渐被 U 盘所代替，它体积小、容量大、工作稳定、易于保管。U 盘抗振性较好，但对电敏感，不正确地插拔和静电损害是它的"杀手"，在使用中尤其注意的是要退出 U 盘程序后再拔盘。

二、计算机的软件维护

1）作好防毒杀毒工作，不要运行来历不明的软件。

2）同时开的任务不要太多，特别是计算机在复制数据安装程序时不要运行无关的程序。

3）清理垃圾文件。Windows 在运行中会囤积大量的垃圾文件，这些垃圾文件 Windows 无法自动清除，它不仅占用大量磁盘空间，还会拖慢系统，使系统的运行速度变慢，所以这些垃圾文件必须清除。垃圾文件有两种，一种就是临时文件，主要存在于 Windows 的 Temp 目录下，用户会发现，随着机器使用时间的增长，使用软件的增多，Windows 操作系统会越来越庞大，主要就是这些垃圾文件的存在。对于 Temp 目录下的临时文件，只要进入这个目录用手动删除就可以了；再有一种就是上网时 IE 浏览器的临时文件，用户可以采用下面的方法来手动删除：打开 IE 浏览器，选择工具中的"Internet 选项"项，再选"IE 临时文件"选项，选择"删除文件"→"删除所有脱机内容"，最后单击"确定"按钮就可以了。另外，在"历史记录"选项中，选择"删除历史记录"一项，并将网页保存在历史记录中的天数改为 1 天，最多不要超过 5 天。

对于计算机使用者来说，让计算机发挥出它的最大性能，始终工作在最稳定的状态，这是用户的共同选择。机器配置的高低是主要因素，但使用和维护不当，再高的配置也是枉然。只要在平时使用计算机的时候，多注意计算机的硬维护和软维护，不但可以尽量地延长机器的使用寿命，而且还能让计算机长期工作在正常状态。

任务二：掌握计算机内部配件的保养方法

> 📖 **知识目标**
> ○ 熟悉计算机清洁工具的使用。
> ○ 掌握常用配件的保养方法。
> ▢ **技能目标**
> ○ 能够使用科学的方法提高计算机使用寿命。

任务描述

　　计算机的里里外外都必须定期做清洁的工作，否则再好的计算机也会有罢工的一天。计算机的保养工作可以分为外部和内部两部分，计算机内部的许多配件都怕灰尘，因为灰尘会严重影响散热，而发热是计算机内部配件的天敌，如果发出的热量无法及时散去，配件很有可能无法正常运行甚至被烧坏。

相关知识

一、清洁工具

　　要进行计算机部件的清洁，工具是必不可少的，当拥有了一套工具后，就可以轻松地让计算机旧貌换新颜了。下面介绍几种清洁时必备的工具，既适合使用，又方便。

1. 气动清理工具

　　1）高压空气罐。里面贮藏了高压缩空气，可以吹出微细的尘垢、毛屑等，使用非常方便，外观如图6-1所示。

　　2）专用吸尘器。类似于家用吸尘器的功能，可以清除在配件角落里堆积的尘垢，但是价格昂贵，不易购买到而且使用烦琐，外观如图6-2所示。

　　3）吸耳球。只需挤压橡胶球体就可以吹出高压气流，达到清除堆积在角落的尘垢的效果，价格便宜、容易购买、使用简单，推荐普通用户使用，外观如图6-3所示。

图6-1　高压空气罐　　　　图6-2　专用吸尘器　　　　图6-3　吸耳球

2.擦拭工具

1）灰尘清洁刷。这是最基本的清洁工具，可以用在难清理的角落和缝隙，外观如图6-4所示。

2）擦拭布。市面上的计算机专用擦拭布有好多种，可以根据需要购买，也可以根据用途不同购买专用擦拭布。擦拭一般部件上的灰尘（如光驱等）不需要专门的用具，只需要准备一块干净的棉布就可以了，但是易脱落毛屑的布料不能使用，外观如图6-5所示。

3.液体清洁工具

计算机清洁液是计算机专用清洁液，可以用来清理计算机的机体部分，对于易损部件也可以购买专用清洁液。若要清洁适配卡上的金手指，则必须使用抗氧化的清洁液，外观如图6-6所示。

 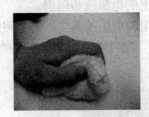 

图6-4 灰尘清洁刷　　　　　图6-5 擦拭布　　　图6-6 计算机清洁液

二、清理主板

主板是计算机内部最大的一个配件，电路最复杂，所以也最容易落灰。如果不定期清理主板，就可能导致系统不能正常运行，从而减少主板的使用寿命。下面介绍如何清理主板。

1）首先可以利用吸耳球清洁主板角落的灰尘，如图6-7所示。

2）未使用的插槽也会落入许多灰尘，可以利用专用吸尘器清洁。如果没有专用吸尘器，则用吸耳球也可。

3）主板表面的浮土也要清理掉，可以用干燥的棉布轻轻擦拭或灰尘清洁刷清理，如图6-8所示。

图6-7 清理主板的灰尘　　　　　图6-8 清理主板背面

注意： 主板上布满了电路，清理时千万不能用湿布，否则很容易造成短路，残留的水垢也易导致电路不连通。

三、清理风扇

计算机在工作时会散发大量的热，但是温度过高会影响系统运行的速度和稳定性。更甚者，会导致计算机元件无法正常工作，甚至烧毁。风扇的作用就是维持计算机机箱内部的温度，让机箱温度不会太高。灰尘的附着会严重影响风扇的转速，进而影响风扇的工作效率，所以一定要定期清理风扇。下面介绍如何清理 CPU 散热风扇。

1）松开 CPU 插槽与风扇之间的固定扣，一只手捏紧风扇两侧的弹簧夹片，将风扇取下，如图 6-9 所示。

2）清理的步骤首先是利用毛刷清理风扇表面的扇页，方法是顺着风扇叶片方向轻刷，如图 6-10 所示。

3）接着就是用吸耳球清理风扇叶片内部了。将吸耳球探入风扇叶片内部，捏吸耳球的球身，灰尘就会被吹出来了，如图 6-11 所示。

4）风扇背后的散热片内也会落入许多灰尘，如果不及时清理会影响散热效果。将吸耳球探入散热片的间隙内，吹走灰尘，如图 6-12 所示。

下面介绍如何清理机箱上的电源散热风扇。

首先要用清洁刷清理掉电源表面的灰尘，然后将吸耳球探入散热孔，吹出里面的灰尘，如图 6-13 所示（如果有条件，则可以使用高压空气喷罐探头，可以更好地进入散热孔，效果更好）。

图 6-9　取下风扇　　　　　　　图 6-10　清理扇页表面

图 6-11　清理扇页内部　　　图 6-12　清理风扇的散热片　　　图 6-13　清理电源风扇

四、清理适配卡

各个适配卡和主板之间都是通过金手指来连接的，而金手指部分很容易产生氧化现象，如果希望适配卡能正常稳定地发挥它的功用，就必须对其进行定期清理。下面就是清理适配卡的操作示范。

1）首先把要清理的适配卡拆下，将金手指上面的浮土用干布擦净。

2）接着用干净的橡皮擦拭要清洁的部位即可，如图 6-14 所示。

PCI 插槽上的适配卡一般发热量不是很大，没有散热片和风扇，所以只需要清理金手指就够了。但是 AGP 插槽上插的显卡由于其发热量的问题，一般都会有散热片和风扇，如图 6-15 所示。

图 6-14   清理金手指

图 6-15   显卡上的风扇及散热片

对于这样的适配卡，不但要清理金手指，还要清理散热片和风扇。

与前面所述的清理 CPU 风扇的方法一样，先要用清洁刷扫去风扇外扇页和散热片上的浮土，然后用吸耳球分别探入风扇内部和散热片内部，将里面的灰尘吹走，如图 6-16 和图 6-17 所示。

图 6-16   显卡的清理（一）

图 6-17   显卡的清理（二）

五、整理数据线和电源线

在组装好的机箱内布满了数据线和电源线，若不加以整理，可能会在加装硬件或维修计算机时挡住视线从而造成安装上的阻碍。而且，这些线散乱分布也有可能阻碍机箱内的散热效果，所以整理数据线和电源线是必要的。下面就是利用捆绑线整理数据和电源线的操作步骤。

1）先将电源线或者数据线分类整理好，然后握成一捆并用捆绑线环绕电源线，如图 6-18 所示。

2）将捆绑线的一头插入有预留扣的一头，然后拉动到底，直到捆绑线紧密缠绕住电源线为止，如图 6-19 所示。

3）将多出的线头剪掉，这一工作就完成了，如图 6-20 所示。

图 6-18   整理电源线

图 6-19   拉紧捆绑线

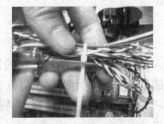
图 6-20   剪掉多余的线头

数据线跟电源线的整理方法一样。还有一点需要注意，捆绑线是一次性的，一旦两头套住就无法再次拔下来，所以在捆绑前一定检查清楚是否多归拢了线、是否有的线没有归拢进去。

任务三：掌握计算机外部设备的保养方法

任务描述

　　养成良好的使用计算机习惯，对计算机整机的保养有重要的作用。

相关知识

　　计算机的外设很多，如鼠标、键盘、显示器、打印机等。如果经常进行保养清理工作，既能让外设工作轻松流畅，又可以使操作感到舒适。

一、清洗键盘

　　一般的情况下，人们对于键盘的保养只是停留在用清洁布擦拭键盘表面，然后用吸耳球等吹出键盘内部的灰尘，如图 6-21 所示。

图 6-21　普通方法清理键盘

　　这个方法对于经常清理的键盘比较适用，但是长时间没有清理的键盘用这种方法清理过后还是会觉得使用手感不好。此时就可以用清洗的方法了，操作步骤如下。

　　1）先用一字螺钉旋具将键盘的按键——撬下来，如图 6-22 所示。不用担心这样会损坏键盘。

　　2）键盘按键撬下来之后，键盘基座上的脏物就一览无余了，可以用清洁刷清理，如图 6-23 所示。但是有一点要注意，就是不能沾上水，否则很容易在使用中烧坏键盘，或者水垢导致键盘失灵。

　　3）接着就是清洗按键了，将按键放进盆里，用洗涤灵清洗干净就可以了，如图 6-24 所示。

4）把按键洗净晾干之后，就可以装到键盘基座上去了，如图 6-25 所示。

图 6-22　撬下按键　　　图 6-23　清理键盘基座　　　图 6-24　清洗按键　　　图 6-25　安装按键

二、保养显示器

1．显像管显示器

显像管显示器的清洁工作分为屏幕表面和散热孔两个部分。屏幕表面应该使用柔软的清洁布沾上清洁剂来擦拭（如果没有清洁液用清水也可），散热孔则可以使用清洁刷来清理，下面就是操作步骤。

1）首先用专用的显示器擦拭布，蘸上清洁液来轻轻擦拭显示器屏幕；或者在用干燥的软布擦净显示器表面的浮土之后用湿布轻拭，如图 6-26 所示。

2）利用清洁刷将显示器背面散热孔的灰尘清理干净。当然，有条件还可以用前面介绍的专用吸尘器或空气喷罐清洁里面的灰尘。

图 6-26　擦拭屏幕

2．液晶显示器

液晶显示器清洁工作只有一步，就是擦拭屏幕。但是由于液晶显示器屏幕比较脆弱，所以擦拭起来比较麻烦。需要准备的工具有液晶屏幕的专用清洁布，还有其专用的清洁喷液。下面就介绍操作步骤。

1）首先，要将清洁喷液喷洒到液晶屏幕表面，如图 6-27 所示。

2）用专用清洁布，轻轻将屏幕上的清洁喷液擦拭干净，如图 6-28 所示。

图 6-27　喷洒清洁液　　　　　　　　图 6-28　擦去清洁液

三、保养打印机

在家庭甚至普通企业用户中，喷墨式打印机是最常见的。由于其价格便宜，打印质量较好，占据了现在打印机市场的大部分份额。但是，这种打印机的喷头会严重影响打印机质量，而进纸匣也容易跑进灰尘，所以在保养打印机时，一定要从这两方面入手。

1）首先选择任务栏的"开始"→"设置"→"打印机和传真"命令，如图 6-29 所示。

2）弹出"打印机和传真"窗口后，在打印机的图标上右击，在弹出的快捷菜单中选择"属性"命令，如图 6-30 所示。

3）弹出打印机属性对话框之后，选择"工具"选项卡，单击"打印头清洗"旁边的按钮（见图 6-31），就可以进行清洁喷头的工作了。

图 6-29　选择"打印机和传真"命令

图 6-30　选择"属性"命令

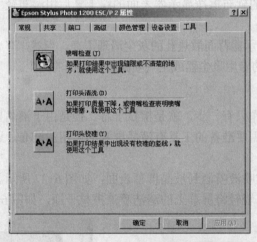

图 6-31　单击"打印头清洗"按钮

4）清理打印机的进纸匣，只要用吸耳球或者高压空气喷罐，就可以将纸匣里面的灰尘清洗干净了。

其他外部设备的清理跟前面所述方法大同小异，在清理这些设备的时候可以根据情况而决定如何处理。

应 用 实 践

1．计算机日常使用应该主要哪些事项？

2．计算机日常维护主要需要哪些工具？

3．观察自己的计算机，选取合适的工具，对其进行一次全面的维护。

项目 24 计算机常见故障的排除

 ## 任务一：掌握计算机常见故障的处理方法

> 📖 **知识目标**
> ○ 掌握计算机常见故障的检测方法。
> ○ 掌握计算机常见故障的检查流程。
>
> ▢ **技能目标**
> 能够用正确的检测方法快速查找故障点。

任务描述

计算机在使用了一段时间后，或多或少都会出现一些故障。下面总结出计算机使用过程常遇到的故障及简单的排除方法，只要学会这些故障处理方法，就可以对简单的故障进行处理。

相关知识

一、硬件故障概述

硬件故障是指由计算机板卡、外设等部件的物理性故障或设置参数超过硬件极限值所产生的故障。硬件故障可导致发生故障的硬件设备或电路功能失效，造成死机等现象，同时对计算机中的其他硬件设备产生影响。

二、硬件故障的分类

根据硬件故障产生的原因，可将其分为以下4种故障。

1）硬件质量故障。硬件质量故障是指由硬件自身的质量问题或某一个元件损坏或不稳定所引起的硬件故障，如主板元件损坏引起的死机故障、内存质量问题引起的黑屏故障等。

2）硬件设置故障。硬件设置故障是指由对硬件的错误设置、设置的参数超出硬件所能达到的极限所引起的故障，如CPU超频引起的系统不稳定故障、内存参数设置错误引起的死机故障等。

3）硬件冲突故障。硬件冲突故障是指由硬件与硬件之间发生冲突或不兼容所引起的计算机故障，如显卡与声卡冲突所引起的声卡不发生故障、声卡与网卡冲突引起的系统无法找到网卡的故障等。

4）人为故障。人为故障是指由用户的不当操作造成的硬件损坏故障，如用户不当操作造成的 CPU 断脚故障等。

三、硬件故障检测原则

1．清洁法

对使用较长时间的计算机，应首先进行清洁。清洁时，可用毛刷轻轻刷去主板、外设上的灰尘，如果灰尘已清扫掉或无灰尘，就进行下一步的检查。另外，由于主板上的一些插卡或芯片采用插脚形式，由于振动、灰尘等其他原因，常会造成引脚氧化，从而导致接触不良。可用橡皮擦擦去表面氧化层，重新插接好后开机，检查故障是否排除。

2．直接观察法

直接观察法即"看""听""闻""摸"，就是通过人的感觉器官如手、眼、耳和鼻等来判断出故障的原因，这是一个十分简单而又行之有效的方法。"看"即通过眼睛来观察系统板卡的插头、插座是否歪斜，电阻、电容引脚是否相碰，表面是否烧焦，芯片表面是否开裂，主板上的铜箔是否烧断。还要查看是否其他残留的杂物、异物掉进主板的元器件之间（造成短路），也可以看板卡上元器件上的字迹是否变淡或变黄等，用以来判断元器件是否有问题。"听"即监听电源风扇、软/硬盘电机或寻道机构、显示器变压器等设备的工作声音是否正常。另外，系统发生短路故障时常常伴随着异常声响。监听可以及时发现一些事故隐患和帮助在事故发生时及时采取措施。"摸"即用手按压插座上的芯片，看芯片是否松动或接触不良。另外，在系统运行时用手触摸或靠近 CPU、显示器、硬盘等设备的外壳，根据其温度可以判断设备运行是否正常。用手触摸一些芯片的表面，发热属于正常情况，因为硬件在供电工作后会产生热量；如果发烫，则表明其散热有问题或该芯片损坏，可将其换下。注意：用手触摸硬件时，通常是用手背，而不是手掌或手指，防止手掌手指吸附了水珠或粉尘。"闻"即辨闻主机、板卡中是否有烧焦的气味。计算机系统发生故障时，若是机内的芯片被烧坏的话，用户就会闻到一股臭味，遇到这种情况应该马上关机检查。

3．最小系统法

最小系统法也称为缩小系统法，即将有故障的计算机主机首先缩小到只可以运行最底层程序的系统结构（比如只能运行 BIOS SETUP），然后判断最小系统是否有故障。如果有，则先排除它，然后一步一步地添加系统外围的设备，直到发现将某个配件加到系统中去之后，系统故障开始显露出来，这样就可以判断为刚加上去的配件或与之相关的设备就是故障部件，然后试着更换它，看一看故障是否因此而被排除。

4．插拔法

插拔法是通过将芯片或是其他插件板拔出并插入来寻找故障原因的一种方法。

有时计算机出现故障后，不易立即判断出故障发生的部件，这是由于有些不同部件发生故障时对应的故障现象却是相同的。这时候，就可将计算机上 I/O 插槽上的板、卡都一步一步地拔出，每拔出一个板或卡，就开机测试计算机，以观察故障现象是否有变化。一旦拔出某块板或卡后计算机能够正常启动，那么故障的原凶就在这块板或卡上了。有时，为了缩小查找故障的部件的范围，可能需要重复多次。

5．对换法

这是在维护过程中常用的一种判别方法。对换法是用好的插件板、好的器件来替换有故障疑点的插件板或器件，或者是将相同的器件相互交换，根据故障现象的变化情况判断故障所在。

此法多用于易拔插的维修环境，例如内存自检出错，可交换相同的内存条来判断故障部位，无故障芯片之间进行交换，故障现象依旧，若交换后故障现象变化，则说明交换的芯片中有一块是坏的，可进一步通过逐块交换而确定部位。如果能找到相同型号的计算机部件或外设，则使用交换法可以快速判定是否是元件本身的质量问题。

交换法也可以用于以下情况：没有相同型号的计算机部件或外设，但有相同类型的计算机主机，则可以把计算机部件或外设插接到该同型号的主机上，以判断其是否正常。

计算机内部有不少部件是通用的，例如各种外设接口卡都是相同的。如果这些部位发生故障，则用对换法能够快速地定位。

若使用对换后故障消失，则说明换下的芯片或是部件有问题；若故障现象没有消失或者是故障现象有变化，则说明换下来的那个芯片或部件仍然可能存在问题，需要进一步检查。

6．敲击或手压法

敲击或手压法就是用手轻轻敲击可能出现故障的插件板或卡。对于计算机运行时出现的时有时无的瞬时性故障，计算机的运行也时好时坏，这种现象可能是各元件或是组件接触不良、插件引脚松动、金属氧化使得接触电阻增大等原因造成的。这种故障的出现可以用敲击法或手压法，敲击可疑部件，以此来观察计算机的故障情况，这样可帮助故障定位；也可用手压法将可疑的板卡压紧以后再开机，看故障是否能消除。例如开机时显示器有时不工作的故障，可先将显示器与主机之间的连线插紧，如果没有得到改善，则可将机箱打开，将显示卡压紧再将连线插好，这样可解决以上的故障。

7．比较法

运行两台或多台相同或相类似的计算机，根据正常计算机与故障计算机在执行相同操作时的不同表现，可以初步判断故障产生的部位。或者通过将正确的特征值（如电压、电流及各种波形）与有故障的特征值相比较，来帮助判断产生故障的原因。

8．软件诊断法

软件诊断法是通过故障诊断程序来检测计算机故障的。这种方法主要有两种：一种是通过 ROM 中开机自检程序检测；另一种是使用高级故障诊断程序进行检测。对于第二种方法，要求计算机能够正常启动才可使用。故障诊断程序必须能较严格地检查正在运行的计算机的工作情况，考虑各种可能的变化，造成一种"最坏"的环境条件。这样不仅能够检查系统内各个部件的状况，而且也能检查整个计算机系统的可靠性、系统工作能力和部件相互之间的干扰情况等。

高级故障诊断程序测试法是采用通用的（如 QAPLUS、DEMO 等）测试软件，或者是计算机厂家提供的专用检查诊断程序来帮助寻找故障，各种程序一般具有多个测试功能模块，可对处理器、存储器、显示器、硬盘、键盘、打印机、各种接口和适配器等各种设备进行检测，通过显示错误代码、错误标志信息，以及发出的不同声响来为用户提供故障原因和故障部位。

故障程序诊断测试法实质上是系统原理和逻辑的结合，除可用自编的诊断程序外，还有一些通用的测试软件和系统提供的诊断程序为用户提供了极大的方便，但必须有一定的实际维修经验相辅助。

9．综合法

计算机有时出现的故障现象是比较复杂的，单独某一种特定的方法不一定能查找出故障的原因。综合法就是在采用某一种方法不能找出故障点时，就综合以上方法中的几种方法来进行检测和查找故障，以便能够顺利地查出故障的部位及故障发生的原因。

四、硬件故障的处理原则

在处理计算机硬件故障时应有明确的分析思路和正确的处理原则，其主要包括以下几点。

1）先应仔细观察计算机出现故障时的现象并做好记录，然后对故障现象仔细分析，以初步确定故障可能发生的位置。

2）先检查外部设备，在确认外部设备无任何故障之后，才考虑机箱内部硬件出现故障的可能。

3）在进行初步分析之后，可对出现的问题进行具体分析和判断，如分析故障是由硬件质量所引起还是因为错误的设置等原因所引起。在对故障有了基本的处理思路和步骤之后即可为实际的处理作准备。

4）在正式动手之前还应做好必要的安全保护措施，以保证自身和设备的安全。

5）在维修过程中还应注意做好笔记，将问题和故障分类并进行具体处理。

 # 任务二：处理硬件故障

📖 **知识目标**

○ 熟悉常见计算机硬件故障的表现形式。

○ 掌握计算机硬件故障的排除方法。

▢ **技能目标**

能够排除处理各类常见的硬件故障。

任务描述

硬件故障是计算机故障的一个重要组成部分，而且这种故障也是比较致命的，不能靠简单的重装系统解决。这种故障通常会导致系统硬件的某一功能失效或整体功能丧失。

一、CPU 故障的处理

CPU 中常见的故障大致有以下几种：散热故障、重启故障、黑屏故障及超频故障。由于CPU 本身出现故障的几率非常小，所以大部分故障都是因为用户粗心大意造成的。

1. 对 CPU 故障的检查步骤

1）安装是否到位。特别是阵脚式设计的 CPU，方向不正确是无法将 CPU 正确装入插槽中，在检查时应重点放在安装是否到位上。

2）检查 CPU 风扇的运行是否正常。CPU 的集成度很高，所以发热量也很大，若温度过高，CPU 的使用寿命明显缩短，且会使计算机频繁死机，影响正常使用。还要选择一款性能优秀的散热器，并检查风扇的工作情况。

3）检查是否因为超频使用引起故障。当出现能够正常开机却进不了操作系统的情况时，就需要考虑是不是因为对处理器进行超频而导致的故障，可以进入主板 BIOS 中将 CPU 的电压、外频等恢复到默认设置，以解决问题。

4）检查跳线的设置是否正确。采用硬件跳线的老主板用户，设置起来比较复杂，稍不留神就会造成各种参数设置出错。因此在 CPU 出现问题时，首先要检查各项参数及跳线的设置是否正确，认真检查主板，阅读主板说明书，仔细地设置好各项参数。

5）处理器烧毁、压坏的检查方法。打开机箱，卸掉 CPU 风扇，拿出 CPU 后观察处理器是否有被烧毁、压坏过的痕迹。

6）静电故障。CPU 静电故障是由于外界静电击穿 CPU 引起的，人的身体通常会有几十伏静电，用手直接接触 CPU 的引脚极有可能导致 CPU 损坏，所以必须带上防静电手套。

2. 常见 CPU 故障

1）CPU 引脚接触不良，导致机器无法启动。一般表现在突然无法开机，屏幕无显示信号输出，排除显卡、显示器无问题后，拔下插在主板上的 CPU，仔细观察并无烧毁痕迹，但就是无法启动计算机。后来发现 CPU 的引脚均发黑、发绿，有氧化的痕迹和锈迹，对 CPU 引脚做了清洁工作，然后问题就解决了。

故障分析和排除方案：可能是因为制冷片将芯片的表面温度降得太低，低过了结露点，导致 CPU 长期工作在潮湿环境中。而裸露的铜引脚在此环境中与空气中的氧气发生反应生成了铜锈。日积月累锈斑太多造成接触不良，从而引发故障。此外还有一些劣质主板，由于 CPU 插槽质量不好，也会造成接触不良，最好的办法就是自己手动安装和固定 CPU。

2）挂起模式造成 CPU 烧毁。一般的系统挂起并不会造成 CPU 烧毁，系统会自动降低 CPU 工作频率和风扇转速来节省能耗。而挂起模式造成 CPU 被烧毁时，均是超频后的 CPU，这都是因为风扇转速低或停止运转造成的。主板上的监控芯片除可以监控风扇转速外，有的还能在系统进入挂起（Suspend）省电模式下，自动降低风扇转速甚至完全停止运转，这本是好意，可以省电，也可以延长风扇的寿命与使用时间。过去的 CPU 处于闲置状态下时，热量不高，所以风扇不转，只靠散热片也能应付散热。但现在的 CPU 频率实在太高，即使进入挂起模式，当风扇不转时，CPU 也会热得发烫。

故障分析和排除方案：这种情况并不是在每块主板都会发生，发生时必须要符合三个条件。首先 CPU 风扇必须是 3pin 风扇，这样才会被主板所控制。第二，主板的监控功能必须具备进入挂起模式即关闭风扇电源（Fan Off When Suspend）的功能，且此功能预设为 On。有的主板预设 On，甚至有的在电源管理（Power Management）的设定中就有 Fan Off When Suspend 选项，大家可以注意看看。第三，进入挂起模式。

3）CPU 频率常见故障。故障现象：有一台计算机的 CPU 为 AMD1600+，开机后 BIOS

显示为 1050MHz，但正常的 AthlonXP 1600+应为 10.5（倍频）×133MHz（外频）≈1400MHz（主频）。在 BIOS 中发现外频最大只能设置为 129MHz，拆机发现主板的 DIP 开关调到了 100MHz 外频，于是将其调为 133MHz 外频，开机后黑屏，CPU 风扇运转正常。反复几次均是如此，后来再把主板上的 DIP 开关全部调为 Auto，在默认状态下，系统自检仍为 1050MHz。怀疑内存和显卡等不同步，降内存 CAS 从 2 改为 2.5，依然无法正常自检；又将 AGP 显卡从 4X 改为 2X 模式，开机恢复正常。

故障分析和排除方案：后来经过证实，此用户的显卡版本比较老，默认的 AGP 工作频率是 66MHz（在 100MHz 下，PCI 的工作频率为 100÷3=33.3MHz，AGP 则是 PCI 频率×2=66.6MHz，在 133MHz 外频下 AGP 的频率为 133÷3×2=88.7MHz），因为 AthlonXP 所使用的 133MHz 外频，AGP 的工作频率随即提升至了 88.7MHz。因此，显示器黑屏显然为显卡所为，将显卡降低工作频率后，系统恢复正常。

在网络上见到由于 CPU 频率不正常而引起的故障，早期的一些 Pentium III 或 Athlon 主板都是默认 100MHz 外频，而现在新核心的 CPU 均是 133MHz 外频。这样在主板自动检测的情况下，CPU 都被降频使用，一般往往也不被人所发现。遇到此类情况只要通过调整外频及显卡或内存的异步工作即可。

4）计算机性能下降。P4 处理器的计算机在使用初期表现异常稳定，但后来性能大幅度下降，偶尔伴随死机现象。那么如果使用杀毒软件查杀无发现，用 Windows 的磁盘碎片整理程序进行整理也没用，格式化重装系统仍然不行，那么请打开机箱更换新散热器。

故障分析和排除方案：P4 处理器的核心配备了热感式监控系统，它会持续检测温度。只要核心温度到达一定水平，该系统就会降低处理器的工作频率，直到核心温度恢复到安全界限以下，这就是系统性能下降的真正原因。同时，这也说明散热器的重要，推荐优先考虑一些品牌散热器，不过它们也有等级之分，在购买时应注意其所能支持的 CPU 最高频率是多少，然后根据自己的 CPU 对方抓药。

5）不断重启的主机。一次误将 CPU 散热片的扣具弄掉了，后来又照原样把扣具安装回散热片。重新安装好风扇加电评测，结果刚开机，计算机就自动重启。检查其他部件都没问题，按照常规经验应该是散热部分的问题。有可能是主板侦测到 CPU 过热，自动保护。但反复检查导热硅脂和散热片都没有问题，重新安装回去还是反复重启。更换了散热风扇后，一切正常。经反复对比终于发现，原来是扣具方向装反了，结果造成散热片与 CPU 核心部分接触有空隙，CPU 过热，主板侦测 CPU 过热，重启保护。因此 CPU 散热风扇安装不当，也会造成 Windows 自动重启或无法开机。

故障分析和排除方案：CPU 随着工艺和集成度的不断提高，核心发热已是一个比较严峻的问题，因此目前的 CPU 对散热风扇的要求也越来越高。散热风扇安装不当而引发的问题相当普遍和频繁。如果使用的是 Pentium 4 或 Athlon 之类的 CPU，则选择质量过硬的 CPU 风扇，并且一定注意其正确的安装方法。否则轻则是机器重启，重则 CPU 烧毁。

二、主板故障的处理

随着主板电路集成度的不断提高及主板价格的降低，其可维修性越来越低。但掌握全面的维修技术对迅速判断主板故障是十分必要的。

1. 主板故障的分类

1）根据对计算机系统的影响可分为非致命性故障和致命性故障。非致命性故障也发生在系统通电自检期间，一般给出错误信息；致命性故障发生在系统通电自检期间，一般导致系统死机。

2）根据影响范围不同可分为局部性故障和全局性故障。局部性故障指系统某一个或几个功能运行不正常，如主板上打印控制芯片损坏，仅造成联机打印不正常，并不影响其他功能；全局性故障往往影响整个系统的正常运行，使其丧失全部功能，如时钟发生器损坏将使整个系统瘫痪。

3）根据故障现象是否固定可分为稳定性故障和不稳定性故障。稳定性故障是由于元器件功能失效、电路断路或短路引起，其故障现象稳定重复出现；而不稳定性故障往往是由于接触不良、元器件性能变差，使芯片逻辑功能处于时而正常、时而不正常的临界状态而引起。例如，由于 I/O 插槽变形造成显卡与该插槽接触不良，使显示呈变化不定的错误状态。

4）根据影响程度不同可分为独立性故障和相关性故障。独立性故障指完成单一功能的芯片损坏；相关性故障指一个故障与另外一些故障相关联，其故障现象为多方面功能不正常，而其故障实质为控制诸功能的共同部分出现故障引起（如软、硬盘子系统工作均不正常，而软、硬盘控制卡上其功能控制较为分离，故障往往在主板上的外设数据传输控制即 DMA 控制电路）。

5）根据故障产生源可分为电源故障、总线故障、元件故障等。电源故障包括主板上+12V、+5V 及+3.3V 电源和 Power Good 信号故障；总线故障包括总线本身故障和总线控制权产生的故障；元件故障包括电阻、电容、集成电路芯片及其他元件的故障。

2. 引起主板故障的主要原因

1）人为故障。带电插拔 I/O 卡，以及在装板卡及插头时用力不当造成对接口、芯片等的损害。

2）环境不良。静电常造成主板上芯片（特别是 CMOS 芯片）被击穿。另外，主板遇到电源损坏或电网电压瞬间产生的尖峰脉冲时，往往会损坏系统板供电插头附近的芯片。如果主板上布满了灰尘，也会造成信号短路等。

3）器件质量问题。由于芯片和其他器件质量不良导致的损坏。

3. 常见主板故障分析与处理

1）开机无显示。故障分析：由于主板原因，出现此类故障一般是因为主板损坏或被 CIH 病毒破坏 BIOS 造成。一般 BIOS 被病毒破坏后硬盘里的数据将全部丢失，用户可以通过检测硬盘数据是否完好来判断 BIOS 是否被破坏，还有两种原因会造成该现象：

① 因为主板扩展槽或扩展卡有问题，导致插上诸如声卡等扩展卡后主板没有响应而无显示。

② 对于现在的免跳线主板而言，如若在 CMOS 里设置的 CPU 频率不对，也可能会引发不显示故障。对此，只要清除 CMOS 即可解决。清除 CMOS 的跳线一般在主板的锂电池附近，其默认位置一般为 1、2 短路，只要将其改跳为 2、3 短路，几秒种即可解决问题。对于以前的老主板如若用户找不到该跳线，只要将电池取下，待开机显示进入 CMOS 设置后再关机，将电池装上也达到 CMOS 放电之目的。

排除方案：对于主板 BIOS 被破坏的故障，可以插上 ISA 显卡看有无显示，倘若没有开机画面，也可以自己做一张自动更新 BIOS 的软盘，重新刷新 BIOS。但有的主板 BIOS 被破坏后，软驱根本就不工作。此时，可尝试用热插拔法解决。采用热插拔法除需要相同的 BIOS 外还可能导致主板部分元件损坏，所以可靠的方法是用写码器将 BIOS 更新文件写入 BIOS 中（维修手机处一般都有写码器）。

对于主板损坏的故障，有的可能是因为主板用久后电池漏液导致电路板发霉（针对以前的老主板而言），使得主板无法正常工作，对此可以对其进行彻底清洗看能否解决问题，此方法还能避免主板各插槽的接触不良现象。

清洗方法：用工具拔掉主板上的 BIOS、CMOS 电池，然后用硬毛刷、洗衣粉对其各部件进行彻底清洗，最后用自来水冲洗干净，待主板干后再试。

2）CMOS 设置不能保存。故障分析和排除方案：此类故障一般是由于主板电池电压不足造成，对此予以更换即可。但有的主板电池更换后同样不能解决问题，此时有两种可能：

① 主板电路问题，对此要找专业人员维修。

② 主板 CMOS 跳线问题，有的因人为故障，将主板上的 CMOS 跳线设为清除选项，使得 CMOS 数据无法保存。

3）计算机频繁死机，即使在 CMOS 设置里也会出现死机现象。

故障分析和排除方案：在 CMOS 里发生死机现象，一般为主板或 CPU 有问题，如若按下法不能解决故障，那就只有更换主板或 CPU 了。

出现此类故障一般是由于主板 Cache 有问题或主板设计散热不良引起在死机后触摸 CPU 周围主板元件，发现其温度非常之高而且烫手。在更换大功率风扇之后，死机故障得以解决。对于 Cache 有问题的故障，可以进入 CMOS 设置，将 Cache 禁止后即可顺利解决问题。当然，Cache 禁止后速度肯定会有影响。

4）开机后主板不加电故障。主板在开机后不加电，主板电源指示灯不亮，计算机不能启动。

故障分析和排除方案：首先怀疑是电源损坏所致，更换电源后如果故障仍然存在，则将主板拆下，仔细观察后发现主板已经发生轻微变形。故障可能是因为主板变形所引起的电源接触不良，将变形主板进行矫正后，再将其装入机箱，加电后一切正常。

5）主板 COM1 串口损坏故障。计算机启动后，接在 COM 1 串口上的鼠标无法使用。

故障分析和排除方案：首先拆开鼠标进行全面清理，鼠标仍然无法使用，而把鼠标接到其他计算机上却使用正常，于是怀疑端口设置有误，在"控制面板"窗口中打开"系统"对话框，在"设备管理器"选项卡中展开"端口"选项，然后查看"通用端口（COM 1）"的"属性"，没有发现错误设置。此时可以确定故障是出现在鼠标所使用的 COM 1 端口上。在"系统"对话框的"设备管理器"选项卡中删除 COM 1 所使用的鼠标设置，然后关闭计算机并将鼠标接在主板的 COM2 口，重新启动计算机后故障排除。

6）主板高速缓存不稳定引起死机。在 CMOS 中设置使用主板上的二级高速缓存后，计算机经常出现死机现象。

故障分析和排除方案：由于故障是在使用了二级缓存后出现的，所以可初步判定引起故障的原因可能是二级高速缓存芯片工作不稳定。可用手触摸二级高速缓存芯片的温度，如果其中某一芯片温度异常，则该芯片为不稳定芯片，更换该芯片即可。

7）主板电池失效引起的硬盘 Type 值错误。启动计算机后系统自检失败，硬盘指示灯熄灭并发出"嘟嘟"声，屏幕出现"RAM Battery Low"等出错信息后死机。

故障分析和排除方案：该故障是因为主板上的电池失效导致 CMOS 参数丢失，从而引起主机参数混乱。在 CMOS 中存放了计算机时钟、日期、硬盘个数、类型、显示器方式以及内存容量等重要参数，而主板电池则用于为 CMOS 供电。当电池电力不足时就会出现 CMOS 参数丢失或混乱等现象。在开机上电自检时，BIOS 检查到 CMOS 中的参数表不匹配就会自动锁机，从而出现上述故障。排除方法为更换新电池。

8）系统自检 Cache 时死机。计算机在开机自检时，每次检测到 Cache 时就会死机。

故障分析和排除方案：在显示缓存容量时出现死机现象，可初步判定是高速缓存或硬盘出现故障。首先对硬盘进行测试，硬盘无故障。开机进入 CMOS 设置，将高速缓存 L2 Cache 设为禁用。重新启动后故障消失，因此判断该故障是由高速缓存芯片损坏引起的，更换损坏的芯片后故障排除。

9）PCI 插槽弹片短路引起的故障。计算机在开机后软驱灯长亮不熄，同时扬声器发出"嘟嘟"的连续短声。

故障分析和排除方案：对于这类故障应首先确认电源线以及软驱数据线是否出现故障，如果连接正确，则可能是由于主板局部短路造成，应对主板进行仔细检查。经查发现，主板上的 PCI 插槽内的两弹片变形相接，造成主板局部短路。对其进行矫正即可排除故障。

提示：这类故障通常是由于在对计算机进行清理的过程中进行野蛮操作造成的，这种不正确的操作很容易造成硬件的损坏。发现主板内存插槽上有一引脚与对应的芯片之间形成断路，将断点重新焊接后故障排除。

三、内存故障的处理

内存作为计算机中重要的配件之一，主要担负着数据的临时存取任务。由于内存条的质量参差不齐，所以其发生故障的概率比较大。当出现计算机无法正常启动、无法进入操作系统或是运行应用软件、无故经常死机等故障时，大部分都是因由内存条出现问题惹的祸。

根据引起内存故障的原因，可将内存故障分为接触性故障、兼容性故障、设置故障、质量故障。

1．内存常见故障的检查步骤

1）接触不良。因为内存的金手指镀金工艺不佳或经常插拔内存，导致内存在使用过程中因为接触空气而氧化生锈，逐渐与内存插槽接触不良，最后产生开机不启动报警的故障。

解决方法：只需要把内存取下来，用橡皮把金手指上面的锈斑擦去就可以了。

注意事项：在插入内存条时一定不能用手直接接触内存条的金手指，一是为了防止手上的静电损坏内存条；二是防止手上的汗液附在金手指更容易造成金手指氧化生锈。

2）内存条金手指烧毁。一般情况下，内存条的烧毁多数是因为长时间的故障排除中，无意中把内存条插反或是带电插拔内存条，造成内存条的金手指因为局部大电流放电而烧毁。当然，内存条在正常使用过程中，因为意外过压或电源损坏，也可能造成内存条和主板等同时损坏。

解决方法：只需要把内存取下来，用橡皮把金手指上面的锈斑擦去就可以了。

3）内存插槽的供电电源调整管击穿损坏。因为意外情况或是内存反插，内存没有接插到位，在把内存烧坏的同时，因为电源短路，内存中的供电电源调整也往往会因为过热而击穿并短路。

4）内存插簧片损坏。内存插槽内的簧片因非正常安装而损坏脱落、变形造成内存条接触不良，内存片反插被烧毁的同时，内存插槽对应的金属簧片也会被烧熔或变形。

解决方法：使用细小的镊子和一字形螺钉旋具，把烧毁的地方去除，再小心把簧片拨正就可以了。

2．常见内存故障分析与处理

1）计算机间断性死机。给计算机更换风扇后，经常会在使用一段时间后就死机，格式化并重新安装系统后故障依旧。

故障分析和排除方案：由于格式化并重新安装了系统，所以基本上可排除软件故障的可能。于是打开机箱将各板卡重新拔插后再启动，故障仍然存在。由于计算机换过风扇，于是仔细观察风扇，发现其离内存条太近，故障可能是由于风扇将 CPU 散发的温度直接吹向内存条，导致内存条工作不稳定所致。将内存条重新插在离风扇较远的插槽，开机后故障现象消失。

2）内存插槽结垢引起启动失败。将计算机中的 1GB 内存条升级为 2GB 内存条后，启动计算机时显示器黑屏，系统自检无法进行。

故障分析和排除方案：因为故障是在更换内存条之后出现的，所以首先怀疑故障出现在内存条上。将新增的内存条插到其他计算机上进行测试，无任何问题。于是仔细检查内存插槽，发现其中积有大量灰尘。用专用清洗润滑剂反复擦拭内存条插槽，将其清理后重新插入内存条，重启计算机后故障消失。

3）内存条质量引起的注册表出错。计算机的内存条更换为一根 HY 64MB 内存条和一根杂牌的 128MB 内存条。当系统开机时总是提示注册表出错，要求用户重新启动系统进行自动修复。有时重启系统可以修复错误，但有时则需要多次重启才能修复。

故障分析和排除方案：首先导出注册表与其他正常计算机中的注册表进行比较，没有发现异常。于是怀疑系统感染了病毒，但使用杀毒软件对系统检测后也未发现任何病毒。于是重新安装操作系统，当系统安装完后重新开机时，系统提示"Himem.sys"和"Emm386.exe"无法管理扩展内存，并提示扩展内存的某处地址有错误。于是可初步判定故障是由内存条引起，更换其中的杂牌内存条后，故障现象消失。

4）内存引起的系统不稳定。计算机运行 3D 动画游戏时，每次只要打开程序就会出现非法操作，然后提示"系统内部出错，请重新安装系统"。

故障分析和排除方案：根据故障现象可初步判定该故障可能是由硬件损坏或硬件不兼容引起，于是用替换法对硬件逐一进行检测，在使用一根名牌内存条换下原内存条后开机检测，故障现象消失。由此可判定该故障是由于内存条损坏引起，将其更换即可。

5）内存条槽引起的开机花屏故障。计算机在使用中出现花屏现象，将 256MB 内存条插在第一个内存槽上则一切正常，但是若插在其他内存槽上，故障又会出现。

故障分析和排除方案：这是一种较为常见的故障，因为第一个内存槽的稳定性比其他内存槽要好，在某些特殊情况下就会出现内存条只能插在第一个插槽才能正常使用的情况。如果出现这样的问题，则只需把内存条插在第一个内存槽上即可。

6）内存条插在第一个内存槽上计算机不能启动。为计算机增加内存条时，将原来使用的内存条插到第二个内存插槽上，将新增的内存条插在第一个内存插槽后，有时计算机无法启动。

故障分析和排除方案：这是因为主板上的第一个内存条与系统启动有一定关系，所以系统对该插槽中的内存条有着较为严格的要求。对于这种故障，只需将两条内存条的位置交换即可。

7）增加内存后系统出现死机。计算机在增加了一条 128MB 内存条后经常死机，有时还会自动重启。

故障分析和排除方案：这种故障通常是由于不同品牌的内存条混用导致。将新增的内存条更换为与原有品牌相同内存条后，故障排除。

8）运行软件时显示内存不足。安装了 2GB 内存的计算机在运行 Word 或 Photoshop 等大型软件时，提示"内存不足"。

故障分析和排除方案：因为计算机中已安装 2GB 内存，所以在运行上述软件不应该出现内存不足的现象。这种现象可能是因为系统中的硬盘空间不足引起虚拟内存空间不足，因为 Windows 在运行时会在 Windows 目录下创建一个用做虚拟内存的交换文件 Win386.SWP。它的大小是动态变化的，如果硬盘空间太小，在运行大型程序时，就会出现"内存不足"的现象。在"我的计算机"中查看 C 盘属性，发现 C 盘剩余空间仅有 10MB，对 C 盘进行清理后故障排除。

四、硬盘故障的处理

硬盘是负责存储资料的软件仓库，硬盘的故障如果处理不当往往会导致系统的无法启动和数据的丢失。

1. 硬盘故障类型

根据硬盘故障的表现形式，可将其分为以下 3 种类型。

1）找不到硬盘故障。这类故障一般是因为硬盘数据线或电源线没接好、硬盘跳线设置错误或 BIOS 设置错误等引起。只需检查硬盘的连接以及重新进行设置即可。

2）硬盘坏道故障。硬盘坏道故障是一种常见的硬盘故障。硬盘出现坏道除了硬盘本身质量以及老化的原因外，还可由不适当的超频、电源质量、温度、振动等原因造成。通常硬盘坏道可分为逻辑坏道和物理坏道两种。逻辑坏道通常由软件操作或使用不当造成，可用软件修复；而物理坏道为硬盘的物理性损坏，只能通过更改硬盘分区、更改扇区的使用情况或将坏道隐藏来解决。

3）分区表被破坏故障。硬盘进行分区时，FDISK 会在硬盘的 0 柱面 0 磁头 1 扇区建一个 64B 的分区表。分区表记录着硬盘的许多重要信息，对于系统的自举十分重要。一旦分区表被破坏，系统会因为无法识别分区，而不能正常启动。

2. 常见硬盘故障分析及处理

1）开机后系统提示"HDD Controller Failure"。计算机在开机后，系统出现"HDD Controller Failure"出错信息。

故障分析和排除方案：引起该故障的原因一般是硬盘线接口接触不良或接线错误。对这种情况，可先检查硬盘电源线与硬盘的连接，再检查硬盘数据信号线与多功能卡或硬盘的连接。如果连接松动或连线出错，都会出现上述提示，将线缆正确连接即可。

2）硬盘无法格式化。对硬盘进行格式化操作时，系统出现"Can not format this a new work disk"提示信息。

故障分析和排除方案：这是因为在 CMOS 中设置了开启"病毒警告"（Virus Warning）功能造成的，该项的作用是防止病毒破坏硬盘引导扇区和分区表，因为格式化硬盘时需要修改分区表中的某些参数，所以导致格式化不能进行。只需在 CMOS 中将该项改为 Disabled，然后对硬盘进行格式化即可，如图 6-32 所示。

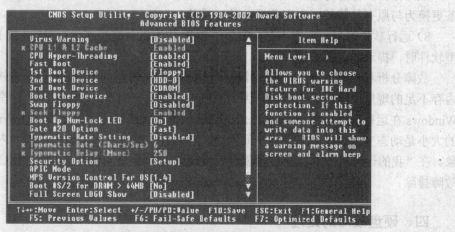

图 6-32　Virus Warning 选项

3）磁盘整理时反复进行。计算机在进行磁盘整理时，每次整理到 15%后就重头开始整理。

故障分析和排除方案：当遇到这种情况时，可首先打开"显示属性"对话框，在"屏幕保护程序"选项卡中将"屏幕保护程序"设置为无。在该选项卡中单击"设置"按钮，然后在弹出的对话框中将"系统等待"和"关闭硬盘"项都设置为"从不"。如果仍然出现相同的现象，则可能是计算机中有一些后台运行的程序，使得磁盘整理程序无法完成磁盘的整理工作。此时应关闭这些后台运行程序，等整理完毕再对其加载。其具体步骤如下：

① 选择"开始"菜单中的"运行"命令，打开"运行"对话框。

② 在该对话框中输入"msconfig"，单击"确定"按钮，打开"系统配置实用程序"对话框。

③ 在"常规"选项卡中只选中"选择性启动"单选按钮，单击"确定"按钮，如图 6-33 所示。

④ 重新启动计算机，然后运行磁盘整理程序。

⑤ 整理完毕后在"系统配置实用程序"对话框中设为"正常启动"即可。

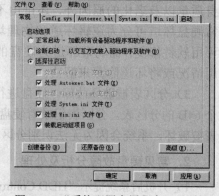

图 6-33　"系统配置实用程序"对话框

4）主硬盘引导分区未激活。对硬盘分区、格式化后，启动计算机时系统提示"Invalid Drive

Specification"。

故障分析和排除方案：这种故障通常是由于对硬盘分区后，没有激活分区造成的。可执行 Fdisk 命令，输入"Y"后按<Enter>键，此时，在分区主界面上提示主分区未被激活。输入"2"选择"激活分区"，再输入"1"激活主分区，然后退出到 DOS 提示符。重新执行"Format C:/S"命令对硬盘进行格式化，格式化完成后重新由硬盘引导即可。

5）硬盘改变跳线后不能启动系统。因需复制大量数据而卸下主引导硬盘，并将主盘的跳线由 Master 跳为 Slave，然后接在其他计算机上使用。使用完毕后把硬盘跳线恢复为主盘设置，启动时系统出现"Press a key to reboot"提示信息。图 6-34 所示为硬盘跳线。

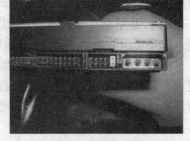

图 6-34　硬盘跳线

故障分析和排除方案：出现这种故障是因为硬盘在改变跳线设置接在其他计算机上使用后，恢复原来设置使用时，主引导分区变为未激活状态。对于这种故障可用 Windows 98 启动盘启动计算机，然后执行 Fdisk 命令，输入"2"选择"激活分区"，再输入"1"选择激活 C 区，然后退回到 DOS 状态，重新启动计算机即可排除故障。

6）硬盘数据线引起的分区表丢失。计算机在启动时硬盘分区表丢失，用 FDISK 重新分区后可正常使用，但一段时间后故障又会出现。

故障分析和排除方案：先怀疑是病毒造成分区表被破坏，于是将硬盘低级格式化，并对 CMOS 放电，但故障现象仍然出现。用替换法将硬盘安装到另一台计算机上测试，硬盘可正常使用，于是可排除硬盘出现故障的可能。可初步判定是主板或硬盘数据线有问题，当更换新硬盘线后进行测试，故障现象消失。

7）硬盘跳线错误引起硬盘无法检测。计算机加装一个 40GB 的硬盘，将 40GB 的硬盘接在双硬盘线的第 2 个接口上，重新设置 CMOS 后启动系统，系统出现"No operation system or disk error"提示信息。

故障分析和排除方案：首先用 COMS 的自动检测硬盘参数功能对硬盘进行检测，结果一个硬盘也没有检测到。当去掉 40GB 的硬盘后又能恢复正常，于是确认是新增加的硬盘有问题。拆下该硬盘后发现跳线处在 Master 状态，而原装硬盘也处于 Master 状态，可见该故障是因为系统设置两个主硬盘发生冲突所造成的。只需将新增硬盘的跳线设为 Slave 状态即可。

8）DOS 引导区参数引起硬盘逻辑故障。计算机自检完毕后，硬盘指示灯闪亮，系统提示"Non-system disk or disk error Replace and press any key when read"。用软盘启动成功后可进入硬盘，但用 Dir 命令显示目录时出现"File not found"提示信息且无法查看到任何文件。

故障分析和排除方案：这类情况一般是由非法程序、非法操作或病毒引起 DOS 引导区参数被改变。DOS 引导区的 0BH 位移处存放了硬盘 I/O 参数，如扇区数、字节数、FAT 数、磁盘标志、磁头数以及总扇区数等重要数据。若这些参数被改变，就会引起寻找目录指针错误。对于这种故障只需进入 Debug 状态，用 INTl3 中断程序调出 DOS 区的记录，然后正确修改 0BH 位移处的参数即可。

9）硬盘坏道引起的故障。系统在读取某个文件或运行软件时经常出错，或者需要经过很长时间才能操作成功，期间硬盘发出刺耳的杂音。无法用硬盘引导系统，软盘启动后可以转到硬盘盘符，但无法进入，用 SYS 命令传导系统也不能成功。

故障分析和排除方案：出现这种故障是因为硬盘上出现了无法修复的坏簇或物理坏道，对于这种故障可用一些专用的磁盘软件（如 FDISK）将这些坏道单独分为一个区并隐藏起来即可。

10）拔下移动硬盘时系统报错。在移动硬盘使用完毕之后，对其进行拔除时，系统提示非法操作。

故障分析和排除方案：拔除移动硬盘时系统提示非法操作，可能是因为当前使用的系统造成的。如果系统使用的是 Windows 2000、Windows Me 和 Windows XP 中的任意一款，则在使用 USB 移动存储设备时，应该在卸载硬件时将右下角显示的箭头图标中"硬件"设为停用。如果使用的是 Windows 98 系统，则在拔出移动硬盘时不会出现错误提示。

11）移动硬盘引起光驱不读盘。将移动硬盘插入主板的 USB 接口后，系统能找到该移动硬盘，并且可以正常工作。从光盘安装一个软件时，只听到光盘在光驱中高速旋转，然而光驱没有读出任何内容。当把移动硬盘从主板上完全移去后再次读取同一张光盘，光驱恢复正常。

故障分析和排除方案：首先将移动硬盘重新接入主板 USB 接口或只在主板 USB 接口上保留移动硬盘的数据传输线。在这两种情况下分别读取光盘，故障重新出现，试着读取几张正版光盘，也会出现同样情况，只有将移动硬盘和移动硬盘数据线从主板上完全取出后，故障现象才会消失。

从以上现象分析，故障可能是由机箱电源供电不足引起。虽然机箱所带的电源标识为250W，但实际输出功率常常达不到相应的标称值，更换机箱电源后，故障排除。

提示：硬盘、光驱等设备都是用电大户，在同一台计算机中使用多个这种设备时，应使用较大功率的电源。

12）硬盘停转故障。硬盘在使用过程中经常停转。

故障分析和排除方案：这种故障通常是由于电压不稳定、硬盘供电不足或硬盘电动机故障造成的。可先测量市电电压，如果发现电压过低或不稳定，则应为计算机加装稳压器。然后测量计算机电源的电压输出是否正常，以及查看是否有电源接口接触不良的情况出现。对这两种情况可分别采用更换电源或者更换电源接口的方式解决。如果是硬盘的电动机故障，则只能更换硬盘。

13）硬盘磁头无法归位。关闭计算机一段时间后重新启动，系统提示"Hard disk（s）diagnosis fail"。

故障分析和排除方案：故障现象以及系统提示分析，可判定该故障是硬盘磁头无法及时归位造成的。其处理办法是取出硬盘，然后在其外壳上轻击一下，通过振动的办法使磁头归位。

在处理该故障时，敲击硬盘时要控制好力度，以免造成硬盘损坏。

14）硬盘工作时发出"嗡嗡"声。计算机中的硬盘在工作时不断发出"嗡嗡"的声音。

故障分析和排除方案：这种情况通常是因为硬盘运行时与机箱发生共振造成的，只需将硬盘完全固定并在其与机箱接触的地方填充适当的减振物即可。

注意：频繁的振动也是导致硬盘出现坏道的重要原因之一，日常使用中应注意避免这种现象的发生。

15）开机后系统提示"No ROM Basic, System halted"。开机自检后，启动时死机或屏幕上出现"No ROM Basic, System halted"提示信息。

故障分析和排除方案：该故障一般是引导程序损坏或被病毒感染引起，也可能是分区表中无自举标志或结束标志 55AAH 被改写引起。其解决方法为从软盘启动，然后执行 Fdisk/MBR 命令，使 Fdisk 中正确的主引导程序和结束标志覆盖硬盘上的主引导程序即可。

　　该方法对于修复主引导程序和结束标志 55AAH 的损坏很有效，而对于分区表中无自举标志的故障，可用 NDD 迅速恢复。

　　16）误删分区引起数据无法读取。在对硬盘中的分区误删除后，无法读取硬盘中的数据。

　　故障分析和排除方案：用 FDISK 命令删除了硬盘分区之后，表面上是硬盘中的数据被完全清除，其实 Fdisk 命令只是重新改写了硬盘主引导扇区中的内容，即只删除了硬盘分区表信息，而硬盘中的数据均没有改变。只要未对硬盘进行格式化，就可通过使用专用软件恢复分区表数据的方式恢复硬盘的原有分区和数据。

五、显卡故障的处理

　　显卡是计算机主机中非常重要的一个配件，它分为集成显卡和独立显卡。与显卡有关的故障在使用计算机中是最为常见的故障，主要表现为：开机有报警声；无自检画面、自检无法通过；显示异常杂点、花斑、图案；黑屏、蓝屏等情况。需要注意的是，要先排除显示器及其信号输出数据线方面可能出现的问题，以免"殃及无辜"。

1．显卡故障原因

　　根据引起显卡发生故障的原因，可将显卡故障分为以下几种类型。

　　1）接触性故障。通常频繁插拔显卡或显卡与插槽接触不良，就可能会出现这类故障，这类故障在处理时应注意清除显卡上的污垢，然后将其调整到与插槽良好接触的位置。

　　2）设置故障。设置故障指由于错误地对显卡或系统进行设置而引起的显卡故障。

　　3）驱动程序故障。即因为显卡的驱动程序与显卡不匹配或显卡驱动程序与系统冲突引起的故障。其故障现象通常表现为显示不正确、颜色和分辨率不能调整。对这类故障的处理办法是重新安装显卡驱动程序或升级驱动程序。

　　4）元件性故障。元件性故障是指由显卡自身的质量问题或某一元件出现问题引起的故障。对这类故障的处理通常是更换显卡或请专业人员进行维修。

2．常见显卡故障分析

　　1）显卡无法正常调整刷新率。显卡在 Windows 98 SP2 下安装 nVIDIAV 3.62 驱动程序后，无法正常调整刷新率。

　　故障分析和排除方案：引起这种故障的原因是 nVIDIAV 3.62 及以后的驱动程序会自动检查显示器的类型，以避免因刷新率调整不当造成显示器无法正常显示。其排除的具体步骤如下：

　　① 安装完驱动程序后，在桌面单击鼠标右键，在弹出的快捷菜单中选择"属性"命令，打开"显示属性"对话框。

　　② 在该对话框中选择"设置"选项卡，再单击"高级"按钮。

　　③ 在"监视器"选项卡中更改适当的显示器型号即可。

　　2）显卡升级 BIOS 失败导致的黑屏故障。对显卡 BIOS 进行升级时出现错误提示，启动计算机时显示器无任何显示。

　　故障分析和排除方案：这种故障是由 BIOS 升级失败造成的，排除这种故障的具体步骤如下：

① 拔下升级失败的显卡，然后将一块可正常使用的 PCI 显卡插入到主板上的第一个 PCI 插槽中。

② 进入 CMOS 没置，将"Integrated peripherals"项中的"InitDisplay First"选项的值设为 PCISlot。

③ 关闭计算机并重新插上升级失败的 AGP 显卡。

④ 重启系统并执行升级程序，升级成功后拔下 PCI 显卡即可。

3）显卡与网卡冲突故障。一台正常使用的计算机，在网卡上插入 BOOT-ROM 芯片后出现冲突。

故障分析和排除方案：计算机能够自检但未出现熟悉的提示信息"Type H to boot from Hard disk"，说明 BOOT-ROM 芯片可能设置不正确。于是查看网卡设置，发现 BOOT-ROM 芯片地址已设置为默认的 C800。通常将 BOOT-ROM 芯片地址设置为 C800 均能正常使用，所以怀疑 BOOT-ROM 芯片有问题，使用替换法把 BOOT-ROM 拿到其他计算机上测试，能够正常使用。

由此可以初步判定故障是由 BOOT-ROM 芯片的地址与来源板卡的 ROM 地址发生冲突引起。

用 DOS6.22 的 MSD 程序查看保留内存的映像图，发现地址 C800 已被 AGP 显卡占用，将网卡的 BOOT-ROM 芯片地址设置为 D000，重新启动计算机，终于出现"Type H to boot from Hard disk"的提示信息。但在 BOOT-ROM 启动时出现"EthernetCardnotfounda expected address"提示信息，可能是因为 BOOT-ROM 芯片地址不是程序预定的值，所以网络服务器无法与 BOOT-ROM 正常通信。重新将 BOOT-ROM 的地址设置为 D800 时，网卡正常实现 BOOT-ROM 启动。

提示：当网卡无法正常从 BOOT-ROM 启动时，应分析 BOOT-ROM 地址是否与其他板卡（如声卡、显卡等）的 ROM 地址冲突。另外，要使网卡实现从 BOOT-ROM 正常启动，必须把 BOOT-ROM 地址设置为 C800 或 D800。

4）显存损坏引起的显示乱码。计算机启动时，在未进入系统之前屏幕上出现乱码。

故障分析和排除方案：通常这种情况是显示内存损坏造成的，因为病毒或软件不会在未进入系统前导致屏幕出现乱码现象。对于这种故障只需更换一块相同显示内存的显卡或更换显示内存即可。

5）显卡自检后出现黑屏。计算机在开机自检完显卡后，屏幕无任何显示。

故障分析和排除方案：首先检查显示器与显卡的连接情况，未发现接触不好的现象。然后检查显卡与主板插槽之间的接触，发现有松动现象，将其拔下后重新安装，启动计算机后故障排除。

6）进行硬件维护后显示器黑屏。计算机使用一直正常，在对机箱内的硬件进行维护之后，开机显示器无显示。

故障分析和排除方案：开始怀疑是由于接线错误或板卡没有插好引起，重新检查并重装了一遍后故障依旧，对主板进行仔细观察时，发现显卡没有固定在机箱上，当把机箱推到靠墙位置时，机箱后面的显卡数据线因为顶住墙而造成显卡松动，从而导致了故障的发生。用螺钉将显卡重新固定后，故障排除。

7）显卡芯片引脚氧化生锈导致显示不正常。计算机在开机后显示屏上的图像有轻微抖动，如果隔几天再开机，则抖动现象会更严重。

故障分析和排除方案：首先使用替换法将显示器换到另一台计算机上测试，使用一切正常。拔出显卡仔细观察，发现显卡芯片的引脚之间出现锈迹。故障可能就是由于锈迹导致引脚轻微短路,从而造成了显卡输出的信号波形不规则或者幅值不稳。如果相对湿度较大,则这种情况会更明显。用橡皮擦将锈状物清除干净,然后开机测试,故障排除。

8)显卡散热不良引起的显示器花屏。计算机在使用一段时间后出现花屏现象。

故障分析和排除方案:首先怀疑故障是由病毒引起,用杀毒软件对系统进行杀毒,但没有发现病毒,于是用其他显卡替换原显卡,开机后显示正常,所以可以判定此故障是由显卡引起。推测换回原来的显卡,当出现字符混乱时,用手触摸显卡的主控芯片,发现芯片温度过高,推测该故障是因为显卡的主芯片温度过高引起。试着在显卡上加装一块散热片和风扇后,故障排除。

9)显卡显示不正常。计算机在将系统升级到 Windows 2000 后,发现显示属性不正常,只能显示 16 色。

故障分析和排除方案:这种故障通常是由显卡驱动程序引起的,在下载了该显卡的最新驱动程序并安装完毕后重新启动,故障依旧。于是怀疑是由于 CMOS 参数设置不当所引起,在 BIOS 的 "PnP/PCI:Configupation" 选项中将 "Assing IRQ for VGA" 设置为 Enabled 后,显示恢复正常。

10)显卡引起的无法播放视频文件。计算机重装系统后,只要一播放视频文件(如 MPEG、AVI、RM 等),屏幕就会定格不动,然后系统死机并锁死键盘和鼠标。

故障分析和排除方案:由于故障是在重装系统后出现的,所以首先怀疑是系统出了问题,于是对硬盘重新格式化并重装操作系统,故障依旧没有消除。接着怀疑是显卡驱动程序问题,下载新的显卡驱动程序进行升级安装后,故障仍然存在。最后在显卡的驱动光盘中发现在其中的 nVIDIA 目录下的 Windows 9x 目录中有一个名为 Agpl68e.exe 的可执行文件,于是怀疑故障可能是因为没有安装该文件引起。先执行该文件,然后安装显卡驱动,安装完成后故障现象消失。

六、常见电源故障的处理

电源负责计算机的能量供给,为 CPU、CPU 风扇、主板、内存、光驱以及一些 USB 设备(如 U 盘),提供稳定的供电,如果电源出现问题,就会影响计算机的正常工作。

1)一台计算机开机即死机。开机即死机,说明主机没有任何加电反应。

故障分析和排除方案:这类现象一般首先应检查电源,因电源掉电会导致死机,整个机器无任何反应。打开机箱,首先检查电源是否插接妥当,确认正确无误后,再测量主机电源系统的直流电压是否正常,其正常的直流电压分别是 $11.5 \sim 12.6V$ 及 $4.8 \sim 5.2V$,超出正常范围表明主板电源系统有故障,检查主机电源系统发现其输出电压没有 5V 和 12V,所以出现计算机开机即死机现象。

2)计算机启动后上电自检失败,扬声器发出"嘟嘟"两声响后,屏幕显示"1701"。

故障分析和排除方案:硬盘的工作电压和电流都大于软驱,计算机的电源输入电压一般为 $180 \sim 259V$,经过调压输出的电压分别是+5V 和+12V,硬盘的输入电压不足+12V 时硬盘就不能启动,因而首先检查硬盘的电源线是否插好,电源接口中的导线与焊点是否分开,供电电压是否过低,如果不是,则故障发生在电源中,拆开电源检查,发现稳压电路的电位器有故障,更换后一切恢复正常。

3)自行开机。

故障分析和排除方案:第一类在 BIOS 中定时开机功能设为 Enabled,这样机器会在设定的某个时间自动开机。此外，某些机器中的 BIOS 中具有来电自动开机功能设置，如果选择了来电开机，则插上交流电源后，机器就会自动启动。第二类是 BIOS 中已关闭了定时开机和来电自动开机功能，机器在接通交流电源时自行开机，造成这类硬件故障主要有以下原因：一是电源本身的抗干扰能力较差，交流电源接通瞬间产生的干扰使其回路开始工作；二是+5V 电压偏低，使主板无法输出应有的高电平，总是低电平，这样机器不仅会自行开机，而且还会无法关机；三是主板的 PS-ON 信号质量较差，特别在通电瞬间，该信号由低电平变为高电平的延时过长，一直到主电源电压输出正常，该信号仍未变成高电平，使 ATX 电源主回路误导通。

七、常见显示器故障的处理

显示系统故障不仅包括由于显示设备或部件所引起的故障，还包括由于其他部件不良引起的在显示方面不正常的现象，显示方面的故障不一定就是由于显示设备引起的，应全面进行观察和判断。

1）显示器屏幕右下角是粉红色。

故障分析和排除方案：可能是显示器被磁化了，可以检查显示器前面板是否有消磁按钮，按下消磁按钮后整个屏幕会晃动一下，异常颜色就会消失。如果没有消磁按钮，重新打开显示器也可以实现消磁，只不过过程比较缓慢。需要注意的是，应将带有强磁场的设备搬到离显示器较远的地方。

2）显示器先清楚后模糊。

故障分析和排除方案：这种现象主要是聚焦电路的问题，也有可能是散热不好造成的。在散热不良的情况下，由于行管太热，造成输出功率损耗大，接着影响到高压的输出和加速级电压输出不够，从而影响到聚焦电路的正常工作。可以打开显示器的后盖，里面有一个可以调整高压的旋钮，但是这种方案只是在短期内有效，长时间让显示器在高压的情况下工作会加快显示器的老化，时间长了仍会产生聚焦不良的情况。

3）刚开机时显示器的画面抖动得很厉害，但过一会之后自动恢复正常。

故障分析和排除方案：这种现象多发生在潮湿的天气，是显示器内部受潮的缘故。可将防潮砂用棉线串起来，然后打开显示器的后盖，将防潮砂挂于显像管靠近管座附近。这样，即使是在潮湿的天气里，也不会再出现以上的现象。

八、常见声卡故障的处理

声卡出现故障的显著问题就是计算机没有声音。

1）开机后没有声音。

故障分析和排除方案：首先查看 Windows 任务栏右边有没有小喇叭的图标，如果没有，那就有可能是声卡的驱动没有正常安装，或者声卡跟其他部件有冲突。出现这种情况就可以打开"设备管理器"窗口查看，假如声卡这项没有，那就可以判定声卡坏了或者计算机没有检测到声卡。关机后把声卡拔出来，仔细看看声卡上的芯片有没有烧焦的痕迹，如果没有发现有烧焦的痕迹，也没有烧焦的气味，再看看金手指是否很脏，可以用橡皮把声卡的金手指重新擦一遍，再看看计算机能不能检测到声卡。如果在系统资源管理器内看到有冲突，就要打开声卡的资源项，看看是中断冲突还是输入/输出范围冲突，可以更改其值，也可以把声卡换个插槽试试。

2）声卡中有杂音和爆音。

故障分析和排除方案：声卡本身的做工质量不好，建议更换声卡；超频过高，特别是 CPU 超频到非标准外频，声卡在高频率下高负荷工作，很容易产生杂音或噪声，建议把 PCI 总线的工作频率降回标准频率；机箱内部的高频电磁干扰也可以造成杂音，如果 CPU 超频了，最好先降回来；使用主板自带的 AC'97 标准声卡，对系统资源要求比较高，同时运行消耗系统资源大的程序，就容易造成这样声音不正常的问题。

 任务三：了解计算机故障诊断卡常见代码与错误类型

📖　**知识目标**
　　○　熟悉计算机故障诊断卡的工作原理。
　　○　熟悉计算机故障诊断卡的信号灯的用法。
▢　**技能目标**
　　能够熟练运用故障诊断卡处理常见的故障。

任务描述

用计算机诊断卡去检测计算机硬件的常见错误是目前最常见的方法，诊断卡通过发光二极管和数据管上显示不同的数值来代表不同的含义，用户可以很容易定位到错误的位置。

相关知识

一、故障诊断卡的工作原理

故障诊断卡的工作原理是利用主板中 BIOS 内部自检程序的检测结果，通过代码一一显示出来，如图 6-35 所示。尤其在个人计算机不能引导操作系统、黑屏、扬声器不响时，使用本卡更能体现其便利，使事半功倍。

图 6-35　故障诊断卡

BIOS 在每次开机时，对系统的电路、存储器、键盘、视频部分、硬盘、软驱等各个组件进行严格测试，并分析硬盘系统配置，对已配置的基本 I/O 设置进行初始化，一切正常后，再引导操作系统。其显著特点是以是否出现光标为分界线，先对关键性部件进行测试。关键性部件发生故障强制机器转入停机，显示器无光标，则屏幕无任何反应。然后，对非关键性部件进行测试，对有故障机器也继续运行，同时显示器无显示时，将本卡插入扩充槽内。根据卡上显示的代码，参照机器是属于哪一种 BIOS，再通过查出该代码所表示的故障原因和部位，就可清楚地知道故障所在。

二、故障诊断卡指示灯含义

故障诊断卡指示灯可以帮助用户了解计算机运行的情况，通过观察指示灯亮的情况判断故障，见表 6-1。

表 6-1　故障诊断卡指示灯对应内容表

示 灯 类 型	指示灯含义	解 释 说 明
CLK	总线时钟	不论 ISA 或 PCI 只要一块空板（无 CPU 等）接通电源就应常亮否则 CLK 信号坏
RST	复位	开机或按了 RESET 开关后亮半秒钟熄灭属正常，若不灭常因计算机上的复位插针接上了加速开关或复位电路坏
12V	电源	计算机主板空板上电即应常亮，否则无此电压或笔记本电脑有短路
−12V	电源	计算机主板空板上电即应常亮，否则无此电压或笔记本电脑有短路
5V	电源	计算机主板空板上电即应常亮，否则无此电压或笔记本电脑有短路
−5V	电源	计算机主板空板上电即应常亮，否则无此电压或笔记本电脑有短路。（只有 ISA 槽才有此电压）
3.3V	电源	这是 PCI 槽特有的 3.3V 电压，空板上电即应常亮，有些有 PCI 槽的笔记本电脑本身无此电压，则不亮

三、故障诊断卡的使用流程

1）首先关闭电源，然后取出计算机中所有扩展卡。

2）将诊断卡插入 MiniPCI 插槽中，接着打开电源，观察各个发光二极管指示是否正常，如果不正常，关闭电源，根据显示的结果判断故障发生的部件，并排除故障。

3）如果二极管指示正常，查看诊断卡代码指示是否有错，如果有错，关闭电源，然后根据代码表示的错误检查故障发生的部件，并排除故障。

4）如果代码显示无错，接着关闭电源，然后插上显卡、键盘、硬盘、内存等设备，然后打开电源，再用诊断卡检测，看代码指示是否有错。

5）如果代码显示有错，关闭电源，然后根据代码表示的错误检查故障发生的部件，并排除故障。

6）如果代码显示无错，并且检测结果正常，但不能引导操作系统，应该是软件或硬盘的故障，检查硬盘和软件方面的故障，并排除故障。

应 用 实 践

1. 计算机硬件故障有哪些种类？

2. 简述硬件检查与处理原则。

3. 计算机硬件故障维修时有哪些注意事项？

4. 计算机开机进入系统后立刻蓝屏，分析故障现象及处理方法。

项目 25　计算机外设维护及故障处理

 任务一：处理打印机常见故障

📖　知识目标
- ○　熟悉针式打印机的常见故障的处理方法。
- ○　熟悉喷墨打印机的常见故障的处理方法。
- ○　熟悉激光打印机的常见故障的处理方法。

⬜　技能目标
- ○　能够处理常见的针式打印机的故障。
- ○　能够处理常见的喷墨打印机的故障。
- ○　能够处理常见的激光打印机的故障。

任务描述

　　打印机作为计算机最主要的输出设备，可大大减轻办公人员的劳动强度、提高工作效率，使办公环境更加轻松。由于各种原因，打印机在使用一段时间后经常会出现这样或那样的故障，下面介绍几种打印机常见故障的检修方法。

相关知识

一、针式打印机常见故障

1. 打印机通电后不能进行任何操作

　　1）首先要查看打印机的电源指示灯是否已亮，如没有亮就应先检查电源插头和电源线是否存在断路性故障，要是没有发现问题就可再查看电源开关和熔丝是否已损坏。

　　2）指示灯如果能发亮光，则证明电源供电部分基本正常。这时可观察打印机是否有复位动作，如果没有复位动作，则可能是打印机的控制电路部分出现了故障。

　　3）如果打印机能够进行正常的复位动作，那么不妨试一试打印机的自检打印是否正常，如果不能进行自检打印，那么就说明打印机的控制电路存在故障。

2. 打印机能正常完成自检打印，但在联机状态下却不能进行正常的打印工作

　　1）要先检查打印机与计算机相连的数据电缆是否存在断路性故障或接触不良的问题，这时最好更换一条新的打印电缆线试一试。

2）如果故障没有消失，就要从软件方面下手，首先要检查驱动程序是否安装正确，如果驱动没有问题，则可检查一下打印机端口的设置是否有问题。

3）如果经过以上的工作后仍然不行，那就很有可能是计算机主机上的打印口或打印机接口电路存在故障了。

3. 在打印时突然出现无故停止打印、报警或打印错位、错乱等情况

1）厂家为了避免打印头因过热而损坏，几乎所有的针式打印机都设有打印头温度检测和自动保护电路，这种无故停止打印的现象常见于大批量、高密度连续打印的情况下。

2）在打印过程中如果打印纸被用完了，那么打印机就会自动暂停打印，这时只要安装好打印纸后并按联机键就可以继续刚才被中断的打印工作了。

3）如果一些已打印完但未及时收好而堆积在一起的打印纸被卷入打印机的走纸机构，那么就会造成阻塞现象，打印机此时就会检测出错误而强行使打印机处于停机状态。

4）色带在打印过程中运转不畅而发生了阻塞现象，发生此类故障时，可在关机后用手移动字车看是否有阻力较大或阻力不均匀的感觉，如果有，那就说明该清洗字车导轴并应适当加注一些润滑油了。

4. 打印出来的作业字迹不清晰、甚至无法正常观看

1）多数情况下是打印色带的问题——比如打印色带没有安装好或者是因为色带用得太久导致其已经完全失效等情况均会造成此类故障。

2）如果色带没有问题，那么再检查一下打印头间隙调整杆的位置是否正确——该间隙应按照打印纸的厚度进行调整，如果间隙过大就会出现打印不上字的"故障"，这时只要重新调整一下打印头的位置即可将故障修复了。

二、喷墨打印机常见故障

1. 打印纸输出变黑

对于喷墨打印机，应重点检查喷头是否损坏、墨水管是否破裂、墨水的型号是否正常等；对于激光打印机，大多是由于电晕放电丝失效或控制电路出现故障，使得激光一直发射，造成打印输出内容全黑。因此，应检查电晕放电丝是否已断开或电晕高压是否存在、激光束通路中的光束探测器是否工作正常。

2. 打印出现乱字符

无论是针式打印机、喷墨打印机还是激光打印机出现打印乱码现象，大多是由于打印接口电路损坏或主控单片机损坏所致，而实际检修中发现，打印机接口电路损坏的故障较为常见，由于接口电路采用微电源供电，一旦接口带电拔插产生瞬间高压静电，就很容易击穿接口芯片，一般只要更换接口芯片，该类故障即可排除。另外，字库没有正确载入打印机也会出现这种现象。

3. 打印字符不全或字符不清晰

对于喷墨打印机，可能有两方面原因，墨盒墨尽、打印机长时间不用或受日光直射而导致喷嘴堵塞。解决方法是可以换新墨盒或注墨水，如果墨盒未用完，可以断定是喷嘴堵塞：

取下墨盒（对于墨盒喷嘴不是一体的打印机，需要取下喷嘴），把喷嘴放在温水中浸泡一会儿，注意一定不要把电路板部分浸在水中，否则后果不堪设想。

4．打印纸上重复出现污迹

喷墨打印机重复出现脏污是由于墨水盒或输墨管漏墨所致；当喷嘴性能不良时，喷出的墨水与剩余墨水不能很好断开而处于平衡状态，也会出现漏墨现象；而激光打印机出现此类现象有一定的规律性，由于一张纸通过打印机时，机内的 12 种轧辊转过不止一圈，最大的感光鼓转过 2～3 圈，送纸辊可能转过 10 圈，当纸上出现间隔相等的污迹时，可能是由脏污或损坏的轧辊引起的。

5．打印机不打印

引起打印机不打印的故障原因有很多种，有打印机方面的，也有计算机方面的。以下分别进行介绍：

1）检查打印机是否处于联机状态。在大多数打印机上"OnLine"按钮旁边都有一个指示联机状态的灯，正常情况下该联机灯应处于常亮状态。如果该指示灯不亮或处于闪烁状态，则说明联机不正常，重点检查打印机电源是否接通、打印机电源开关是否打开、打印机电缆是否正确连接等。如果联机指示灯正常，则关掉打印机，然后打开，看打印测试页是否正常。

2）检查打印机是否已设置为默认打印机。单击"开始/设置/打印机"按钮，检查当前使用的打印机图标上是否有一黑色的小钩，然后将打印机设置为默认打印机。如果"打印机"窗口中没有使用的打印机，则单击"添加打印机"按钮，然后根据提示进行安装。

3）检查当前打印机是否已设置为暂停打印。方法是在"打印机"窗口中用右键单击打印机图标，在出现的下拉菜单中检查"暂停打印"选项上是否有一小钩，如果选中了"暂停打印"复选框，则取消该选项。

4）在"记事本"中随便键入一些文字，然后选择"文件"菜单中的"打印"命令。如果能够打印测试文档，则说明使用的打印程序有问题，重点检查 WPS、CCED、Word 或其他应用程序是否选择了正确的打印机，如果是应用程序生成的打印文件，则检查应用程序生成的打印输出是否正确。

5）检查计算机的硬盘剩余空间是否过小。如果硬盘的可用空间低于 10MB，则无法打印。检查方法是在"我的电脑"中用右键单击安装 Windows 的硬盘图标，选择"属性"命令，在"常规"选项卡中检查硬盘空间，如果硬盘剩余空间低于 10MB，则必须清空"回收站"，删除硬盘上的临时文件、过期或不再使用的文件，以释放更多的空间。

6）检查打印机驱动程序是否合适以及打印配置是否正确。在"打印机属性"窗口中"详细资料"选项中检查以下内容：在"打印到以下端口"选择框中，检查打印机端口设置是否正确，最常用的端口为"LPT1（打印机端口）"，但是有些打印机却要求使用其他端口；如果不能打印大型文件，则应重点检查"超时设置"栏目的各项"超时设置"值，此选项仅对直接与计算机相连的打印机有效，使用网络打印机时则无效。

7）检查计算机的 BIOS 设置中打印机端口是否打开。BIOS 中打印机使用端口应设置为"Enable"，有些打印机不支持 ECP 类型的打印端口信号，应将打印端口设置为"Normal、ECP+EPP"方式。

8）检查计算机中是否存在病毒，若有需要用杀毒软件进行杀毒。

9）检查打印机驱动程序是否已损坏。可用右键单击打印机图标，选择"删除"命令，然后双击"添加打印机"，重新安装打印机驱动程序。

10）打印机进纸盒无纸或卡纸，打印机墨粉盒、色带或碳粉盒是否有效，如无效，则不能打印。

三、激光打印机常见故障

1．激光打印机卡纸

激光打印机最常见的故障是卡纸。出现这种故障时，操作面板上指示灯会闪动，并向主机发出一个报警信号。排除这种故障方法十分简单，只需打开机盖，取下被卡的纸即可。但要注意，必须按进纸方向取纸，绝不可反方向转动任何旋钮。但如果经常卡纸，就要检查进纸通道。搓纸轮是激光打印最易磨损的部分。当盛纸盘内纸张正常，而无法取纸时，往往是搓纸轮磨损或压纸弹簧松脱，压力不够，不能将纸送入机器。此时一般需要更换搓纸轮。此外，盛纸盘安装不正，纸张质量不好（过薄、过厚、受潮），也都可能造成卡纸或不能取纸的故障。

2．激光打印机输出空白

造成这种故障的原因可能是显影辊未吸到墨粉（显影辊的直流偏压未加上），也可能是硒鼓未接地，由于负电荷无法向地泄放，激光束不能在感光鼓上起作用，因而在纸上也就无法印出文字来。感光鼓不旋转，也不会有影像生成并传到纸上，所以必须确定感光鼓能否正常转动。断开打印机电源，取出墨粉盒，打开盒盖上的槽口，在感光鼓的非感光部位作个记号后重新装入机内。开机运行一会儿，再取出检查记号是否移动了，即可判断感光鼓是否工作正常。

如果墨粉不能正常供给或激光束被挡住，则会造成白纸。因此，应检查墨粉是否用完、墨盒是否正确装入机内、密封胶带是否已被取掉或激光照射通道上是否有遮挡物。需要注意的是，检查时一定要将电源关断，因为激光束对眼睛有害。

3．输出字迹偏淡

墨粉盒内的墨粉较少、显影辊的显影电压偏低或墨粉未被极化带电而无法转移到感光鼓上，都会造成打印字迹偏淡现象。取出墨粉盒轻轻摇动，如打印效果没有改善，就应更换墨粉盒或请专业维修人员进行处理。此外，有些打印机的墨粉盒下方有一个开关，用来调节激光的强度，使其与墨粉的感光灵敏度很好匹配。如果这个开关设置不正确，也会造成打印字迹偏淡。

4．输出时出现竖立白条纹

安装在感光鼓上方的反射镜上如有脏物，激光遇到镜子上的脏物时被吸收掉，不能到达感光鼓上，从而在打印纸上形成一窄条的白条纹。仔细观察激光传输通道，将通道清理干净，即能解决问题。

转印辊装在打印纸通道下方，也会吸引灰尘和纸屑，有的部分会变脏或被污染，从而阻止墨粉从硒鼓转移到打印纸上，也会造成在打印纸上形成一窄条白条纹。墨粉盒失效，通常会造成大面积区域字迹变淡。取下墨粉盒轻轻摇动，使盒内墨粉均匀分布，如仍改进不大，应更换墨粉盒。

5．打印纸上单侧变黑

激光束扫描到正常范围以外，感光鼓上方的反射镜位置改变，墨粉盒失效，墨粉集中在盒内某一边等，都可能产生打印机单侧变黑的故障。检查激光通道及其反射镜的位置，纠正偏差或取下墨粉盒轻轻摇动，使盒内墨粉均匀分布，如果仍不能改善，则更换墨粉盒。这些都是解决单侧变黑的方法。

6．打印纸上重复出现脏迹

一张纸通过打印机时，机内的约有 12 种轧辊转过不止一圈。最大的硒鼓鼓转过 2～3 圈，送纸辊可能转过 10 多圈。当纸上出现间隔相等的脏迹时，可能是由脏污或损坏的轧辊引起的。假设某一轧辊上沾有污迹，如脏迹相距较近，可能是小轧辊形成的；相距较远时，就应检查大一些的轧辊。测量出脏迹之间的距离，再用下式算出引起脏迹的轧辊直径：轧辊直径=脏迹距离/π，从而判断出具体是哪一根轧辊引起的问题，然后将其清理或更换，即可解决问题。

任务二：处理扫描仪常见故障

📖　**知识目标**
　　○　熟悉扫描仪的常见故障的处理方法。

☐　**技能目标**
　　○　能够处理常见的激光打印机的故障。

任务描述

扫描仪作为图像或文稿的导入工具，已经逐步成为办公用户不可或缺的设备。考虑到扫描仪产品质量参差不齐，再加上许多用户使用之前对它了解不多，因此在使用过程中，出现各种各样的扫描仪故障，就在所难免了。

相关知识

1．扫描驱动不正确

这种故障在所有的扫描故障中，占的比例比较大，例如许多版本的扫描驱动程序，存在太多的 bug，一旦安装了这种扫描驱动程序后，可能出现扫描仪无法响应，计算机系统死机，或者导致其他的软硬件出现不兼容现象。在解决这类故障时，可以到扫描仪厂商的官方网站上，下载最新版本的扫描驱动程序；当然，如果没有最新版本出现，不妨下载其他版本的正式版驱动程序。

2．USB 端口供电不足

倘若使用的是 USB 端口的扫描仪时，很有可能会遇到这种扫描故障，导致扫描仪无法连接。现在市场上，有不少计算机的主板提供的 USB 端口均有供电不足的现象，一旦 USB 扫描仪插入到主板上的对应端口时，就会无法正常工作。因此，在挑选 USB 端口的扫描仪时，最好能够现场测试一下，看看主板是否能够很好地支持 USB 扫描仪，以免花了冤枉钱，买回一台无用的扫描仪。

3. 连接松动的故障

扫描仪或计算机在平常移动过程中，都有可能导致扫描仪连接端口出现松动，引发扫描仪无法响应或无法连接故障。在解决这类故障时，最好先将扫描线缆从计算机端口中拔出来，然后仔细检查扫描线缆接口处是否有灰尘或其他污物覆盖，要是有，必须将接口处清洁干净，再用力将它插入到计算机的对应端口中，同时应该注意接口处的芯片是否完全插入到计算机的端口中了，最后不要忘记用扣子将接口固定起来。

4. 新系统不识旧扫描仪的故障

要是扫描仪无法在 Windows 2003 或 Windows XP 操作系统下被正确识别到，不妨进行下面的尝试：首先，到扫描仪厂商的官方网站上，看看是否有对应 Windows 2003 或 Windows XP 操作系统下的最新扫描驱动程序，有则可以下载下来，重新更新扫描仪驱动程序；要是没有最新版本的驱动程序，或者上面的方法不能解决问题时，不妨先在 Windows 98 操作系统下安装并设置好扫描仪，然后在该基础上，将 Windows 98 系统升级为 Windows 2003 或 Windows XP 操作系统，看看这样能否解决问题。倘若这种方法还不行，则可以找型号相近的、可以在 Windows 2003 或 Windows XP 操作系统下正常工作的其他扫描仪驱动程序来尝试一下，相信这样多半可以解决新系统无法识别旧扫描仪的故障。

5. 扫描声音不正常

当扫描仪在扫描图像时，突然发出了不正常的声音时，例如扫描振动声音加大，或扫描声音没有节奏时，则应该检查扫描仪内部的传动机构，是否遇到了什么障碍物。打开扫描仪平面玻璃板，看看传动机构部分是否有灰尘覆盖。如果有，那就将它清洁干净，同时为它加上一点润滑由，保持其良好的润滑性，相信这样就能消除不正常的扫描声音了。

6. 扫描灯管长亮

扫描仪在启动时，如果其灯管一直处于点亮状态，那么扫描仪的驱动程序很有可能被破坏，导致扫描灯管无法接受到来自驱动程序的"关灯通知"。此时，只要打开系统设备管理窗口，将扫描仪设备先正确卸载掉，然后重新刷新系统，让系统自动搜索出扫描仪，并按照屏幕提示完成扫描仪驱动程序的安装，就能解决上述故障了。当然，倘若已经启用了系统的电源管理功能，并将管理方案选为"空闲"时，也容易引发扫描灯管长亮的故障，所以最好使用默认的电源管理方案。

7. 扫描效果模糊的故障

要是扫描仪扫描出来的图像无法获得良好的效果时，应该做好下面的检查工作：首先应该检查扫描仪的分辨率是否设置得太低，要是太低，不妨将分辨率调整为 600dpi，然后重新扫描一遍，看看效果是否有所改善。如果还没有任何变化，不妨检查一下扫描仪平面玻璃板上，是否有灰尘覆盖。要是有灰尘，那么扫描光线无法准确扫描到图像，这样就很容易出现效果模糊的现象，因此必须及时对扫描仪进行清洁，时刻保持平面玻璃板，亮洁如新。要是上面的方法还是不能获得清晰的扫描效果时，不妨尝试着更新一下扫描仪驱动程序，看看在最新版本的程序驱动下，扫描仪能否工作正常。

应 用 实 践

1. 针式打印机打印字迹，每行均有一条白线，分析故障现象及解决办法。
2. 激光打印机打印纸张右侧黑边痕迹，分析故障现象及解决办法。
3. 喷墨打印机打印图片颜色失真，分析故障现象及解决办法。

学习模块七

笔记本电脑的组成与常见维修维护方法

项目 26　笔记本电脑的组成与选购

 任务一：了解笔记本电脑的外部结构

知识目标
- 熟悉笔记本电脑的外部结构及各部件的相关知识。

技能目标
- 能够正确识别笔记本电脑外部各组成部件。
- 能够掌握笔记本电脑外部各部件不同类型的区别。

任务描述

观察一台笔记本电脑的外部结构，了解各部件的名称、作用、外观及特点。笔记本电脑的组成与台式机相似，包括主板、CPU、内存、硬盘、显示器、输入输出设备等，但是各个部件的组成结构及特性与台式机有所不同。从外观上看，笔记本由外壳、显示屏、键盘、鼠标设备、外部接口、电源适配器组成。

相关知识

一、笔记本电脑的外壳

笔记本电脑的外壳既是保护机体的最直接的方式，也是影响散热效果、美观度的重要因素。笔记本电脑常见的外壳用料有合金外壳和塑料外壳两种，其中合金外壳材料有铝镁合金和钛合金，塑料外壳材料有碳纤维和 ABS 工程塑料。

1. 铝镁合金

铝镁合金一般主要元素是铝，再掺入少量的镁或其他金属材料来加强其硬度，采用铝镁合金的笔记本电脑外壳如图 7-1 所示。

图 7-1　铝镁合金外壳

优点：质坚量轻、密度低、散热性较好、抗压性较强，能充分满足笔记本电脑高度集成化、轻薄化、微型化、抗摔撞及电磁屏蔽和散热的要求。而且易于上色，可以通过表面处理工艺变成个性化的颜色。目前中高端的笔记本电脑产品均采用了铝镁合金外壳技术。

缺点：镁铝合金并不是很坚固耐磨，成本较高，比较昂贵，而且成型工艺比 ABS 工程塑料复杂。因此，笔记本电脑一般只把铝镁合金使用在顶盖上。

2．钛合金

钛合金材质的可以说是铝镁合金的加强版，钛合金与铝镁合金除了掺入金属本身外，最大的区别之处就是还掺入碳纤维材料，因此无论散热、强度还是表面质感都优于铝镁合金材质，而且加工性能更好，外形比铝镁合金更加的复杂多变。其关键性的突破是强韧性更强且变得更薄。就强韧性看，钛合金是镁合金的三四倍，强韧性越高，能承受的压力越大，也越能够支持大尺寸的显示器。至于薄度，钛合金厚度只有 0.5mm，是镁合金的一半，厚度减半可以让笔记本电脑体积更娇小。采用钛合金的笔记本外壳如图 7-2 所示。

图 7-2　钛合金外壳

缺点：利用钛合金来制造结构复杂笔记本电脑外壳，必须通过焊接等复杂的工艺，这些造成钛合金外壳的生产成本比较高。曾经只有 APPLE、IBM 等少数品牌的高端机型采用，目前市场上在售的钛合金外壳的笔记本电脑极为稀少。

3．碳纤维

碳纤维既拥有铝镁合金高雅坚固的特性，又有 ABS 工程塑料的高可塑性。它的外观类似塑料，但是强度和导热能力优于普通的 ABS 塑料，而且碳纤维是一种导电材质，可以起到类似金属的屏蔽作用（ABS 外壳需要另外镀一层金属膜来屏蔽）。碳纤维强韧性是铝镁合金的两倍，而且散热效果最好。若使用时间相同，碳纤维机种的外壳摸起来最不烫手。采用碳纤维的笔记本电脑外壳如图 7-3 所示。

图 7-3　碳纤维外壳

缺点：成型没有 ABS 工程塑料外壳容易，因此碳纤维机壳的形状一般都比较简单缺乏变化，着色也比较难。

4．ABS 工程塑料

ABS 工程塑料即 PC＋ABS（工程塑料合金），在化工业的中文名字叫塑料合金，这种材料既具有 PC 树脂的优良耐热耐候性、尺寸稳定性和耐冲击性能，又具有 ABS 树脂优良的加工流动性。因此，应用在薄壁及复杂形状制品，能保持其优异的性能，以及保持塑料与一种酯组成的材料的成型性。采用 ABS 工程塑料的笔记本电脑外壳如图 7-4 所示。

图 7-4　ABS 工程塑料外壳

缺点：质量重、导热性能欠佳。ABS 工程塑料由于成本低，被大多数笔记本电脑厂商采用，目前多数的塑料外壳笔记本电脑都是采用 ABS 工程塑料做原料。

二、笔记本电脑的显示屏

显示屏是笔记本电脑的关键硬件之一，约占成本的 1/4 左右。显示屏是否优良，取决于屏幕尺寸、分辨率、长宽比、屏幕类型、响应时间和可视角度等。

1．显示元器件

在笔记本电脑中，显示屏幕主要有 LCD 和 LED 显示屏，目前 LCD 中占据主流的是薄膜晶体管有源阵列彩显（TFT LCD）。

TFT（Thin Film Transistor）LCD 是由薄膜晶体管组成的屏幕，它的每个液晶像素点都是由集成在像素点后面的薄膜晶体管来驱动，显示屏上每个像素点后面都有 4 个（1 个黑色、3个 RGB 彩色）相互独立的薄膜晶体管驱动像素点发出彩色光，可显示 24 位色深的真彩色，可以做到高速度、高亮度、高对比度显示屏幕信息。TFT LCD 是目前最好的 LCD 彩色显示设备之一，其效果接近 CRT 显示器，是现在笔记本电脑和台式机上的主流显示设备。TFT LCD 显示屏如图 7-5 所示。

图 7-5　TFT LCD

LED（Light Emitting Diode）显示屏是由发光二极管排列组成的显示器件，它采用低电压扫描驱动。LED 显示器与 LCD 相比，在亮度、功耗、可视角度和刷新速率等方面都更具优势。LED 显示屏与 LCD 的功耗比大约为 10:1，而且更高的刷新速率使得 LED 显示屏在视频方面有更好的性能表现，能提供宽达 160° 的视角，可以显示各种文字、数字、彩色图像及动画信息，也可以播放电视、录像、VCD、DVD 等彩色视频信号，多幅显示屏还可以进行联网播出。而且 LED 显示屏的单个元素反应速度是 LCD 的 1000 倍，在强光下也可以照看不误，并且适应零下 40℃的低温。利用 LED 技术，可以制造出比 LCD 更薄、更亮、更清晰的显示器，拥有广泛的应用前景。

2．屏幕尺寸

屏幕尺寸是指笔记本屏幕对角线的尺寸，一般用英寸来表示。笔记本电脑采用的显示屏的尺寸是要根据该款机器的市场定位来确定的，所以为了适应不同人群，笔记本电脑的显示屏的尺寸种类要比台式机显示器多。

对于那些追求移动性能的超轻薄机型，大都采用的是 14in 以下的显示屏，这部分屏幕尺寸包括：6.4in、8.9in、11.3in、10.4in、10.6in、12.1in、13.3in；而 14in 和 15in 则是一些同时注重性能与便携性的机型最常见的屏幕尺寸，现在的主流内置光驱都是采用 14.1in 的屏幕；定位为台式机替代品的大型笔记本电脑最常用的屏幕尺寸是 15.4in、15.6in 和 16.1in，甚至有些机器采用了 18.4in 的屏幕。

3．屏幕分辨率和屏幕比例

分辨率是显示屏的一个重要参数，是指单位面积显示像素的数量；屏幕比例是指屏幕画面纵向和横向的比例，宽屏的特点就是屏幕的宽度明显超过高度。目前标准的屏幕比例一般有 4:3 和 16:9 两种，不过 16:9 也有几个"变种"，比如 15:9 和 16:10，由于其比例和 16:9 比较接近，因此这三种屏幕比例的液晶显示器都可以称为宽屏。这是由视屏电子标准协会所制定出来的一种显示模式，不同的模式代表不同规格的分辨率和屏幕比例。比较常见的标准屏幕显示模式见表 7-1。

表 7-1　标准屏幕显示模式列表

缩　写	分　辨　率	屏幕比例
XGA	1024×768	4:3
SXGA	1280×1024	5:4
SXGA+	1400×1050	4:3
UXGA	1600×1200	4:3

宽屏能带来更大的显示面积，同时没有显著加大机身和屏幕的面积。另外，同样尺寸的宽屏，其面积比标准屏幕要更小些，可以减低生产成本，由于灯管较长而屏幕的相对面积较小，宽屏的亮度和对比度在平均水准上要比标准屏幕优秀。比较常见的宽屏显示模式见表 7-2。

表 7-2　宽屏幕显示模式列表

缩　写	分　辨　率	屏幕比例
WXGA	1250×768	5:3
WSXGA+	1680×1050	16:10
WUXGA	1920×1200	16:10

根据人体工程学的研究，发现人的两只眼睛的视野范围并不是方的，而是一个长宽比例为 16:9 的长方形，所以目前市面上大部分笔记本电脑都是采用的 16:9 的宽屏显示屏，只有少部分高端笔记本电脑还在使用 16:10 的宽屏幕，而标准的 4:3 屏幕在现在的笔记本电脑市场中基本已经绝迹了。

三、笔记本电脑的键盘

笔记本电脑比较轻薄，为了与笔记本电脑外观相协调，笔记本电脑的键盘比起平常的台式机键盘来要薄很多。由于体积小，其底部的橡胶变形空间非常有限，为保证在这么小的空间内键体上下滑动游刃有余，目前笔记本电脑键盘普遍采用了 X 式支撑架结构，相互交叉的支撑架可节省不少的空间。笔记本电脑键盘如图 7-6 所示。

影响键盘性能的主要有以下几种因素。

1）键程：指按下一个键所走的路程或者说是下沉的距离。键程较长的键盘会让人感到弹力很大，按起来比较费劲；键程适中的键盘，则让人感到柔软舒服；键程较短的键盘给人很硬的感觉，长时间使用会感觉到疲惫。键程在一定程度上也影响笔记本电脑的厚度。

图 7-6　笔记本电脑键盘

2）键距：指键盘上键与键之间的距离。键距太长，会影响输入速度；键距太短，容易按到旁边的键，出现错误输入。键距在 19～19.5mm 以内的键盘称为全尺寸键盘。

3）键宽：指键盘上一个完整键帽的宽度。键宽大的键盘出现，误打的概率比较低，一般手掌粗大的人都喜欢键宽大的笔记本电脑。

4）回弹性能：指按键被按下去以后再次弹起来的性能。回弹性能和键程是影响键盘输入手感的两个关键因素，一般这两者配合得好，键盘的输入手感就会非常舒服。

5）键盘布局：指键盘上各个键的分布情况，笔记本电脑键盘布局一般采用85/86键，根据不同的品牌、尺寸，笔记本电脑的键盘布局也是多种多样。<Fn>键是一个笔记本电脑上专用的组合键，类似于<Alt>和<Ctrl>键，需要和其他功能键组合起来以迅速改变操作特征，各个品牌型号的笔记本电脑的<Fn>键的功能都有所不同。键盘布局中最影响人们使用感受的就是<Ctrl>键、<Fn>键、<Windows>键等几个常用功能按键的布局。

四、笔记本电脑的鼠标设备

由于受到体积上的限制，笔记本电脑的主要输入设备鼠标与台式机有一些区别。目前笔记本电脑内置的常见鼠标设备（确切地说应是指点设备）有4种，分别是轨迹球、触摸屏、触摸板和指点杆，其外观都与标准鼠标大相径庭，但功能是一致的。

1. 轨迹球

轨迹球的特点是体积较大，比较重，容易磨损和进灰尘，且定位精度的能力一般。现在轨迹球已经被淘汰了。

2. 触摸屏

触摸屏使用起来最方便，但定位精度较差，制造成本也最高，目前多用于超便携笔记本电脑之中，在全内置和超轻超薄笔记本电脑上比较少见。

3. 触摸板

触摸板是目前使用得最为广泛的笔记本电脑鼠标。触摸板由一块能够感应手指运行轨迹的压感板和两个按钮组成，两个按钮相当于标准鼠标的左右键。触摸板没有机械磨损，控制精度也不错，最重要的是，它操作起来很方便，初学者很容易上手，一些笔记本电脑甚至把触摸板的功能扩展为手写板，可用于手写汉字输入。其缺点是使用者的手指潮湿或者脏污的话，控制起来就不那么顺手了。笔记本电脑触摸板外形如图7-7所示。

4. 指点杆

指点杆是由IBM公司发明的，目前常见于IBM和TOSHIBA的笔记本电脑中，它有一个小按钮位于键盘的<G>、<B>、<H>三键之间，在空白键下方还有两个大按钮，其中小按钮能够感应手指推力的大小和方向，并由此来控制鼠标的移动轨迹，而大按钮相当于标准鼠标的左右键。指点杆的特点是移动速度快，定位精确，但控制起来却有点困难，初学者不容易上手，用久了按钮外套易磨损脱落，需要更换。笔记本电脑指点杆外形如图7-8所示。

图7-7 笔记本电脑触摸板　　　　图7-8 笔记本电脑指点杆

五、笔记本电脑的外部接口

笔记本电脑最大的好处就在于具有便携移动性。但是，轻薄小巧的机身也使其在应用功能方面受到了一定的限制，为了满足用户的使用要求，外置设备成为了增加其功能的途径，所以笔记本电脑周围就"长"出了许多方便连接不同设备的扩展接口。常见的接口有 USB 接口，RJ-45 网线接口，耳机、麦克风接口，VGA 接口，RJ-11 接口如 DVI 接口、S 端子。笔记本电脑常见外部接口如图 7-9 所示。

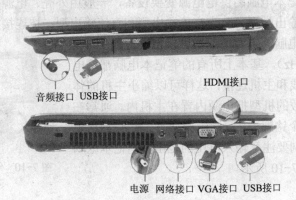

图 7-9　笔记本电脑常见外部接口

1. 读卡器接口

读卡器接口是现在比较常用的接口，用户可以通过该接口直接将数码相机等设备中的数据导出至笔记本电脑中。这样一来不仅省去了买读卡器的钱，并且方便了用户的数据存储。目前多数笔记本电脑的读卡器可以兼容 MMC、MS、XD、SD 等存储卡类型。

2. 电源接口

电源接口通常是一个圆孔，每种品牌的笔记本电脑的电源接口大小略有不同，用来插入电源适配器，为笔记本电脑提供外接电源。

3. PCMCIA 接口

外观约 4×0.4 长方豁口，支持 PCMCIA 卡插入，现已逐渐被 Express Card 接口卡替代。

4. Express Card 接口

Express Card 接口是一种新接口，它的前身是 PCMCIA 接口，外观与 PCMCIA 接口相同，也是 PCMCIA 的升级接口。通常这个接口与 PCMCIA 兼容，也就是说 Express Card 与 PCMCIA 在一个接口里。Express Card 接口设备体积更小、速度更快。

5. Display Port 接口

2006 年 5 月，VESA（视频电子标准组织）正式发布了 Display Port 1.0 标准，这是一种针对所有显示设备（包括内部和外部接口）的开放标准。Display Port 接口几乎具备目前所有视频输出接口的优点，如高带宽、整合周边设备、高度的可扩展性、内外接口、简化产品设计、内容保护技术等。

6. 防盗接口

部分笔记本电脑设计有防盗锁接口，外观类似 Mini USB 接口，其上会有"锁头"标志。如果携带笔记本电脑去展览会，并将机器放在展台上，通常展会方会提供一条笔记本电脑锁，这个接口就有用武之地了。

六、笔记本电脑的电源适配器

电源适配器是笔记本电脑的供电电源变换设备，一般由外壳、电源变压器和整流电路组成。电源适配器按其输出类型可分为交流输出型和直流输出型；按连接方式可分为插墙式和桌面式。多数笔记本电脑的电源适配器可以自动检测 100～240V 交流电（50/60 Hz）。基本上所有的笔记本电脑都把电源外置，用一条电源线和主机连接，这样可以缩小主机的体积和重量。只有极少数的机型把电源内置在主机内。通常在电源适配器上都有一个铭牌，上面标示着功率、输入/输出电压和电流等指标，特别要注意输入电压的范围。笔记本电脑电源适配器实物如图 7-10 所示。

图 7-10　笔记本电脑电源适配器

任务二：了解笔记本电脑的内部结构

> 📖 **知识目标**
> ○ 熟悉笔记本电脑的内部结构及各部件的相关知识。
>
> ▢ **技能目标**
> ○ 能够正确识别笔记本电脑内部各组成部件。
> ○ 能够掌握笔记本电脑内部各部件不同类型的区别。

任务描述

观察一台笔记本电脑的内部结构，了解内部各部件的名称、作用及特点。笔记本电脑的内部结构包括主板、CPU、内存、硬盘、显卡等，其基本原理与台式机一样，但是各个部件的特性及参数与台式机有所不同。

相关知识

一、笔记本电脑的主板

笔记本电脑的主板是整个笔记本电脑的核心部件，由于笔记本电脑追求便携性，其体积和重量都有较严格的控制，所以在这一点上其与台式机明显不同。笔记本电脑主板的集成度非常高，设计布局也十分精密紧凑，影响笔记本电脑主板性能的主要因素有芯片组、制造工艺和布局和散热系统。笔记本电脑主板实物如图 7-11 所示。

图 7-11　笔记本电脑主板

1．芯片组

芯片组是笔记本电脑主板的核心元件。芯片组几乎决定了这块主板的功能，进而影响整个笔记本电脑的性能发挥。

到目前为止，能够生产芯片组的厂家有 Intel、VIA、SiS、AMD、nVIDIA 等为数不多的几家，其中以 Intel、AMD 以及 nVIDIA 的芯片组最为常见。

Intel 公司提出的"迅驰"移动计算机技术是目前用户认知度最高的移动解决方案。其实迅驰技术是 Intel 公司为笔记本电脑专门设计开发的一种芯片组的名称，是一种计算功能强、电池寿命长，具有移动性、无线连接上网等功能的 CPU、芯片组、无线网卡结合的名称。

在市场上看到的大多数笔记本电脑都是采用 Intel 公司生产的主板芯片组，最常见的有 PM55、GS45、PM45、GM45、PM965、GM965、GS/GL40 这几种。

2．制造工艺和布局

主板的制造工艺和布局对其性能和外形架构的影响很大，由于笔记本电脑结构的紧凑性和设计的特殊性，每款机器总体设计、机壳尺寸和端口布局的不同，所以造成笔记本电脑主板的通用性很低。通常笔记本电脑的体积较小，主板上的电子元器件尽管与台式机的电子元器件种类差不多，但它的体积、性能却要比台式机高出许多倍，再加上对散热性能的较高要求，因此制造工艺和布局较为复杂，甚至同一个系列的笔记本电脑也会由于型号的不同而造成主板的差别。

3．散热系统

散热是笔记本电脑的一个重要问题。散热组件在笔记本电脑中是必不可少的，散热性能的良好与否直接影响到主板内部各个部件能否长时间正常工作，但由于体积的限制而增加了散热的难度。散热系统主要包括风扇和导热金属模块，在多数情况下这两个组件连为一体，这样散失在机体内部的热空气较少，散热效率较高。

普通的笔记本电脑，在上盖内表面有一金属隔层，南北桥芯片、内存芯片、CPU 等都位于金属隔层下面，这些芯片所产生的热量通过传导、对流或辐射的方式传到金属层分散，然后再利用键盘的金属固定基板进一步散发到机体外。

二、笔记本电脑的 CPU

移动处理器是笔记本电脑的心脏，影响移动处理器性能的因素主要有运算速度、耗电量与发热量。它们都与处理器本身有着很大的关联，一般来说由主频、位宽、缓存、封装工艺等所决定的。笔记本电脑 CPU 实物如图 7-12 所示。

图 7-12   笔记本电脑 CPU

1. 主频

主频是衡量处理器性能最直观的参数，它表示是处理器的时钟频率，简单地说就是处理器运算时的工作效率（即 1s 内发生的同步脉冲数），单位是 Hz。从这个参数可以看出计算机的运行速度。与处理器主频密切相关的两个概念是倍频与外频。

外频是处理器的基准频率，即处理器与主板之间同步运行的速度，单位是 MHz。目前绝大部分计算机系统中外频也是内存与主板之间的同步运行速度。

通常情况下，主频、外频、倍频之间关系有如下等式成立：主频=外频×倍频。

2. 位宽

位宽的解释很多，既可指处理器的数据宽度，也可以指内存的数据宽度。这里主要是用来表示处理的数据宽度是 32bit 还是 64bit 的。

数据位宽是处理器通用寄存器（General-Purpose Registers，GPRs）的数据宽度，也就是总线位宽。

3. 缓存

处理器缓存（Cache Memory）是位于处理器与内存之间的临时存储器，它的容量比内存小但交换速度更快。在缓存中的数据是内存中的一小部分，但这一小部分是短时间内处理器将访问的。当处理器调用大量数据时，就可避开内存直接从缓存中调用，从而加快读取速度。

缓存对处理器的性能影响很大，这主要是因为处理器的数据交换顺序和处理器与缓存间的带宽引起的。现在处理器包含有一级、二级缓存和三级缓存。一级缓存的大小相差不大，处理器产品中，一级缓存的容量基本在 4～64KB 之间。二级缓存的容量分为 128KB、256KB、512KB、1MB、2MB、6MB、8MB、12MB 等，因而二级缓存是处理器性能表现的关键之一，在处理器核心不变化的情况下，增加二级缓存容量能使性能大幅度提高。三级缓存分为两种，早期的是外置，现在的都是内置，而它的实际作用即是进一步降低内存延迟，同时提升大数据量计算时处理器的性能。

4. 封装工艺

处理器的封装工艺对整体性能影响很大。一般来说，散热、功耗等问题都是与封装工艺有关。所谓"封装技术"是一种将集成电路用绝缘的塑料或陶瓷材料包的技术。以处理器为例，实际看到的体积和外观并不是真正的处理器内核，而是处理器内核等元件经过封装后的产品。目前的处理器封装多采用绝缘的塑料或陶瓷材料来包装，能起到密封和提高芯片电热性能的作用。由于现在处理器芯片的内频越来越高、功能越来越强、引脚数越来越多，封装的外形也不断在改变。

三、笔记本电脑的内存

笔记本电脑内存拥有体积小、容量大、速度快、耗电低、散热好等特性，并采用了优质的元件和先进的工艺。笔记本电脑内存是代替硬盘对数据资料进行临时存取的重要部件，其质量的好坏决定了笔记本电脑的整机性能。影响笔记本电脑内存的性能因素主要有内存类型、容量等。笔记本电脑内存实物如图 7-13 所示。

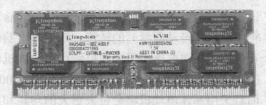

图 7-13 笔记本电脑内存

1. 笔记本电脑内存的类型

目前笔记本电脑使用的内存类型主要有 SDRAM、DDR、DDR2 和 DDR3 四种，不同类型的内存传输类型各有差异，在传输率、工作频率、工作方式、工作电压等方面都有不同。其中，DDR2 和 DDR3 内存占据了市场的主流，而 SDRAM 与 DDR 内存规格已不再发展，处于被淘汰的行列。

2. 笔记本电脑内存的容量

目前主流的笔记本电脑内存容量为 2GB 和 4GB，自从 2010 年各大笔记本电脑内存厂商纷纷推出单条容量 4GB 的内存，现在容量最大的笔记本电脑内存单条容量已经高达 8GB，已经远远满足目前一般主流的笔记本办公需求，虽然如此，但多数厂商出产笔记本电脑的时候还是会多预留一条或者更多的内存条插槽以备笔记本电脑进行升级时使用。

四、笔记本电脑的硬盘

笔记本电脑硬盘是笔记本电脑的主要存储设备，与台式计算机硬盘相比，具有体积小，功耗低，防振等特点。影响笔记本电脑硬盘性能的因素主要有尺寸、接口、容量、转速等。笔记本电脑硬盘实物如图 7-14 所示。

图 7-14 笔记本电脑硬盘

1. 尺寸

笔记本电脑硬盘的尺寸主要包括直径和厚度，目前主流的笔记本电脑硬盘以 2.5in 为主，而台式机为 3.5in 为主，除了常见的 2.5in 规格外，还有一种 1.8in 笔记本电脑硬盘，东芝和日立等主流厂商均有生产。笔记本电脑硬盘一般厚度均在 9.5mm 以下，而厚度大于 9.5mm 的一般只能在早期生产的笔记本电脑上才能找到。

2. 接口

盘接口是硬盘与主机系统间的连接部件，作用是在硬盘缓存和主机内存之间传输数据。不同的硬盘接口决定着硬盘与计算机之间的连接速度，在整个系统中，硬盘接口的优劣直接影响着程序运行快慢和系统性能好坏。从整体的角度上，硬盘接口分为 PATA 和 SATA 两种。

3. 容量

目前笔记本电脑硬盘的主流容量多为 320GB 和 500GB，日立公司推出了 1TB 容量的笔记本电脑硬盘。

4. 转速

硬盘通常是按每分钟转速（Revolutions Per Minute，RPM）计算：该指标代表了硬盘主轴电动机（带动磁盘）的转速。笔记本电脑硬盘受于盘片直径小、功耗、防振等制约因素，在性能上相对要落后于台式机硬盘。台式机硬盘电机主轴转速 7200 r/min 为主流，10000 转的硬盘也已推出，而在笔记本中还是以 5400 r/min 为主，主要是因为笔记本硬盘空间狭小，而且采用高速电动机将会带来更大的功耗和发热量。而在缓存容量方面笔记本硬盘也略微少于台式机硬盘。

五、笔记本电脑的显卡

用于笔记本电脑的显卡分为集成显卡和独立显卡两种。目前集成显卡常见的有 Intel 公司的 GMAx4500 以及 GMA X3100 系列 GMA950 系列，AMD-ATI 的 HD3100 和 HD3300 系列；独立显卡有 ATI HD4 系列和 NVIDIA 9 系列等。独立显卡具有专门的显示芯片，具有完善的 2D 效果和很强的 3D 水平；集成显卡的显示芯片内置于北桥芯片中，可以充分的缩小空间和降低笔记本的成本，其性能也完全能胜任一般商业用户。目前的笔记本显卡多为集成的，主要是由于机器内部本身空间狭小，无法像台式机一样使用 AGP 板卡，所以一般是将显卡芯片直接集成在主板上，但其作用和功能不会改变，只是不能与台式电脑的性能相比，而且升级也较为困难。笔记本电脑显卡实物如图 7-15 所示。

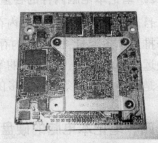

图 7-15　笔记本电脑显卡

六、光驱

光驱是笔记本电脑里比较常见的一个配件。随着多媒体的应用越来越广泛，使得光驱成为笔记本电脑的标准配置。目前，笔记本电脑的光驱可分为 CD-ROM 光驱、DVD 光驱、康宝（COMBO）和刻录机等，与台式机的光驱类型基本相同，这里不再赘述。笔记本电脑光驱实物如图 7-16 所示。

图 7-16　笔记本电脑光驱

七、笔记本电脑的电池

笔记本作为一款特殊的移动工具，其整体性能的高低与电池的优劣是密不可分的。在进行移动办公的过程中，电池的重要性绝不亚于 CPU、主板、硬盘等部件，目前笔记本电脑使用的电池主要分为镍铬电池、镍氢电池和锂电池 3 种。笔记本电脑电池实物如图 7-17 所示。

1. 镍镉电池

早期的笔记本电脑大部分都是使用的镍镉电池（Ni-Cd），由于当时电池技术还不够先进，所以使用的镍镉电池缺点很多，如体积大、份量重、容量小、寿命短等，因此目前镍镉电池基本上已被淘汰。

图 7-17　笔记本电脑电池

2. 镍氢电池

镍氢（Ni-MH）电池具有较好的性价比和较大的功率，它易于回收再利用，且对环境的破坏也很小，所以曾一度受到厂家和消费者的青睐。但是它也有着很明显的缺点，如充电时间较长、重量较重、容量比较小等。因此，伴随着锂离子电池的出现，镍氢电池也趋于被淘汰的边缘。

3. 锂离子电池

锂离子电池（Li-ion）属于锂电池的替代产品，具有工作电压高、体积小、重量轻、能量高、能安全快速充电、允许温度范围宽、放电电流小、无记忆效应、无环境污染等优点，这些决定了它现在在笔记本电池中的主流地位。当然锂离子电池也有自身的不足之处，如它的价格很高、充电次数过少、不能快速充电等缺点，但是其性能要远远优于前两种电池，因此当前还是主流笔记本电脑的首选电池。

4. 燃料电池（Fuel Cell）

燃料电池（Fuel Cell）是一种新兴的笔记本电池，具有无污染、高效率、适用广、无噪声等优点。燃料电池的燃料一般由一个独立的装置存放，这个装置可以轻松的从电池中取下来，以方便补充燃料或更换燃料装置。这样，只要更新燃料装置，就能让电池持续不断地进行供电。虽然燃料电池的已经越来越受到笔记本厂商的青睐，但还属于一种高速萌芽状态，还不能完全地替代传统的锂离子电池等。

笔记本电池的容量大小主要从电池所标出的毫安时（mAh）来判断。毫安时的大小直接关系到笔记本容量的大小，同时影响笔记本电脑的正常使用时间。

 任务三：了解笔记本电脑的新技术

> 📖　**知识目标**
> ○　熟悉笔记本电脑相关的最新技术。
> ▢　**技能目标**
> ○　能够利用笔记本新技术判断笔记本的发展方向。

任务描述

随着信息技术的不断发展，酷睿 i 系列处理器、3D 显示技术、USB 3.0、无线充电等技术代表着笔记本电脑相关的技术向着低功耗、节能环保、个性服务等方向发展。

一、3D 显示技术

随着 2010 年火遍全球的电影《阿凡达》的上映，彻底引爆了人们对于将 3D 技术应用于笔记本电脑的热情。对于笔记本电脑来说，3D 技术可以让用户拥有更加震撼的视觉享受。笔记本电脑上的 3D 技术主要有 nVIDIA 使用的红蓝 3D 和快门式 3D 技术、ATI 使用的偏振式 3D 技术两大类。2010 年的时候就有许多笔记本开始采用 3D 显示技术了，不过这都需要采用蓝光眼镜和立体屏幕来实现的，而在 2011 年只需要裸眼就可以在计算机上观看 3D 视频效果。

裸眼 3D 就是不需要 3D 眼镜等配件，使人们有更好的视觉感受和使用体验。例如 SuperD 公司推出的裸眼 3D 技术，采用了柱状透镜式的显示方案，能够同时在一幅画面下显示 2D 和 3D 效果，达到共融的迹象，也就是所谓的 3D 逐点技术。通过头部追踪的摄像头，可以消除重影，增加视野。对于笔记本电脑来说，3D 游戏与 3D 视频播放是两大主流应用，如果成功实现裸眼 3D 技术的无缝融合，那将是一件划时代的大事。

二、USB 3.0 技术

随着 Intel 与 AMD 大力支持，USB 3.0 逐步成为新一代主流的传输接口，将取代 USB 2.0 的传统地位。USB 3.0 的带宽理论值较 USB 2.0 的带宽高出约 10 倍，传输速率也较 USB 2.0 快 5 倍以上，因此对于未来高画质影音需求以及大容量文件传输均能够大幅降低传输时间。这款新的超高速接口的实际传输速率大约是 3.2Gbit/s（即 400MB/s），理论上的最高速率是 5.0Gbit/s（即 625MB/s）。USB 3.0 引入全双工数据传输，5 根线路中 2 根用来发送数据，另 2 根用来接收数据，还有 1 根是地线。也就是说，USB 3.0 可以同步全速地进行读写操作，以前的 USB 版本并不支持全双工数据传输。电源的负载已增加到 150mA（USB 2.0 是 100mA 左右），配置设备可以提高到 900mA，这比 USB 2.0 高了 80%，充电速度更快。另外，USB 3.0 的最小工作电压从 4.4V 降到 4V，更加省电。USB 3.0 接口实物如图 7-18 所示。

图 7-18　USB3.0 接口

USB 3.0 并没有采用设备轮询，而是采用中断驱动协议。因此，在有中断请求数据传输之前，待机设备并不耗电。简而言之，USB 3.0 支持待机、休眠和暂停等状态。上述的规范也会体现在 USB 3.0 的物理外观上。但 USB 3.0 的电缆会更"厚"，这是因为 USB 3.0 的数据线比 USB 2.0 的多了 4 根内部线。不过，这个插口是 USB 3.0 的缺陷。它包含了额外的连接设备。

三、无线充电

对于笔记本电脑而言，无线已成为一种趋势：想上网，有无线网卡；想与手机互连，有蓝牙设备。但一直以来，笔记本电脑始终还有一条尾巴——电源适配器。

图 7-19　无线充电装置

　　DELL 公司最近推出的拥有无线充电功能的 latitude Z600 笔记本电脑就引起了广泛关注，只要将笔记本电脑放置在专用的充电底座上，无需连接电源，底座就能为笔记本电脑充电。latitude Z600 无线充电装置实物如图 7-19 所示。

　　这款笔记本电脑采用的是电磁感应充电方式，在其底座上拥有发射线圈，并连接交流电源。充电底座上的发射线圈会产生一种变化磁场，由于笔记本电脑的底部也装有感应线圈，当笔记本电脑放置在底座上时，通过电磁感应，感应线圈就处于一个变化的磁场中，这样就产生了电流，从而实现充电。

　　虽然笔记本电脑实现了无线充电，但也有缺陷，首先其充电效率低于直接连接电源线效率，并且电磁感应的充电原理决定了其充电底座必须较大，才能有较高的充电效率，另外笔记本电脑必须与充电底座紧密接触，哪怕其间仅有几厘米的距离，充电就无法完成。

 任务四：选购笔记本电脑

> 　　📖　**知识目标**
> 　　○　了解笔记本电脑的不同用户群的需求及选购技巧。
> 　　▢　**技能目标**
> 　　○　能够根据不同用户需求选购适合的笔记本电脑。

任务描述

　　笔记本电脑的选购主要考虑好用、适用以及耐用，因此在选购时更应该针对不同用户的需求，只有这样才能发挥出笔记本电脑的最大功效。

相关知识

一、用户需求分析

　　选择笔记本电脑应该首先是从满足于个人需求出发的，一般从以下几个要素考虑。首先是这台笔记本电脑的用途，即进行文字处理、网上办公、上网冲浪、玩游戏或者是进行多媒体视听；其次是考虑使用笔记本电脑的时间有长短、对电池的续航能力是否要特殊的需求；再次考虑笔记本电脑是否对使用的环境有所要求；最后就是考虑指笔记本电脑的重量、外观、功能等一些基本的配置。下面就根据不同人群对笔记本电脑需求进行一个简单的分析。

1. 商务人士

　　从用途上讲，商务人士使用笔记本主要用于办公，一般要求良好的舒适性和较高的性能。

由于牵扯到一些敏感信息，所以对数据的可靠性和安全性要求比较高，特别是对数据的保护措施，目前一些常规的数据保护措施有：BIOS 密码、硬盘加密、软件加密及特殊加密装置，如联想和 TOSHIBA 推出的指纹识别系统，引领了数据安全的标准。商务人士之间以及笔记本电脑与周边设备之间极其频繁的数据交换，要求商务笔记本电脑的数据接口尽可能的齐全。从应用环境来讲，因为工作需要，商务人士会经常出差，要求笔记本电脑的无线网络性能高、电池续航能力强。

2．学生

从用途来讲，学生使用笔记本主要基于专业的要求或需要流畅地运行大型程序（专业软件/大型游戏），因此选择性能强劲的高端笔记本。从应用环境来讲，学生主要在宿舍内使用笔记本电脑，因此要求笔记本的体积较小，能够节约空间，携带方便，移动性较强。另外，学生的经济能力有限，应考虑价格实惠、性价比较高的机型。

3．家庭娱乐

对于偏重家庭娱乐的用户，从用途上讲，主要用于影音娱乐，因此要求功能设计上突出超、全内置多媒体性能；在播放多媒体文件时要流畅；视听上无阻碍感，特别是音效方面要专业。在价格定位上则更强调大众化，设计上更具时尚性；性能则需要具有较大的硬盘存储空间，便于存储大量的音乐和影片。

4．游戏玩家

对于游戏玩家，从用途上讲，主要用于游戏和娱乐，往往热衷于追求画面的绚丽与游戏运行的流畅，其对显卡、处理器、内存的要求就相对更高。因此，游戏玩家往往需要一台具有独立显卡和处理器配置较高的笔记本电脑。

二、用户选购策略

根据以上对不同用户对于笔记本电脑的不同需求，提供一些笔记本电脑的基本采购指标：

1）CPU 够用就行。对笔记本电脑而言，CPU 并不是越快越好，如果笔记本电脑只是用来运行常用的办公类软件，过分地追求高频率反而带来高耗电、高发热等问题。选购时最关键是要搞清楚 CPU 是否为 Mobile CPU（笔记本电脑专用 CPU），有一些厂商为了降低制造成本，在笔记本电脑中使用了发热量和功耗较高的台式机 CPU，尽管经过特殊处理，但仍然很难保证长时间稳定运行，而且耗电和发热十分厉害，不推荐购买采用此类 CPU 的笔记本。

2）屏幕大小应适当。选购时首先应确定其尺寸大小，目前主要有 12in、14in、15in、17in、19in 等。一般家用选择 15in、17in 的大小就可以了，但是一定要注意应支持标准分辨率。如果没有特殊用途，则不必过分追求太大的显示屏。过大的显示屏意味着更大的重量、耗电和价格。

在选择笔记本电脑的显示屏时候除了尺寸大小，应当注意观察一下显示屏的亮度和对比度是否合适，显示屏的响应时间是否正常，显示色彩是否鲜艳等。当然还应注意观察 LCD 上坏点的情况，一般来说坏点不能超过 3 个。

3）不可忽视显示性能。笔记本电脑的显示性能也是影响整体性能的关键所在，决定显示性能的主要因素是采用的显示芯片及显存大小、类型等。选购显示芯片要注意笔记本的具体用途，如果只是一般的文字处理、上网等，那么高性能显示芯片则会带来高功耗问题。

4）硬盘和内存尽量大。与 CPU 不必追求高频率不同，笔记本电脑硬盘和内存大小应尽量大。一般来说，320GB 的硬盘是目前最基本的需求，如果是绘图或是多媒体等的应用，500GB 或更大的硬盘应该是较好的选择。内存 2GB 是最基本的配置，如果对多媒体性能要求比较高应选择更大容量的内容。另外，在选购笔记本电脑的时候应当了解一下升级和扩充能力如何，是否有富余的内存插槽、CPU 是否可以升级、最大支持多大的硬盘等，为将来升级或者扩充笔记本电脑的硬件做好准备。

5）注意测试电池性能。笔记本电脑中使用的电池主要有镍氢电池和锂电池两种。镍氢电池价格便宜，但存在记忆效应，而且在相同容量下重量比锂电池大不少，而锂电池基本上没有记忆效应，且重量轻、供电时间长，已经成为笔记本电脑电池的标准配置。在选购笔记本电脑时不仅要注意电池的种类，更应该注意电池的容量及实际使用时间，一般容量要在 3000mAh 以上，使用时间最好能在 3h 左右，才能满足人们日常野外活动的需要。目前，笔记本电池一般是 3000～4500mAh，也有极少数配备 6000mAh 的，其数值越高，在相同配置下使用时间越长。

6）注意扩充性能。在未来需求将会日新月异的情况下，产品的扩充性能也是必须要考虑的，如内存、传真机、网络卡、IC 卡等的，因为用途不同，需求也会不同的。

7）选择合适的机型。如果作为计算机专业的用途，这时就应该更多地考虑机器的性能，最好是选择具有高配置的国际品牌机。但是如果不是经常携带外出或资金能力有限，就不妨去购买维修服务较好的普通品牌笔记本电脑。如果作为商务、公务的用途，这时就应该考虑易用性和便携性，易用性主要是指屏幕的大小、键盘的大小、功能键的多少和处理器的速度，用户使用的舒适度等；便携性则主要是指体积、重量和部件模组化（可拆卸）程度等。资金充足的公司，当然可以购买名牌高配置的机器，这也是对公司形象的一种反映。

8）确认售后服务。售后服务是一项非常重要的考虑因素，因为笔记本电脑的各种特殊性，最好选择具有国际联保或者全国联保能力的品牌。产品的保修时间和保修范围、提不提供备用机、维修响应时间等都是值得用户认真考虑。

应 用 实 践

1. 笔记本电脑外部接口的种类有哪些？
2. 简述笔记本电脑的选购原则。
3. 调研科技市场，推荐一款适合工薪家庭使用的笔记本电脑，说明推荐理由。

项目 27 笔记本电脑的常用维护维修方法

 任务一：了解笔记本电脑的使用注意事项

📖 **知识目标**
　○　了解笔记本电脑的使用注意事项。
☐ **技能目标**
　○　能够掌握笔记本电脑硬件的维护方法。

任务描述

　　笔记本电脑轻薄、方便，结构比较紧凑，因此在日常的使用过程中需更加小心。笔记本电脑的屏幕、外壳、电池等配件是日常维护的重点，只要做好这些配件的日常维护与保养，就能让笔记本电脑的生命得到延续。另外，影响笔记本电脑正常工作的环境因素也是日常维护中值得关注的地方。

相关知识

一、影响笔记本电脑正常工作的环境因素

1. 热

　　过高的温度，轻则导致笔记本电脑出现频繁死机的现象，重则容易让电路板或电池因高温产生变化，烧掉里面的板卡。

　　1）在使用过程中应该避免暴晒，避免在阳光直射的地方使用。阳光直射除了带来过高温度外，更会加速液晶显示屏的老化。

　　2）每台笔记本电脑都在机身上设计了散热孔，一般在机身的背面和两侧，所以为了保持散热孔的流通性，在使用过程中尽量不要把笔记本电脑放在柔软的东西上，如双腿上、床上、沙发上，因为这样会堵住了散热孔从而影响散热。

　　3）在使用过程中笔记本电脑有些烫手而后出现死机的现象，应马上停止使用，检查散热口或等笔记本电脑温度降下来之后再尝试启动。

2. 水

　　水能损坏很多电气元件，而笔记本电脑恰恰是高精度电气元件的组合，因此遇水的危害比较大。大量水汽侵入电路板形成水渍，造成短路，或使金属接口氧化，同样会致使笔记本电脑的板卡损坏。

1）保持使用笔记本电脑环境的干燥。

2）在使用笔记本电脑的同时尽量与水保持一定距离，比如边用笔记本电脑边喝茶或手湿的时候使用笔记本电脑等都是不好的习惯，很容易让笔记本电脑进水，从而损坏。

3）如果遇到笔记本电脑进水的情况，不要再开机，立刻拔下电源线及电池，将笔记本电脑机体内的污水尽量倒光，找一条柔软的纸巾或软布将污泥轻轻拭去，并尽量避免磨损表面，再用电扇将机体及零件吹干，并在第一时间内送到服务站处理。

3．尘

烟尘、灰尘不仅污染笔记本电脑内部线路，灰尘的累积也会妨碍电路板接点间的电流传导并加重散热风扇的负担，从而导致笔记本电脑过热并损坏。键盘下面的灰尘过多也会加速键盘的老化。

1）尽量保持笔记本电脑使用环境的清洁卫生，这是防止其受灰尘伤害的根本方法。

2）不要在使用笔记本电脑的同时吃零食，这样也容易把东西掉到键盘里。

3）经常清理笔记本电脑，可以用专用的清洁擦轻轻擦拭。

4）如果笔记本电脑由于灰尘的原因开始不正常了，这时就需要对笔记本电脑进行一次大扫除，重点清除的地方是键盘与通风口。

4．振动

虽然笔记本电脑的设计初衷就是为了方便携带，对抗振能力都有较大的考虑，但由于使用不当或振动程度过大也会让笔记本电脑受损，会损坏硬盘的磁头及光驱的激光头。

1）移动笔记本电脑时，必须先关掉电源，并做到轻拿轻放，以免使内部部件因大幅度振动而受损。

2）不要在移动不稳定的环境中使用笔记本，如汽车上、飞机上、火车上，如果遇到突发事件，就有可能损坏笔记本。

5．静电

静电主要对笔记本电脑的主板和内存有损坏。

1）尽量地减少人体在带静电的情况下接触笔记本电脑，特别是接触笔记本电脑的一些接口、内部器件。如果需要接触笔记本电脑内部的元件，如安装一条内存条，先触摸自来水管或接地设备，就可以消除自身的静电。

2）使用笔记本电脑时周围最好不要放置其他电磁器件，包括手机充电器等。

二、各配件的日常维护与保养

如何做好配件的日常维护与保养，一直是笔记本电脑用户关注的问题。下面介绍如何做好这些配件的日常维护。

1．笔记本电脑的外壳保护

在购买笔记本电脑时，除了关注配置外，还应关注笔记本电脑的"外貌"。有着漂亮外观的笔记本电脑，总是能吸引许多人的眼球。

1）勤洗手。在使用笔记本电脑过程中，手会经常触摸笔记本电脑外壳，如果手比较脏，则肯定会为笔记本电脑的外壳"抹黑"。所以，在使用笔记本电脑时，应尽量保持手的干净。

2）笔记本电脑包保护外壳。由于笔记本电脑属于移动计算机，许多时候都会随着人们一起出行。出行的时候，有一个笔记本电脑包保护笔记本电脑外壳，也能尽量减少笔记本电脑外壳的磨损。

3）贴保护膜。笔记本电脑的外壳一般都采用塑料复合材质加上涂层的工艺，很容易出现划痕或脱色，如果采用保护膜进行保护，则能有效地防止上述情况的发生。

4）使用清洁剂清洗外壳。当笔记本电脑的外壳沾上了一些油脂后，要使用笔记本电脑外壳专用的清洁剂进行清洗，才能保持外壳的清洁。

2．笔记本电脑显示屏的保养

在笔记本电脑的配件中，最重要的就要数显示屏。一般情况下，笔记本电脑的显示屏能使用五年左右。随着时间的推移，笔记本电脑的屏幕会发黄，这是由于显示屏老化造成。如果做好了笔记本电脑屏幕的维护和保养，就能让屏幕使用时间更长。

1）不要使用屏幕保护程序。液晶屏幕主要依靠液晶分子的排列来控制光线的通过以及通过程度，每次图像变化，液晶分子排列就会出现一次改变。例如电源开关，人们在长期频繁使用的情况下，很容易出现故障。液晶屏幕也一样，频繁地出现分子排列变化，会让液晶屏幕的老化现象提前到来。在笔记本电脑中，屏幕保护程序会不停地变化，从而造成液晶分子的排列变化，这样也会让笔记本电脑屏幕提前老化。所以，尽量不要使用屏幕保护程序。

2）尽量减少强光照射。笔记本电脑显示屏在强光照射后，会导致屏幕温度升高，造成显示屏提前老化。所以，在使用笔记本电脑时，应尽量减少强光直接照射显示屏。

3）注意笔记本电脑的使用时间。笔记本电脑在长时间不间断地使用后，会造成显示屏老化。通常情况下，连续使用96h后，就容易造成显示屏衰老。所以，要注意笔记本电脑的使用时间。

4）不要在笔记本电脑面前吃东西。油脂一直是笔记本电脑的天敌，如果显示屏沾上了油脂，就不太容易清洗掉。所以，尽量不要在笔记本电脑面前吃东西。

3．电池维护与保养

电池是笔记本电脑的"发动机"，没有电池，笔记本电脑也就没有了动力。如何保养好电池，对人们外出使用笔记本电脑很重要。笔记本电脑电池的保养与维护主要表现在充电和过热两个方面。一般来说，笔记本电脑电池最好用到还剩20%左右时就开始充电，充电到98%左右就可以停止充电了。这样才能让笔记本电脑的电池电量维持更久一些。

另外，笔记本电脑电池在过热的情况下，会造成充电容量的减小，所以在家使用笔记本电脑时，可以将电池卸下，还要保持电池与高温器材有一定距离。

4．键盘维护与保养

笔记本电脑键盘是操作笔记本电脑所必须使用的工具，所以如何维护好键盘，也是笔记本电脑用户必须面对的问题。笔记本电脑键盘维护的重点在于除尘，一些笔记本电脑用户在使用时喜欢吸烟，烟灰掉到笔记本电脑键盘的缝隙中后，由于长年累月的累积，会造成一些功能键失效。所以，只要笔记本电脑键盘沾上了灰尘或烟灰后，应尽快使用毛刷将灰尘除去。另外，在使用笔记本电脑键盘时，不要留长指甲，防止意外刮伤键盘。

5．笔记本电脑硬盘的维护与保养

硬盘是笔记本电脑的数据存储库，在使用时，由于一些操作不当，很易造成笔记本电脑硬盘出现故障。所以，在维护笔记本电脑时，也要考虑硬盘的维护。尽量在平稳的状况下使用笔记本电脑，避免在容易晃动的地点操作从而损坏硬盘。开关机过程是硬盘最脆弱的时候，此时硬盘轴承转速尚未稳定，若产生振动，则容易造成坏轨。因此，建议关机后等待约 10s 后再移动笔记本电脑，才能更好地保护硬盘。最后，还要定期对笔记本电脑硬盘进行磁盘整理和扫描，提高磁盘存取效率。

任务二：笔记本电脑操作系统恢复与 BIOS 密码破解

📖 **知识目标**
- ○ 熟悉笔记本电脑操作系统恢复过程中的注意事项。
- ○ 了解笔记本电脑 BIOS 密码破解的各种方式。

🖵 **技能目标**
- ○ 能够使用恢复光盘或者一键恢复功能恢复笔记本操作系统。
- ○ 能够破解遗忘的 BIOS 密码。

任务描述

笔记本电脑操作系统的安装比台式机要复杂很多，这不仅因为笔记本电脑需要比较多的驱动，而且很多笔记本电脑都没有提供驱动光盘，这给系统安装带来了不少麻烦。目前大部分笔记本电脑，尤其是一线品牌都带有恢复系统，当操作系统出现问题后，可以利用它将系统恢复到之前的备份状态。下面就以联想 OKR7 系统为例介绍操作系统的恢复方法。BIOS保存着计算机最重要的基本输入输出的程序、系统设置信息、开机后自检程序和系统自启动程序，其主要功能是为计算机提供最底层的、最直接的硬件设置和控制。忘记了 BIOS 密码将会给笔记本的设置带来很多不便，下面还将介绍几种笔记本电脑 BIOS 密码的破解的方法。

相关知识

一、操作系统恢复

目前笔记本电脑大多已预装操作系统，主要提供两种操作系统恢复形式：恢复光盘和一键恢复。下面就以联想的一键还原系统 OKR7 为例来介绍操作系统的恢复方法。

1. 使用恢复光盘

打开笔记本电脑调出启动菜单，选择光盘或 USB 设备启动。按照程序提示进行安装模式选择后进行安装全过程（包括：ASD 模块安装、磁盘分区、复制 OKR7 的 PE 模块、设置语言、隐藏 O 盘），并在安装完成后关机。

使用全新安装模式安装 OKR7 时，磁盘分区脚本对硬盘进行分区的模式如下。

1）C 盘：根据手动输入的分区大小划分，NTFS，主分区，卷标为默认。

2）D 盘：根据脚本定义自动划分，容量为磁盘总容量—15G—C 盘容量，文件格式为NTFS，扩展+逻辑分区，卷标为默认。

3）O 盘：约 15GB，NTFS，主分区，卷标为 LENOVO_PART。

安装 OKR7 的过程包括两种模式：全新安装和修复安装

1）全新安装。Windows PE 启动过程中，调用 STARTNET.CMD 查找 OKR7 系统安装文件路径并调用 SETUP.CMD 启用 OKR7 的安装进程。此时系统会弹出如图 7-20 所示的选择框来进行安装模式选择。

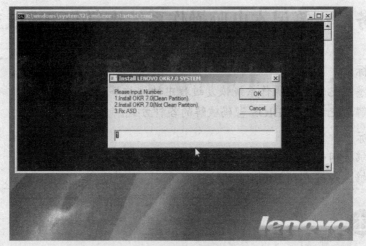

图 7-20　选择安装模式

"1"：全新安装。此模式会清空硬盘上原有的所有分区，并根据脚本定义对硬盘重新分区、格式化等操作。

"2"：修复模式。此模式要求硬盘末端有约 15GB 未划分空间；安装程序会对这部分未划分空间重新划分、指定驱动器号及卷标。

"3"：修复 ASD 模块。在进行全新安装时，安装程序会弹出对话框（见图 7-21），要求输入 C 盘大小，单位以 MB 计算，并根据所输入的 C 盘容量及整个硬盘的容量来自动进行 D 盘和 O 盘的建立。需要注意的是，安装程序此时会清除原硬盘上的所有数据，其中包括全部的系统数据及用户数据，并会按照预定参数在硬盘上建立分区（C、D、O）。

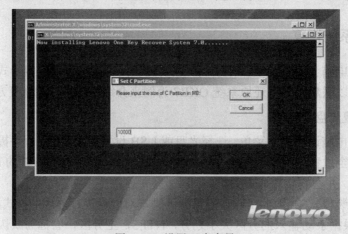

图 7-21　设置 C 盘容量

2）修复安装。在程序弹出安装模式选择对话框时（见图 7-22），如果选择 "2"，则安装程序会调用 SETUP2.CMD 进行修复安装，修复安装时硬盘分区应满足以下条件：硬盘末端预留约 15GB 的未划分空间（此容量可根据实际需求作小幅修改）

此时安装程序不会弹出输入 C 盘大小的对话框，其他步骤同全新安装。

语言设置：在 OKR7 的安装过程中，安装程序会弹出下图所示的对话框来选择安装后 OKR7 系统所使用的语言。安装语言选择 21（简体中文）。

7-22　选择安装语言

注意：上文中所提到的"OKR7 全新安装"会清除原硬盘上的所有分区及数据，其中包括所有系统数据及用户数据，所以使用时请确认硬盘上的所有数据是否可以全部删除。

另外，在进行 OKR7 的全新安装后，OS 安装需要单独进行。

使用恢复光盘进行操作系统恢复应当注意以下几点：

1）妥善保管恢复光盘，将光盘放置于光盘套中，放置于阴凉、干燥之处妥善保存。使用恢复光盘时也应小心，避免光盘划伤以至于恢复光盘无法正常读取。

2）严格按照恢复程序的提示，按顺序将光盘对号入座。

2．使用一键恢复

一键恢复的机制是在笔记本电脑的硬盘中划出一块特殊的分区，用以放置系统镜像文件。这种一键恢复机制由 IBM 公司所创，下面以联想一键恢复 7.0 为例进行说明。

一键恢复出现最多的问题是，放置系统镜像的分区突然丢失。出现这种问题，多半可能是不了解一键恢复机制的用户误操作所致，大致分为两种情况：一种是没有保护好系统镜像分区，还有一种情况就是对硬盘进行了分区。一般用于安放此类系统镜像分区，都是采用 BIOS 这样底层的硬件控制软件进行隐藏。在操作系统中这个分区是不可见的，也无法对其进行操作，从而保证了其安全性。在 BIOS 中都有对于系统镜像分区是否进行保护的选项，如果不小心去掉了保护功能，则系统镜像极易受损从而导致系统安装失败。ThinkPad 笔记本电脑的隐藏分区设置位于 BIOS 中的 Security→IBM Security Chip 项中。选择<Enter>键就是开始对隐藏分区的保护功能，反之即是关闭隐藏分区的保护功能。

二、BIOS 密码的破解

笔记本电脑清除密码的方法一般有 4 种，分别是通用密码、跳线开关、BIOS 电池放电、笔记本厂家提供的特殊方法。随着技术的发展，笔记本电脑的开机密码并不是像个人计算机那样存放在 CMOS 电路中可以通过放电清除的，目前较新的笔记本电脑都是将密码保存在主板的几块逻辑电路中，给 BIOS 密码的破解带来了困难。

1．通用密码

通用密码不是每个笔记本电脑厂家的机器都有，目前有通用密码的机型有：昭阳 7100、7110、7000 系列通用密码为 maximum；昭阳 7200、7500、7550、6600 系列的通用密码为 6475457 等。

2．跳线开关

例如，联想 5600、5650、5660、5750 清除密码跳线开关是 SW3-4，即 SW3 的第 4 个开关。具体方法是将电源及电池去掉，将内存盖板卸掉后即可看到 SW3（靠近 BIOS），将第 4 个开关拨到 ON 位置，再拨回原位即可（有的机型会重新启动）。

3．BIOS 放电

上面介绍的机型清除密码方法比较简单易行，剩下的其他机型就只能靠拆开机器拔掉 BIOS 电池放电来清除密码了，因为涉及拆机器，所以此方法是最麻烦的方法，也是清除密码最基本的方法。

4．笔记本厂家提供的特殊方法

1）例如，联想 FIC 6000 系列机器：利用特殊的并口短路环和清密码专用软盘。具体方法是将短路环接入并口，将清密码专用软盘插入软驱中，开机，看到软驱指示灯一闪即灭，此时密码已经清掉，断电重新开机即可。

2）把 BIOS 芯片拔下来通过专业的设备重新刷入 BIOS 程序。台式机的 BIOS 上了密码后，因其密码是记录在 BIOS 里面，只要放电就可以清除密码，而笔记本的 BIOS 密码并不是存储在 BIOS 里面，而是存放在 EEPROM 的芯片里，即使 BIOS 没电，密码依然存在于 EEPROM 芯片里，而且解密相当麻烦，所以笔记本电脑 BIOS 解密的价格不菲。下面以 IBM-T40 机型为例，作简单的密码解除说明。拆下 EEPROM 芯片，因为 EEPROM 芯片非常细小，拆卸时要注意不要弄坏插脚。然后把芯片放入特定的解码器里，把设备主机与笔记本电脑连接好。在运行解密软件的笔记本电脑的 USB 口上插入加密狗，然后运行解密软件把密码导出来。

任务三：了解笔记本电脑性能升级策略

知识目标
- 熟悉笔记本电脑 BIOS 升级的过程及注意事项。
- 熟悉笔记本电脑硬件的升级策略。

技能目标
- 能够对笔记本电脑进行 BIOS 升级。

任务描述

笔记本电脑的性能升级方式，可分为软件升级与硬件升级，软件升级包括操作系统升级和 BIOS 的升级。操作系统的升级比较简单，在这里主要介绍 BIOS 的详细升级方法。硬件升级主要包括 CPU、内存、硬盘等部件的升级。

相关知识

一、笔记本电脑 BIOS 的升级

第一步先关机。这里要注意的是，必须是在 Windows 中选择关闭计算机选项。还有一个要点就是刷新 BIOS 时要用外接电源，不要用笔记本电脑的电池电源，以防在刷新过程中电池电力耗尽，导致刷新失败。作好准备工作，开机进入 BIOS 设置菜单，把启动顺序设置成从软驱启动。接下来到所用的笔记本电脑的厂家网站下载最新的 BIOS 文件，一定要检查下载的 BIOS 文件是否与机器型号相吻合，以免造成严重后果。将下载的 BIOS 文件解压到一张空白的软盘上。关机，然后按住<F12>键开机，开始刷新 BIOS，全过程大约 30s，具体请参照屏幕上的提示操作，中途千万不可以把软盘从软驱中途取出。BIOS 升级完成后会显示"ROM Write Successful！"，升级完成后要注意把启动顺序调回来。BIOS 的升级虽然不能直接对笔记本电脑的性能产生很明显的提高，但是在升级其他硬件前升级一下 BIOS 可以提高笔记本电脑对新硬件的兼容性。

二、笔记本电脑硬件的升级

笔记本电脑不同于台式机，本身狭小的空间使得内部结构更为紧凑，拆解难度提升。对于普通用户显得过于复杂。笔记本电脑如果要升级，首先要有升级空间，所以升级机型的配置不能太高，应该选择同系列当中的低配机型。在笔记本电脑硬件中，内存和硬盘的升级对于整体性能的提升最为明显。

1. 内存的升级

内存的升级在笔记本电脑升级中是最简单的，也是提高性能最明显的方式。内存对计算机整体性能的影响众所周知，而笔记本电脑其内存数采用共享方式，即同时负担内存、显存等存储功能，所以相比台式机，笔记本电脑内存对于整机性能的影响更为显著。而且软件容量的不断增大、版本的不断升级也对系统性能提出了更高的要求，大部分笔记本电脑都预留了两个 DIMM 插槽，在升级之前一定要搞清楚，是否还有空余的内存插槽，每个插槽可以支持多大容量的内存，主板支持的内存的类型。例如 DDR3 和 DDR2 的构造相似，频率不同，频率较高的内存会自动降频适应内存插槽支持的频率，因此可以混插，但是 SDRAM 和 DRR 构造不同，就不能一起使用。内存的升级主要考虑增加内存的容量，可以有针对性地增加 1 条内存构建双通道内存，例如两条 1GB 组成 2GB 的内存，这样更有利于提高系统性能，也

可以把原有内存更换为容量更大的。

2．硬盘的升级

硬盘是笔记本电脑硬件中最多选择升级的部件之一，相对于 CPU 和内存等其他部件的不断飞速发展，硬盘的更新速度相对较慢。硬盘的升级首先要注意硬盘的接口问题，笔记本的硬盘接口主要有 PATA 和 SATA 两种，其中以 IDE 为代表的 PATA 接口硬盘市面上已经非常少见，且价格昂贵，基本上没有升级的价值。其次，应当注意尺寸问题，笔记本电脑硬盘主要有 9.5mm 和 12.5mm 两种厚度规格，比如超轻薄机型只能使用 9.5mm 的硬盘，部分超轻薄机型还使用的是特殊规格的硬盘。因此，在升级之前，最好查看一下机器的相关说明，看看自己的笔记本电脑能够支持多大容量的硬盘，如果不支持是否可以通过升级 BIOS 来解决（这时体现出升级 BIOS 的好处）。如果已经没有可供升级的BIOS，比如那些比较老的机型，建议最好是在最大容量限定的范围内来选择。对于替换下来的旧硬盘，可以买一个 USB 接口的移动硬盘。硬盘的升级主要从容量和转速两个方面进行提高。容量有很多可供选择，目前市场上比较普遍的是 160GB、320GB 和 500GB 的产品。其次，还要从转速上提高，例如将 5400r/min 的硬盘升级为 7200r/min 的硬盘，但速度会提高很多。

3．CPU 的升级

笔记本电脑的 CPU 一般都是焊接在主板上的，不可更换。虽然也有一些笔记本电脑的 CPU 是抽取式的可以更换，但笔记本电脑的 CPU 的升级受制于笔记本主板的型号，因此只能在同平台的有限范围内升级，升级的意义不大。

4．显卡的升级

笔记本电脑的显卡分为集成显卡和独立显卡。以前的笔记本电脑，无论是共享还是独立显存的显卡，都是主板集成的，也就是说焊接在主板上，是无法升级的。大多数人用笔记本电脑是做文字处理等办公应用，所以对显卡的 3D 显示功能要求并不高，显卡的升级意义就不大，目前主流的集成显卡都可以很好地完成这些工作。但如果经常玩一些 3D 游戏，以及做一些图形处理，那就可以考虑升级显卡。现在有的厂家生产的笔记本电脑，带有 MXM 接口。MXM（Mobile PCI Express Module）是一套基于 PCI-Express 界面的、为图形处理器设计的设备接口，定位于不同类型的笔记本产品，是由 nVIDIA 及多家笔记本电脑生产商共同制定，采用和 PCI-Express 兼容的通信协议，因此可用于所有支持 PCI-Express 规格的绘图核心及支持 PCI-Express 绘图接口的芯片组，用户则可以根据需要在日后自行升级 MXM 显卡而无需更换整台笔记本电脑，这样就给笔记本电脑显卡的升级带来了可能。

5．光驱的升级

一般比较早的笔记本电脑的光驱都是 CD-ROM 光驱，分为内置式与外置式。内置的升级比较麻烦，需要到厂家的技术服务部门去更换一个内置光驱模块，或选择升级成外置式的光驱。笔记本电脑的光驱现在主要有 DVD-ROM 光驱与 COMBO，建议选择 COMBO，它的刻录功能对笔记本电脑用户的作用，可能比台式机要大得多。因为笔记本电脑的硬盘相对台式机要小得多，有了 COMBO 就可以方便地把一些占用硬盘空间很大，而又特别重要的文件刻在光盘上保存起来，既节省了硬盘空间又提高了文件的安全度。

任务四：处理笔记本电脑常见故障

□ **知识目标**
- ○ 熟悉笔记本电脑常见的软件故障。
- ○ 熟悉笔记本电脑的网络故障。
- ○ 熟悉笔记本电脑常见的硬件故障。

□ **技能目标**
- ○ 能够正确识别笔记本电脑的软硬件故障并予以处理。

任务描述

在笔记本电脑的使用过程中，会出现各种故障。下面介绍笔记本电脑各种常见故障的处理办法。

相关知识

1. 开机后按<Delete>键无法进入 BIOS 设置画面

故障现象：笔记本电脑在启动过程中，按下<Delete>键无法进入到 BIOS 设置画面。

故障处理：绝大多数的台式机都是通过按<Delete>键进入 BIOS 设置画面的，很多由台式机过渡到笔记本电脑的用户往往会想当然地认为笔记本电脑也是按<Delete>键进入到 BIOS 设置的，殊不知笔记本 BIOS 与台式机有很大的差异。尽管笔记本电脑与台式机一样，也用 BIOS 来为操作系统和硬件提供底层的信息，但是笔记本电脑的 BIOS 和台式机的 BIOS 有很大的不同，台式机主要是采用 Award 和 AMIBIOS，而笔记本电脑则大多采用 Phoenix BIOS，当然也有一些笔记本电脑厂家采用改版的 Phoenix BIOS 或是自行开发的 BIOS，如 TOSHIBA 和 Dell 等公司。

采用 Phoenix BIOS 的笔记本电脑几乎全部采用<F2>键作为进入 BIOS 画面的热键，与台式机经常采用的<Delete>键有明显不同。另外，各大笔记本厂商进入 BIOS 的方法也会略有不同，下面介绍典型笔记本电脑进入 BIOS 设置的方法。

IBM，启动时按<F1>键。

HP，启动时按<F2>键。

SONY，启动时按<F2>键。

Dell，启动时按<F2>键。

Acer，启动时按<F2>键。

TOSHIBA，启动时按<Esc>键然后按<F1>键。

Compaq，启动时按<F10>键。

Fujitsu，启动时按<F2>键。

还有一些品牌笔记本电脑，启动时按<F2>键。

注意： 笔记本电脑进入 BIOS 与台式机有明显不同，如果用户购置的是其他牌号的笔记本电脑又不清楚进入 BIOS 的方法，那么只需一一试<F1>、<F2>、<F10>、<Ctrl+Alt+Esc>等功能键或组合键，肯定有一种可以进入到 BIOS。

2. 开机后屏幕显示 Boot Failure 错误提示

故障现象： 按下笔记本电脑电源，开机自检后，在屏幕左上角出现 Boot Failure，引导失败错误提示，笔记本电脑停止开机进程无任何反应，反复多次开机均是同样情形，只能关机。

故障处理： 造成这种故障的原因多是 BIOS 设置错误或者是病毒攻击造成 BIOS 紊乱而引起的。要排除该故障，用户可以用系统默认的 BIOS 设置覆盖掉错误的 BIOS 设置即可。重新启动笔记本电脑，在启动过程中按下进入 BIOS 的热键，进入 BIOS 设置画面。通过方向键将光标移动到"EXIT"菜单上，然后通过光标键选中"Load Setup Defaults"选项，在弹出的"Load Default Configuration now？"对话框中选择"YES"，然后按<F10>键保存 BIOS 设置，最后重新启动笔记本电脑即可。

注意： 对于大多数因 BIOS 设置错误或 BIOS 出现紊乱造成的开机启动故障，均可以用"Load Setup Defaults"——装载默认设置的方法进行排除。如果用户在开机过程中出现一些莫名的故障，一时又找不到排除方法不妨用此方法一试，往往会起到意想不到的效果。

3. 出现滚动条后黑屏死机

故障现象： 在启动笔记本电脑的过程中，当 Windows XP 滚动条出现之后，计算机失去响应，黑屏死机。

故障处理： 造成该故障的原因主要是系统主引导记录或引导文件损坏。遇到该故障后用户可以用 Windows 安装光盘启动到故障恢复控制台下进行修复。

将 Windows 安装光盘插入到光驱，引导至故障恢复控制台下。在命令提示符后面输入"FIXBOOT"命令，按<Enter>键。这时出现"确定要写入一个新的启动扇区到磁盘分区 C：吗？"提示，输入"Y"进行确认。当出现"成功地写入了新的启动扇区"提示信息后表示修复成功。按下来，再输入"FIXMBR"命令，按<Eenter>键，对主引导记录进行修复。当出现"确定要写入一个新的主启动记录吗？"提示信息后，按<Y>键进行确认。当出现"已成功写入新的主启动记录"的表明修复成功。最后，输入"EXIT"命令，退出故障恢复控制台，取出 Windows 安装光盘并重新启动计算机即可。

4. 托盘区无法显示无线连接图标

故障现象： 一台笔记本电脑在系统托盘区任务栏看不到无线图标，也无法连接到无线网络。

故障处理： 如果无线设备正在运行，则 Windows XP 系统任务栏托盘区会显示某种无线连接图标。如果已有无线网络已连接图标，则表明 WLAN 驱动程序已安装并且笔记本电脑已连接。如果是带有红色×的无线网络连接断开图标，则表明 WLAN 驱动程序已安装，但是笔记本电脑未连接。用户可以根据当前状态按如下步骤进行故障的排除。

首先，打开控制面板，双击"网络和 Internet 选项"→"网络连接"图标，打开网络连接窗口。接下来，在"无线网络连接"图标上单击鼠标右键，选择"属性"命令，打开属性窗口。然后选中"连接后在通知区域中显示图标"复选框，确定之后即可在系统托盘区显示无线连接的图标了。如果托盘区的无线连接图标是未连接状态，那么需要用鼠标右键单击图标，选择"打开网络连接"命令，或者是选择"查看可用的无线网络"命令，从多个无线连接中选择一个。如果不能连接，则可以选择"修复"命令修复。

5. 有信号却无法接入无线网络

故障现象：单位提供有无线接入环境，家用笔记本电脑带到单位，按照单位其他用户无线网络设置，对笔记本电脑进行了 WEP 加密、SSID 设置，并且让笔记本电脑自动获取 IP 地址。设置完成后，无线信号显示为满格，却无法接入无线网络。

故障处理：信号显示为满格，说明无线网络环境没有问题，之所以出现这种故障的原因可能是网络管理员对无线 AP 设置了 MAC 地址过滤，只允许指定的 MAC 地址接入到无线网络中，而拒绝未被授权的用户接入，以保证无线网络的安全。遇到这种情况，用户只有与本单位网络管理员取得联系，请网管员将自己的 MAC 地址添加到允许接入开启该服务的 MAC 地址列表中。

6. Link 指示灯一直闪烁无法联网

故障现象：采用 ADSL 接入方式的笔记本电脑，打开 ADSL Modem 电源后，Link 指示灯一直闪烁，无法实现 Internet 连接。

故障处理：ADSL Modem 有一个 CD 指示灯或者 Link 指示灯，通过查看该灯的工作状态，就可以简单识别出与 ADSL Modem 连接的通信线路的连接故障了。正常工作情况下，该指示灯会在连通电源后很快就处于长亮状态，如果出现其他异常状态，就说明线路上可能有故障存在。

1）如果 CD 指示灯或者 Link 指示灯一直闪烁不停，意味着当前线路上的通信信号不稳定。当该指示灯无法恢复为正常时，意味着通信线路可能有故障，可以拿起电话拨打一个号码测试一下线路质量。

2）如果线路通畅，该指示灯仍然一直闪烁，那就意味着端口有问题。应当检查 ADSL 线路在入户时分离器是否连接好，以及分离器之前是否连接其他设备，如分机或者防盗系统等。排除所有可能后，如果指示灯状态仍然无法恢复正常，就应当请 ISP 提供技术支持，或者更换新的 ADSL Modem。

7. 主板受潮导致蓝屏死机

故障现象：一台笔记本电脑由于工作原因一直闲置未用，后来再次开机，不到几分钟就自动蓝屏死机。

故障处理：根据故障现象，初步判断是由于长期闲置，笔记本电脑主板受潮，由于内部电路短路导致蓝屏死机，将笔记本电脑液晶屏打开，在通风干爽处放置了一段时间，再次开机后，未出现类似故障。

注意：笔记本电脑受潮后，由于局部电路短路，轻则出现蓝屏死机现象，重则可能无法开机启动，所以平时要注意在潮湿天气尽量把笔记本电脑处于开机状态，避免受潮引发故障。

8. 笔记本电脑散热不良导致无故死机或者速度变慢

故障现象：一台笔记本电脑在平常使用时比较正常，但是运行大型软件时经常无故死机或者速度变慢。

故障处理：这种故障一般是由于散热问题引起的。笔记本电脑的热量主要来源于 CPU。

其次，显卡的热量也占了不小的比例。然后，就是其他的一些发热配件，如内存、硬盘和电池等也是笔记本发热量的一些来源。可以使用以下几个方法来散热。

1）风扇散热。目前很多笔记本电脑的散热方式之一都由风扇散热。风扇分为轴向型风扇和辐射型风扇两种。一般来说，轴向型风扇成本较低，风量可以根据需要调节，不过占用的体积比较大，无法将笔记本电脑做得很薄。另一种辐射型风扇叶片很薄，气流方向很好，无涡流，占用体积较小，不过成本相对较高，但是大多数笔记本电脑都普遍采用，主要是考虑到减小笔记本电脑的体积。

2）热管散热。热管散热最初由 IBM 公司引进的，由于热管比较适用于那些体积空间较小、短时间散热，且核热源附近空间较小的笔记本电脑。热管散热技术在笔记本电脑中越来越多地得到了使用。

3）双风扇散热。这样的散热方式往往出现在性能比较强劲的一些笔记本电脑上，一个风扇是为 CPU 散热服务的，另外一个则是根据笔记本电脑情况的不同而给不同的部件散热，有的风扇是为显卡散热，有的风扇则仍然为 CPU 服务。

4）通过自身散热。一些超轻薄的笔记本电脑由于自身体积的限制，无法安装风扇散热，就利用笔记本电脑自身的部件来散热。通过键盘辅助散热和笔记本电脑金属外壳将自身内部的热量散发出去。

9. 无法使用外接显示屏幕扩展功能

故障现象：使用笔记本电脑进行幻灯演示，将投影仪连接到笔记本电脑的 VGA 接口上，但是投影仪没有显示。

故障处理：首先检查投影仪与笔记本电脑的连接无误，接着将投影仪切换到 RGB 输出。然后用组合键<F4/F5+Fn>（功能键视笔记本电脑型号而有不同）切换屏幕，连续 3 次按下此组合键，第一次可以看见笔记本电脑上的影像，第二次可以看见投影仪上的影像，第三次笔记本电脑和投影仪都会显示影像，故障解决。

注意：笔记本电脑一般存在三种输出模式：第一种是液晶屏幕输出，VGA 端口无输出；第二种是 VGA 端口输出，屏幕无输出；第三种是 VGA 端口与屏幕都有输出。因此，笔记本电脑必须切换到第三种输出模式，投影仪上才会有显示。

10. 液晶屏开机黑屏

故障现象：一台笔记本电脑开机之后电源指示灯亮，但是屏幕没有任何显示。

故障处理：首先移去所有可移动设备（如软驱、光驱、电池、PCMCIA 等），接着拔掉电池，只使用电源适配器，接着开机，可以听到系统启动的声音，按大写锁定按键，键盘 A 灯亮起，证明笔记本电脑正常启动。于是连接外接显示器，使用<Fn+F8>组合键在两种显示模式来回切换，来前后转动显示屏或者按住显示屏的边沿，仔细观察，外接显示器有显示，只是液晶屏无显示，应该是液晶屏出了问题。送修之后发现，液晶屏的高压板损坏，更换之后故障解决。

11. 键盘进水导致系统无法启动

故障现象：一台笔记本电脑由于不慎将茶水倾倒在键盘上，虽然擦干了水迹，但是系统无法启动。

故障处理：键盘不慎进水，应该在第一时间把机器倒转过来以免水流入主板造成灾难性的后果，然后拔掉电源与电池强行关机。只是单纯按电源开关强行关机是不够的，因为主电池仍然可能短路，所以一定要取下电池和断开电源适配器。

随后用干布吸干键盘表面的水，尝试拆下键盘擦干背面的水，再阴干（最好不要用热风吹），同时主机内部也最好用冷风吹一天。如果自己不能处理，最好送到维修中心处理。

注意：笔记本电脑键盘最怕进水，一方面可能引发键盘故障，另一方面可能被水气侵入笔记本电脑内部，引发严重故障。因此，一定不要在笔记本电脑附近放置水杯等，如果条件允许，则可以购置笔记本键盘保护膜进行保护。

12. 开机后找不到硬盘

故障现象：笔记本电脑在使用过程中死机，按复位键重新启动后提示找不到系统。用光盘重新启动后，竟然找不到硬盘，但硬盘灯长亮不熄，能听到硬盘转动的声音。用启动盘启动，故障依旧，而且用 FDISK 重新分区也提示找不到硬盘。解决方法如下：首先进入 BIOS 设置程序，用自动检测硬盘项看能否检测到硬盘，如果不能，则可能是以下原因所致。

1）笔记本电脑的电源不正常或连接不好，或者硬盘的数据接口有问题。

2）硬盘接口电路有问题，把这个硬盘连接到其他计算机上试试。

13. 电源适配器引发的无法开机

故障现象：一台笔记本电脑由于经常作为工作机移动使用，故没有使用原配的电池，而是使用外接电源适配器供电，并且为了方便随时开机使用，一直插在电源排座上。某次下班后，由于时间匆忙忘记把电源适配器取下。次日上班，按下开机按钮后，笔记本电脑没有任何反应，电源指示灯也没有亮起。

故障处理：首先检查电源适配器和笔记本电脑的连接，没有发现松动的迹象。查看笔记本电脑的外观，未发现有异常迹象。基本上排除了笔记本电脑出现故障的可能，拿出原配电池，安装妥当后，再次开机，成功启动。由此判断是电源适配器出现问题。经检查，电源适配器已经烧毁。估计是没有从电源排座取下电源适配器，由于某些原因电压突变，导致电源适配器烧毁。后将电池取下，更换上新的电源适配器，解决问题。

注意：这是一例典型的笔记本电脑不加电（电源指示灯不亮）故障，用户可以按照下面的步骤进行分析解决。

检查外接适配器是否与笔记本电脑正确连接，外接适配器是否工作正常。如果只用电池为电源，检查电池型号是否为原配电池；电池是否充满电；电池安装是否正确。检查、维修主板，有可能是笔记本电脑主板的电源电路出现问题。

14. 电池无法充电

故障现象：一台笔记本电脑使用年限比较长，以前使用正常，但是现在电池已经无法充电。

故障处理：首先检查电源适配器，正常插电；将电源适配器接到其他同型号笔记本电脑上可以正常使用，排除电源适配器的问题。采用替换法将电池换至同型号笔记本电脑，故障依旧，证明应该是电池组内部故障。由于笔记本电脑已经超过保修期，所以只有更换新电池。

15. 电池充满电后使用时间很短

故障现象：一台笔记本电脑使用电源适配器对电池进行充电，但是充满电后，电池使用时间很短，电池续航能力远远达不到厂商的标称值。

故障处理：首先将电池用至无电后，再次接上电源适配器充电，故障依旧；怀疑是电池组内部设定数值偏差，执行电池自我校正程序进行校正，仍无法解决问题。据此怀疑电池老化导致故障，采用替换法将电池接到其他同型号笔记本电脑上故障依旧，因此只有更换新电池才能解决问题。

注意：笔记本电脑的电池是一种易耗品，电池的损耗程度取决于使用电池时所进行的操作的正确性、操作方式、操作频率、工作环境温度、库存时间（对未使用过的电池而言）等因数。

1）电池的充放电次数直接关系到电池寿命，一般锂电池的充放电次数只有400～600次，改进型的产品也不过800多次（当对85%以下电量的电池进行充电，将被记录并增加一次充电次数）。为此，当电池电压大于电池管理程序中所设定的充电起始值96%，而且当前所处场所有220 V交流电源时，应尽量使用交流电源，尽量减少电池的充电次数，以延长电池的寿命。

2）当电量为3%～5%时，应及时给电池充电，否则电池的自放电现象会造成过放电而损害电池，充电时机器可以处在关机、挂起等任何状态，也可以边充边用。充电必须一次充满，否则会损害电池。这是基于避免因缩短充用周期增加充电次数而缩短电池寿命而考虑的，而并非是由于"记忆特性"问题，因为锂电池与镍镉电池和镍氢电池不同，它不具有"记忆特性"。

3）电量没有完全耗尽前（电量在5%～100%），不要对电池进行充电，否则会因缩短充电周期增加充电次数而缩短电池的寿命。当电量为5%～95%时应使用电池工作，如此时使用AC电源适配器会对电池进行充电（边充边用状态）。

应 用 实 践

1. 简述笔记本日常使用过程中的注意事项。
2. 简述延长笔记本电池寿命的方法。
3. 笔记本电脑是否可以升级？哪些部件可以升级？如何升级？
4. 简述开水不小心洒落在笔记本键盘上如何急救？

附　　录

附录 A　"计算机组装与维护" 实验指导

 实验 1: 识别计算机硬件组成

实验目标

1. 了解计算机系统的硬件组成与配置。
2. 培养对计算机硬件各组成部件的识别能力。

实验材料

完整计算机一台、拆装实验台一个、计算机拆装工具一套。

实验内容

开机观察机箱内的计算机硬件配置。

实训步骤

1. 先不动手,观察计算机的部分组成部件。
2. 拆开机箱仔细观察内部部件。
3. 记下所看到的部件。
4. 装好机箱。

实验注意事项

1. 要按上述步骤有序进行,或按指导老师的要求进行操作。
2. 对计算机的各部件要轻拿轻放,未经指导老师批准,勿随便拆任何插卡件。

 实验 2: 计算机硬件市场调查

实验目标

1. 了解计算机硬件市场各主要部件的市场行情。
2. 熟悉计算机硬件价目单各项指标的含义。
3. 了解计算机部件的最新发展趋势。
4. 锻炼自己动手购机装机能力。

5．对学院所在城市的计算机市场分布有一个初步了解。

实验材料

一支笔，一个笔记本。

实验内容

在给定的计算机配置总体价格限制情况下，要求学生调查并记录所选择的配置方案的当前市场上主流的计算机配件的厂家、型号、主要技术参数、价格等。

实训步骤

1．依据对本市计算机市场的初步了解，拟出市场调查计划。

2．实施市场调查计划，并认真进行记录。

3．整理记录，完成实验报告。

4．集中讲解，概要总结调查结果。

实验注意事项

1．按照实践指导，把本地计算机市场调查的情况和网上对比，相同配件存在一定的价格差异是正常的，这是由于网上报价的时间和地区不同造成的。

2．选择的配件要齐全，配件之间要兼容。

3．配置的总价应在规定的总价范围内，配置时应注意相同价格配置之间的性价比。

4．市场调研注意各项安全措施。

 # 实验3：拆装计算机

实验目标

1．认识和会使用计算机硬件组装中的常用工具。

2．了解计算机硬件配置、组装一般流程和注意事项。

3．学会自己动手配置、组装一台计算机。

实验材料

组成计算机的各部件及设备、拆装实验台一个、计算机拆装工具一套。

实验内容

1．了解计算机硬件配置、组装一般流程和注意事项。

2．自己动手配置、组装一台计算机。

实训步骤

1．组装前的准备工作。

1）准备一张足够宽敞的工作台，将电源插座引到工作台上备用，准备好组装工具。

2）把主板、CPU、内存、硬盘、光驱、显卡、电源、机箱、键盘、鼠标等摆放到台面上。

3）把所有硬件从包装盒中逐一取出，将包装物垫在器件下方，按照安装顺序排列好。

2．安装主板。

1）安装CPU。此时要特别注意使CPU引脚与插座的孔对齐。

2）安装CPU风扇。注意CPU的保护壳或核心上涂上一层薄薄的硅脂。

3）安装内存条。观察内存引脚上的缺口和内存插槽上的隔断。

4）安装好铜柱或塑料柱。

5）固定主板。

3．安装 AGP 显卡和各种 PCI 卡。

1）安装 AGP 显卡。

2）安装 PCI 插卡。

PCI 卡主要有声卡、网卡、视频卡等。对于声卡来说，还要正确地连接 CD 音频线。

4．硬盘及光驱的安装。

1）安装硬盘。

2）安装光驱。

注意选用合适的螺钉，安装硬盘的螺钉与安装光驱的螺钉是不一样的，安装硬盘用的螺钉外形稍短、稍粗一些。

5．连接电源。

连接硬盘、光驱的电源线，注意一定要安插到底。

6．连接数据线。

连接硬盘、光驱的数据线，注意主、从盘设置是否正确。

7．连接机箱面板信号线。

连接机箱前面板各种信号灯线、控制线。注意一定要看清说明书再认真连接。

8．连接外设。

连接键盘、鼠标、显示器、音箱等。

9．通电自检。

10．整理内部连线。

关闭计算机，用塑料扎线把机箱内部散乱的线整理绑扎好，并就近固定在机箱上。

实验注意事项

1．对所有的部件和设备要按说明书，或指导老师的要求进行操作。

2．组装完成后，不要急于通电，一定反复检查，确定安装连接正确后，再通电开机测试。

3．切记无论安装什么部件，一定要在断电下进行。

4．注意无论安装什么部件，不要使用蛮力强行插入。

5．螺钉不要乱丢，以免驻留在机箱内，造成短路，烧坏组件。

6．硬盘线与光驱线最好分开，即硬盘和光驱单独接在 IDE 接口上。

7．插卡要有适当的距离，以便散热。

 实验 4：检查和调整 BIOS 设置

实验目标

1．进一步熟悉计算机系统 BIOS 的主要功能及设置方法。

2．掌握对 CMOS 参数进行优化的方法，为计算机的使用和故障诊断打下基础。

实验材料

能够正常启动的计算机一台、BIOS 模拟练习程序一套。

实验内容

用 AWARD 公司生产的 BIOS 中的 SETUP 设置程序进行 CMOS 参数设置。

实训步骤

1. 进入 BIOS 设置界面。

1）开机，观察屏幕上相关提示。

2）按屏幕提示，按键启动 BIOS 设置程序，进入 BIOS 设置界面。

3）观察所启动的 BIOS 设置程序属于哪一种。

2. 尝试用键盘选择项目。

1）观察 BIOS 主界面相关按键使用的提示。

2）依照提示，分别按左右上下方向键，观察光条的移动。

3）按<Enter>键，进入子界面。再按<Esc>键返回主界面。

4）尝试主界面提示的其他按键，并理解相关按键的含义。

3. 逐一理解主界面上各项目的功能。

1）选择第一个项目，按<Enter>键进入该项目的子界面。

2）仔细观察子菜单，明确该项目的功能，依次明确其他项目的功能。

4. CMOS 设置。

1）进入标准 CMOS 设置子界面。

2）设置日期和时间。

3）观察硬盘参数，设置软驱，退出子界面，保存设置。

5. 设置启动顺序。

1）进入启动顺序设置子界面。

2）改变现有启动顺序，退出子界面，保存设置。

6. 设置密码。

1）选择密码设置选项。

2）输入密码（两次），并用笔记下密码，退出子界面，保存设置。

3）退出 BIOS 设置程序，并重新开机，观察新设置密码是否生效。

4）取消所设置密码。

7. 载入 BIOS 默认设置和优化设置。

8. 尝试不保存设置而退出主界面。

9. 比照教材或相关参考书，尝试其他项目的设置。

实验注意事项

1. 如果某些参数设置不当，系统性能将大大降低，或无法正常工作，设置时要格外小心。

2. 每次设置完成后，一定要存盘使新的设置生效。

3. 如果设置了密码，一定要记住，否则可能会造成机器无法正常启动。

实验 5：硬盘的分区和格式化

实验目标

1．掌握硬盘的分区方法。

2．掌握硬盘格式化的方法。

实验材料

能够正常启动的计算机一台、FDISK 模拟练习程序一套。

实验内容

对给定的硬盘进行分区、格式化处理。

实训步骤

1．BIOS 设置。

1）开机进入 BIOS 设置程序。

2）将启动顺序设为光驱优先。

3）保存并退出 BIOS 设置程序。

2．用系统光盘启动系统。

1）将启动光盘放入光驱中。

2）重新开机，等待启动系统。

3．观察硬盘的现有分区。

1）选择相应选项。

2）观察计算机硬盘的分区情况，并做好记录。

4．删除现有硬盘分区。

1）选择相应选项。

2）逐一删除本地硬盘中的所有分区。

5．建立分区。

1）拟出分区方案。

2）按方案分区创建分区。

6．格式化第一个分区。

7．重新启动计算机。

实验注意事项

1．分区的大小和多少依据硬盘的容量和实际需要来确定。合理的分区会给实际应用带来很大的方便，因此在分区之前应根据实际情况合理划分硬盘空间。

2．如果系统有两个以上的物理硬盘时，其他硬盘的分区方法相同，逻辑分区符号按字母顺序自动进行分配。

实验 6：安装 Windows 操作系统

实验目标

掌握 Windows 操作系统的安装方法。

实验材料

能够正常启动的计算机一台、Windows 安装光盘一张。

实验内容

学习安装 Windows 操作系统。

实训步骤

1. 检查硬盘及分区情况。

1）开机，看硬盘能否启动系统，如果可以启动，则查看硬盘及分区情况，并查看所装操作系统及版本。

2）如果本机硬盘不能启动系统，则先进入 BIOS 设置程序，将启动顺序设置为光驱优先，然后将启动光盘放入光驱中，并启动系统，再检查硬盘及分区情况。

2. 规划硬盘。

1）根据所安装的操作系统对安装操作系统分区的要求，规划出本机硬盘分区方案。

2）如果本机硬盘分区不符合操作系统要求，则要考虑重新分区。

3. 备份资料。

1）检查硬盘拟安装系统的硬盘分区是否存在有用资料。

2）如果有，则将这些资料备份到其他分区，或者备份到移动存储媒体中。

4. 格式化将安装操作系统的分区。

5. BIOS 设置。

进入 BIOS 设置程序，将开机顺序设置为光驱优先。

6. 安装 Windows XP 操作系统

1）将系统光盘放入光驱中，开机，等待系统从光盘引导。

2）一般情况下此时会进入安装界面，如果没有进入，则直接运行 Setup 进入安装界面。

3）按安装界面提示一步步往下进行。

7. 试运行所安装操作系统。

1）还原 BIOS 设置。

2）取出安装光盘。

3）重新开机，从硬盘启动进入系统。

实验注意事项

安装 Windows 系统，应注意事先备份硬盘的文件，安装后应恢复这些文件。

实验 7：使用 Ghost 软件备份/恢复系统

实验目标

通过本实验，使学生掌握用 Ghost 的方法安装计算机软件，并且把一台已经安装好操作系统和应用软件的计算机通过 Ghost 的方法，将其操作系统和各应用软件安装到其他计算机上。

实验材料

能够正常运行的计算机一台、包含 Ghost 工具软件启动光盘一张。

实验内容

学习使用 Ghost 软件。

实训步骤

1．备份准备。

1）查看本机硬盘及分区空间大小。

2）选择未安装操作系统的分区作为资料备份区。

2．备份用户资料。

1）找到"我的文档"文件夹，将其中的用户资料复制到备份区。

2）找到浏览器中"收藏夹"所在的文件夹，将其中的资料复制到备份区。

3）启动邮件管理软件，将其中的有关资料备份到备份区。

4）备份各应用软件中的重要信息。

3．启用系统备份程序。

1）启动操作系统自带的备份程序。

2）按备份向导逐步操作，将用户资料备份到备份区。

4．系统还原（仅对 Windows 系统）。

1）进入系统，启动系统还原程序。

2）设置还原点。

3）还原系统。

5．用 Ghost 备份和恢复系统。

1）开机，用光盘引导系统并启动 Ghost 程序。

2）将本机安装操作系统的分区以镜像文件的形式备份到备份区。

3）确定系统备份文件正常。

4）重启并用光盘引导系统。

5）启动 Ghost 程序，并恢复操作系统。

实验注意事项

1．确保计算机的硬件配置达到操作系统的最低配置要求。

2．确保拥有足够的可用硬盘空间。

3．对计算机进行病毒扫描，确保计算机未被病毒感染。

4．要在纯 DOS 环境下进行操作，不要从 Windows 或假 DOS 环境下进行相应的操作。

实验 8: Windows 系统维护及优化

实验目标

1. 通过本实验，使学生掌握 Windows 操作系统自带的系统维护工具的主要功能和使用方法。

2. 通过本实验掌握计算机软件及硬件合理的优化方法提高运行性能。

实验材料

一台能正常运行的计算机、Windows 优化大师。

实验内容

1. 学习操作系统自带的系统维护工具的主要功能和使用方法。

2. 通过手工方法对计算机操作系统和部件进行优化来提高系统的性能。

3. 通过使用系统优化软件来优化已安装好的计算机各硬件及软件性能。

实训步骤

1. 制订计算机软件系统的日常维护计划，并运用各系统维护工具进行一次基本的维护。

1) 检查磁盘错误并修复。

2) 清理磁盘。

3) 整理磁盘碎片。

4) 设置虚拟内存。

5) 安装系统补丁。

2. 通过手工优化提高计算机性能。

1) 手工改变 Windows 虚拟内存的大小及其所在驱动器分区。

2) 减少在启动 Windows 时自动启动的程序。

3) 删除不需要的文件。

4) 定期进行硬盘的碎片整理并开启其快速传输模式（DMA）（提示：若计算机上配置的是 4GB 以下的旧硬盘，则可能不支持 DMA 模式）。

3. 使用工具软件优化计算机提高性能。

使用 Windows 优化大师进行系统维护与优化，在此可以根据自己的需要进行。例如，可以在此设置输入法的顺序、整理内存碎片、简单测试系统的性能、删除垃圾文件、优化上网速度和开机速度等。

实验注意事项

实验过程中要注意操作步骤，以免损坏操作系统，导致计算机系统瘫痪。

 实验 9: 计算机病毒的防治

实验目标

1. 掌握防病毒软件的安装。

2. 掌握防病毒软件的设置及使用。

实验材料

一台可正常运行的计算机，并接通互联网。

实验内容

安装杀毒软件、设置杀毒软件相关选项、检测病毒并清除。

实训步骤

1. 启动计算机。
2. 安装瑞星杀毒软件。
3. 运行瑞星杀毒软件。
4. 设置杀毒软件。
5. 对硬盘所有区杀毒。
6. 卸载杀毒软件。

实验注意事项

计算机软件不要被病毒感染。

 # 实验 10：整机测试与维护软件的使用

实验目标

1. 掌握 SiSoft Sandra 最新版本的使用。
2. 了解最常用的硬件测试软件的使用方法。
3. 了解常用硬件测试软件的搜索、下载、安装方法。

实验材料

一台可正常运行的计算机，并接通互联网。

实验内容

学习 SiSoft Sandra 测试软件的使用方法。

实训步骤

1. 开机，打开互联网浏览器。
2. 找到一个搜索引擎，并利用它查找一个工具软件网站，如华军软件园。
3. 搜索并下载 SiSoft Sandra。
1）在软件网站搜索栏内输入"SiSoft Sandra"，在站内搜索该软件。
2）选择一个较新版本，中文或英文均可，一般选择测试版。
3）选用一个下载软件下载所选软件。
4. 安装 SiSoft Sandra。
5. 运行 SiSoft Sandra。

1）双击相关快捷方式，运行软件。

2）仔细观察软件界面的结构。

3）查看软件的帮助系统。

4）按帮助系统提示，逐一尝试使用软件的相关模块。

5）认真记录所进行的测试。

6．搜索、安装、运行 HWINFO 软件。

7．尝试其他硬件测试软件。

8．卸载所安装的工作软件。

实验注意事项

使用软件之前应先阅读相关帮助文件。

 # 实验 11：软硬件故障的诊断与排除

实验目标

1．学会检查计算机故障的一般方法与步骤。

2．学习对简单故障进行排除的方法。

3．培养综合考虑问题的能力。

实验材料

配套教学教材和有关计算机故障诊断的相关资料。

实验内容

1．观察系统的卫生状况，记录需要清理的部位。

2．按维护要求，做好系统清理工作。

3．启动系统，观察系统中软件和数据情况，并做好记录。

实训步骤

1．启动实验室准备好的计算机。

2．仔细观察出现的问题，并做好记录。

3．分析出现问题的类型，并记录。

4．按自己的判断进行相关检查，并排除故障，做好记录。

5．如果问题仍然存在或还有新问题，则重复以上步骤重新进行检查。

6．当所有问题解决后，开始进行小组之间交流，并做好记录。

7．小组交流完成后，整理好实验用品，实验结束。

实验注意事项

1．将实验过程中所进行的各项工作和步骤记录在实验报告单上。

2．把你认为没有完全掌握的部分写出来。

3．将平时遇到的问题写出来两个。

实验 12：比较笔记本电脑和台式计算机

实验目标

1．根据用途编辑一台计算机的技术参数列表。

2．找到具有相似技术参数的笔记本电脑和台式机。

3．比较具有相似技术参数的笔记本电脑和台式机的价格并决定购买哪种。

实验材料

一台能够访问互联网的计算机。

实验内容

编辑一个计算机的需求列表，找到具有这些功能部件的一个笔记本电脑和一个台式计算机，然后比较这两个系统。

实训步骤

1．通过回答下面的问题来确定需求：

1）这台计算机主要用途是什么（可能的用途包括办公应用、制图、多媒体、游戏以及软件开发）？

2）基于这个目的，哪些功能部件是必需的？

3）列出需要的但不是必需的所有其他功能部件。

2．使用计算机制造商的网站或硬件网站找到一台笔记本电脑和一台台式计算机，它们要尽量满足要求且彼此要尽量相似。通过填写下表来总结调查结果，并打印包含所用信息的网页。

3．根据研究和第 1 步中列出的需求，是购买一台笔记本电脑，还是一台台式计算机？解释原因。

台式计算机和笔记本电脑技术参数对照表

功 能 部 件	台式计算机	笔记本电脑
主要用途		
制造商和型号		
处理器类型和频率		
主板		
内存容量		
硬盘容量		
显示器		
显卡		
光驱		
外部接口		
预装操作系统		
预装应用软件		
成本		

实验注意事项

不能局限于同一制造商生产的笔记本电脑与台式计算机对比，应从不同制造商的不同型号机型中任意对比。

附录 B 实 验 要 求

1．实验前作好充分准备，每一次实验前要进行预习。

2．实验时要遵守实验室的规章制度，爱护实验设备。要熟悉与实验相关的系统软件和应用程序的使用方法。

3．实验时要认真，操作规范，结果正确，达到实验目的。

4．每个实验完成后，应写出实验报告。

5．实验报告的要求如下：

1）封面。封面应包括：课程名称、实验序号、名称、专业、班级、姓名、同组实验者、实验时间。

2）实验报告编写要规范。应包括：实验名称、目的、内容、原理、实验步骤、实验记录、数据处理（或原理论证、实验现象描述、结构说明等）。

3）实验报告应附有实验原始记录。

附录 C 实验项目设置与内容

序　号	实验名称	建议开设时间	实验学时	每组人数	实验属性	开出要求
1	识别计算机硬件组成	项目 1 学习结束	2	2	验证	必做
2	计算机硬件市场调查	项目 11 学习结束	4	3	设计	选做
3	拆装计算机	项目 13 学习结束	2	3	验证	必做
4	检查和调整 BIOS 设置	项目 14 学习结束	2	1	验证	必做
5	硬盘的分区和格式化	项目 15 学习结束	2	1	验证	必做
6	安装 Windows 操作系统	项目 16 学习结束	2	1	验证	必做
7	使用 Ghost 软件备份/恢复系统	项目 17 学习结束	2	1	验证	必做
8	Windows 系统维护及优化	项目 19 学习结束	2	1	验证	选做
9	计算机病毒的防治	项目 22 学习结束	2	1	验证	必做
10	整机测试与维护软件的使用	项目 22 学习结束	2	1	综合	选做
11	软硬件故障的诊断与排除	项目 24 学习结束	2	1	综合	选做
12	比较笔记本电脑和台式计算机	项目 26 学习结束	2	1	综合	必做

注：每个实验完成后，应写出实验报告。

参 考 文 献

[1] 王军. 计算机组装与维护实训[M]. 北京：北京理工大学出版社，2010.

[2] 侯冬梅. 微机组装与维护案例教程[M]. 北京：清华大学出版社，2011.

[3] 褚建立，张小志. 计算机组装与维护情景实训[M]. 北京：电子工业出版社，2011.

[4] 严圣华. 计算机组装与维修[M]. 北京：北京理工大学出版社，2010.

[5] 王坤. 计算机组装与维护[M]. 西安：西安电子科技大学出版社，2010.

[6] 神龙工作室. 学笔记本电脑的使用与维护[M]. 北京：人民邮电出版社，2011.

[7] 宋清龙. 计算机组装与维护[M]. 北京：高等教育出版社，2006.

[8] 蝴蝶工作室. 计算机组装与维护案例教程[M]. 北京：机械工业出版社，2008.

[9] 黎建峰. 计算机组装与维护任务教程[M]. 北京：机械工业出版社，2008.

[10] 张石柱. 笔记本电脑维修技能实训[M]. 北京：电子工业出版社，2011.

[11] 高博. 台式机笔记本上网本软硬件维修从入门到精通[M]. 北京：机械工业出版社，2010.

[12] 张宏杰. 计算机组装与维护实训教程[M]. 广州：中山大学出版社，2011.

[13] 王小平. 计算机组装与维护[M]. 北京：电子工业出版社，2011.

[14] 褚建立. 计算机组装与维护实用技术[M]. 北京：清华大学出版社，2005.

[15] 郑平. 计算机组装与维护应用教程[M]. 北京：人民邮电出版社，2009.